DIE ANTIKEN

MARMOR-BILDWERKE

IN DER SOG. STOA DES HADRIAN, DEM WINDTHURM
DES ANDRONIKUS, DEM WAERTERHAEUSCHEN AUF DER
AKROPOLIS UND DER EPHORIE IM CULTUSMINISTERIUM

ZU

ATHEN

BESCHRIEBEN

VON

H. HEYDEMANN.

MIT EINER LITHOGRAPHIRTEN TAFEL UND FUENF HOLZSCHNITTEN.

BERLIN
VERLAG VON GEORG REIMER.
1874.

Julius Friedländer

in dankbarster Erinnerung

zugeeignet.

Die folgenden Beschreibungen umfassen sämmtliche antiken Marmor-Bildwerke, welche sich in der sog. Stoa des Hadrian (seit 1837), im Thurm der Winde (seit 1846), in und bei dem Wärterhäuschen auf der Akropolis sowie in der Ephorie der Alterthümer auf dem Cultusministerium befinden und später in dem Museum an der Patissiastrasse vereinigt werden sollen; sie sind von mir während meines Aufenthaltes in Athen (vom 11. März bis zum 22. Mai 1869) gemacht und dann im Herbst und Winter 1871 auf 1872, wie sie hier vorliegen, redigirt worden — die verzögerte Vollendung meines neapolitanischen Katalogs und die im deutschen Buchhandel durch die Setzerstrikes hervorgerufenen Schwierigkeiten haben die Herausgabe bis jetzt aufgehalten.

Dass ich keinen noch so kleinen figürlichen Ueberrest zu verzeichnen unterlassen habe, ist vielleicht allzu gewissenhaft, aber es schien mir richtiger, darin lieber des Guten zuviel zu thun! „Die Trümmer (der griechischen Kunst) sind Reste einer „Offenbarung, die, wenn sie ganz untergegangen wäre, keiner „wiederfinden würde. Daher sind ihre kleinsten Reste unschätz„bar; der beschränkteste Arbeiter an ihrer Entdeckung und „Entzifferung darf stolz sein, an einem Werk der Humanität „mitzuhelfen“.

Innerlich und äusserlich bildet das Buch eine Fortsetzung zu Kekulé's Beschreibung der antiken Bildwerke im Theseion und somit den zweiten Theil einer Beschreibung der athenischen Antiken, zu deren Vollständigkeit nun noch — ausser den auf der Akropolis gefundenen und dereinst (wie im Werk ist) in einem besonderen Akropolismuseum vereinigten Bildwerken — die in der Stadt zerstreuten Monumente sowie die Antiken der archäologischen Gesellschaft im Varvakion fehlen, eine Arbeit, welche dem neuen deutschen Institut zu Athen nicht dringend genug ans Herz gelegt werden kann.

Dem Ephoros der griechischen Alterthümer, Herrn P. Eustratiadis, verdanke ich, dass ich diesem und jenem Bildwerke eine genauere Fundnotiz beizufügen vermochte, und ich freue mich, ihm für seine mannigfache Unterstützung meiner Arbeit hier öffentlich meinen wärmsten Dank aussprechen zu können; ihm schulde ich auch die Einsicht in das schriftliche Inventar von Pittakis. dessen unglaubliche Flüchtigkeit es freilich nur mit der grössten Vorsicht zu benutzen erlaubt.

Ferner fühle ich mich den Herren W. Gurlitt, A. Kirchhoff, St. Kumanudis, O. Lüders, F. Matz und A. Postolakka, besonders aber U. Köhler zu Dank verpflichtet, welcher, damals noch in Athen, mir bei der Lesung einiger Inschriften in liebenswürdigster Weise behilflich war.

Zu entschuldigen und zu bedauern habe ich, dass bei dem Mangel verschiedener Typen in der Druckerei der Berliner Akademie die Inschriften nicht so genau wiedergegeben werden konnten, als im Interesse der Wissenschaft wünschenswerth gewesen wäre.

Es bleibt mir noch, meinem Herrn Verleger für die treffliche Ausstattung des Buches zu danken und meiner Arbeit eine wohlwollende Aufnahme bei den Berufenen zu wünschen.

Halle a. S. den 31. Juli 1874.

H. H.

Inhalt.

Verzeichniss der Abkürzungen.

B. = Breite D. = Dicke Dm. = Durchmesser H. = Höhe L. = Länge T. = Tiefe U. = Umfang Fig. = Höhe der Figuren	in Metermass.

L. oder l. = Linke oder links.

R. oder r. = Rechte oder rechts.

n. l. = nach links gewandt n. r. = nach rechts gewandt	vom Beschauer aus.

CIGr. = Corpus inscriptionum Graecarum.

Eph. Arch. I = Ephemeris archaeologike, herausgegeben von Pittakis seit October 1837 — Ende 1860 (55 Hefte).

Eph. Arch. II = Ephemeris archaeologike, herausgegeben von Rhusopulos seit Januar 1862 — December 1862 (12 Hefte) und fortgesetzt seit 1869 von Eustratiadis und Kumanndis (bis jetzt 4 Hefte).

Rhang. = Rhangabé Antiquités helléniques. 2 bde. (Athènes 1842. 1855).

Kum. = Kumanudis 'Αττικῆς ἐπιγραφαὶ ἐπιτύμβιοι. (Athen 1871.)

I.

Die antiken Marmor-Bildwerke

in der

sog. Stoa des Hadrian

no. 1 — 272.

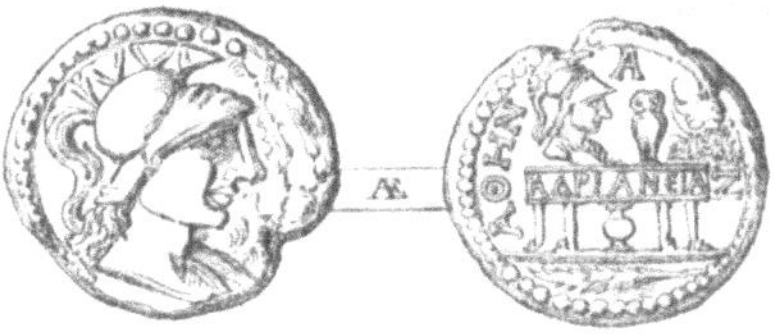

Westwand.

(Links vom Eingang.)

---

1. Römischer Porträtkopf.

H. 0,25. — Pent. Marmor. Athen.

Erhalten sind noch Schädel, Stirn, beide Augen und die rechte Backe nebst dem Ohre eines kolossalen männlichen Kopfes.

2. Kopf des bärtigen Dionysos.

H. 0,30. Pent. Marmor. Archaistische Arbeit. Athen.

Der Kopf, dessen Nase und linke Seite weggebrochen sind, gehörte einer Doppelherme an. Um das Haar eine schmale Tänie, über der Stirn drei Reihen Löckchen.

3. Männlicher Kopf.

H. 0,27. Pent. Marmor. Athen.

Der jugendliche Kopf, um dessen langes Lockenhaar eine Tänie liegt, ist allzu verwittert, um genauer bestimmt zu werden.

4. Kopf der Athena.

H. 0,38. Par. Marmor. Sehr verwittert. Athen.

Die Göttin ist behelmt. Der breite Halszapfen (H. 0,10. Br. 0,16) zeigt, dass der Kopf (unter Lebensgrösse) bestimmt war, auf eine Statue eingefügt zu werden.

5. Römischer Porträtkopf.

H. 0,34. Pent. Marmor.

Allzu stark mitgenommen, um genauer bestimmt zu werden.

6. Männlicher Kopf.

Kolossal. Pent. Marmor. Gewöhnliche Arbeit.

Erhalten ist noch das Gesicht, dem jedoch die linke Stirnseite, die Nase und das Untertheil der rechten Backe fehlen.

Nordwand.

7. Sturz einer Statuette der Athena (?).

H. 0,38. Pent. Marmor. Geringe Arbeit.

In gegürtetem Chiton; über der Brust hängt pichelartig ein Gewandstück bis zum Gürtel herab — wohl die ursprünglich bemalte Aegis.

8. Bruchstück (der Ecke) eines Sarkophags (?).

Pent. Marmor. Leidliche Arbeit. Arg zerstört.

Erhalten und erkennbar sind auf der einen Seite (H. 0,22. B. 0,13) Kopf und Flügel einer *Nike*, auf der anderen Seite (H. 0,41. B. 0,29. Oben Eierstab und lesbisches Kymation) Kopf und Brust einer bekleideten *Frau.*

9*). Silen(?)maske.

H. 0,23. Pent. Marmor.

Die linke Backe fehlt. Der Mund ist weit geöffnet; die Backenknochen springen stark hervor. Die Stirnhaut über der Nase ist zusammengezogen. Schnurr- und Backenbart.

---

*) No. 9—15 mit anderen noch unbedeutenderen Bruchstücken in einem Rahmen (I).

10. Bruchstück eines weiblichen (?) Sturzes.

H. 0,18. Pent. Marmor.

Erhalten sind noch Rücken, Gesäss und Schenkel einer Frau (?), die sich vornüber beugte.

11. Bruchstück eines weiblichen Kopfes.

H. 0,20. Pent. Marmor. Verwittert.

Erhalten ist noch die rechte Hälfte des Gesichts; die Pupillen waren angegeben.

12. Bruchstück eines Grabreliefs.

H. 0,24. B. 0,42. Pent. Marmor.

Erhalten ist noch die Fussbank mit den Füssen einer auf einem Stuhl sitzenden *Frau*, welche mit Schuhen, Chiton und Mantel bekleidet war.

13. Bruchstück eines Reliefs.

H. 0, 48. B. 0,26. Pent. Marmor. Leidliche Arbeit. Piraeus.

Unter einem sehr starken Baumstamm (der wohl zugleich als Einfassung der Darstellung diente) steht der ziegenfüssige gehörnte *Pan*, rechtshin gewandt; er streckt die Linke vor (und schulterte ein Pedum?)

Gefunden 1842 im Piraeus.

Erwähnt bei Schöll Arch. Mittheil. S. 96, 83.

14. Bruchstück eines Grabsteins.

H. 0,22. B. 0,31. Pent. Marmor. Unten weggebrochen.

Im Giebel sind *zwei emporgestreckte Hände* angebracht, deren innere Flächen man sieht.

Erwähnt von Stephani Tit. gr. part. IV. p. 12, 1 (Dorpat 1849); Pervanoglu Grabst. S, 4. 1 (der ein *zweites* Beispiel in dem Museum der Archäologischen Gesellschaft anführt; ein *drittes* sah ich im Garten des Finlay'schen Hauses [Reliefplatte; H. ungefähr 0,20; B. 0,30]; ein *viertes* unten no. 274; ein *fünftes* bei Kumanudis Epigr. att. 2031).

Vgl. dazu — ausser Paciaudi Diatribe qua graeci anaglyphi interpretatio traditur (Romae 1751) p. 29 s; Humbert Notice sur quatre cippes sépulcraux et deux fragments discouverts en 1817 sur le sol de Carthage (Haag 1821. fol.) p. 5 ss — Stephani l. c. p. 12 ss; Rochette Mon. inéd. pl. 47, 2 p. 132, 4; Bachofen Annali dell' Inst. 1861 p. 257 ss.

15. Bruchstück eines Grabreliefs.

H. 0,63. B. 0.74. Pent. Marmor. Geringe Arbeit.

Erhalten ist noch das Untertheil eines n. l. gewandten, mit dem Mantel bekleideten *Mannes*: zu seiner Rechten sitzt ein grosser Hund (der den Kopf zu ihm emporrichtete). Zur Linken steht ein Kasten (?). Links ist die Anteneinfassung erhalten.

16*). Bruchstück eines sog. Todtenmahls.

H. 0,21. B. 0,28. Pent. Marmor. Geringe Arbeit. Stark mitgenommen. Flachrelief.

Erhalten ist noch auf der Kline der Körper des n. r. gelagerten *Mannes*, der unterwärts bemäntelt ist und in der Linken eine Schale hält. Zu seinen Füssen sitzt eine *Frau*, in Chiton und Mantel, in der Hand oder wohl in den Händen die Schlange haltend, welche sich nach dem reichbesetzten, langen vierbeinigen Tisch hinringelt. Neben der Frau ist der Rest eines Altars sichtbar; neben dem Manne steht hinter einem grossen Krater ein *Knabe*, der in der Linken eine Patera hält.

Beschr. von Stephani Ausr. Her. S. 49, 19.

17. Bruchstück eines Grabreliefs.

H. 0,18. B. 0,16. Pent. Marmor. Flachrelief. Verwittert

Erhalten ist noch das Untertheil eines *Mannes*, welcher in den Mantel gekleidet ist und, sich auf den Stock stützend, hinter einer auf einem Stuhl sitzenden bekleideten *Frau* steht, von der noch der Unterkörper vorhanden ist.

---

*) No. 16—27 mit anderen noch unbedeutenderen Bruchstücken in einem Rahmen (II).

18. Bruchstück einer weiblichen Maske.
H. 0,21. Pent. Marmor. Geringe Arbeit.

Weggebrochen sind die Nase und das Kinn mit den unteren Theilen der Backen. Die Stirn ist gerunzelt, das Haupthaar in reicher Fülle, der Ausdruck starr.

19. Grabrelief. Sog. Todtenmahl.
H. 0,41. B. 0,31. Pent. Marmor. Stark beschädigt.

Unten zur Linken ist die Einfassung weggebrochen. — Auf einer Kline liegt n. r. gelagert ein bärtiger *Mann*, auf dem Haupte einen Modios, unterwärts bemäntelt; in der Rechten hebt er ein Trinkhorn, auf der linken Hand hält er eine grosse Schlange. Zu seinen Füssen sitzt auf einem Stuhl (mit Fussbank) eine *Frau*, in Chiton und Mantel, welche in der erhobenen Linken ein Gefäss (? oder einen Kasten) hält. Vor ihnen steht ein reichbesetzter Tisch (mit drei geschwungenen Löwenbeinen); daneben ein hoher Krater und ein *Knabe*, welcher mit der Rechten eine Kanne auf den Tisch setzen will.

20. Votivrelief an Kybele.
H. 0,34. B. 0,27. Pent. Marmor. Grobe Arbeit.

Die obere Einfassung ist weggebrochen. — Auf einem Thron (mit Fussschemel) sitzt in Vorderansicht *Kybele*, in Chiton und Mantel der zugleich als Kopfschleier dient; sie hat auf dem Kopfe den (grösstentheils weggebrochenen) Modios, in der Rechten die Patera, in der Linken das Tympanon.
Erwähnt von Stephani Ausr. Her. S. 69,26.

21. Bruchstück eines Hochreliefs.
H. 0,23. B. 0,15. Hymett. Marmor. Gewöhnliche Arbeit.

Erhalten sind noch das linke Bein und die linke Hand eines *Mannes*, welcher, in kurzem Chiton, in der Linken einen Korb am Henkel trägt.

22. Relief.

H. 0,61. B. 0,27. Pent. Marmor. Flachrelief.

Ringsum bestossen; oben ein Giebelchen. — Eine grosse *Schlange*, welche sich emporringelt.

Beschrieben auch von Pervanoglu Grabst. S. 83, 1.

Vgl. dazu Persius Sat. I, 113 und Jahn l. c. p. 110 ss.

23. Bruchstück eines Grabreliefs.

H. 0,18. B. 0,12. Pent. Marmor. Arg zerstossen.

Neben dem Einfassungspfeiler (r. vom Beschauer) ist das Obertheil eines *Jünglings* erhalten; über der linken Schulter liegt die Chlamys.

24. Bruchstück eines Grabreliefs.

H. 0,66. B. 0,36. Pent. Marmor. Geringe Arbeit.

Erhalten ist — neben einer Einfassungsante — das rechte (Spiel-) Bein einer *Frau*, welche mit Chiton, Mantel und Schuhen ausgestattet ist.

25. Bruchstück eines Grabreliefs.

H. 0,48. B. 0,29. Pent. Marmor. Arbeit und Styl gut.

Erhalten ist der Körper eines *Mannes*, im Mantel, die linke Hand auf der Brust; in der vorgestreckten rechten Hand hält er die Rechte (einer ihm gegenüberstehenden, jetzt weggebrochenen wohl weiblichen Figur).

26. Grabrelief. Sog. Todtenmahl.

H. 0,43. B. 0,51. Pent. Marmor. Flachrelief. Die Oberfläche ist sehr verwittert.

Auf einer Kline mit niedrigen Seitenflächen, vor der ein reichbesetzter vierbeiniger Tisch steht, liegt ein *Mann*, unterwärts bemäntelt, und streckt die Rechte (mit einer Patera?) der vor ihm auf einem Stuhl (mit Fussschemel) sitzenden bekleideten *Frau* entgegen. Neben dem Manne steht n. l. ein nackter *Knabe*, welcher in der erhobenen Rechten eine Kanne (und in der gesenkten Linken wohl eine Patera?) hält.

27. Bruchstück eines weiblichen Sturzes.

H. 0,41. Pent. Marmor. Gewöhnliche Arbeit.

Erhalten ist noch ein weiblicher Körper vom Nabel bis zu den Knieen — wohl von einer Rundfigur.

28. Bruchstück eines Reliefs.

H. 0,34. B. 0,22. Pent. Marmor. Sehr hohes Relief.

Erhalten ist Brust und Unterkörper einer *Isis* oder einer *Isispriesterin*, wie der Gewandknoten auf der Brust ergibt.

29*). Votivrelief an Kybele.

H. 0,32. B. 0,32. Pent. Marmor. Athen.

Erhalten ist noch der Unterkörper vom Gürtel abwärts. Die Göttin hält in der Rechten eine Schale; auf ihrem Schooss liegt der Löwe, dessen Kopf weggebrochen ist.

Erw. von Stephani Ausr. Her. S. 69, 27.

30. Bruchstück einer Grabstele.

H. 0,37. B. 0,26. Pent. Marmor. Piraeus.

Die glatte Palmettenbekrönung war bemalt. Auf der Stele ist in Flachrelief eine hohe *Amphora* gemeisselt, von der noch die Mündung erhalten ist. Darüber liest man:

ΘΕΟΦΙΛΟΣ ΚΤΗΣΙΦΩΝΤΟ[ς]

Gefunden d. 27. November 1834 εἰς τὸ βόρειον τοῦ Πειραιῶς ἐν τῷ Πολυανδρίῳ.

Vgl. Eph. arch. I, 1903; Rhang. 2464; Kum. 2983.

31. Bruchstück eines weiblichen Sturzes.

H. 0,28. Pent. Marmor. Zerstossen.

Von einer mit dem Chiton bekleideten *Frau* ist der Körper von der Brust bis zu den Oberschenkeln erhalten. Sie ist dicht unter den Brüsten gegürtet und trug Brustkreuzbänder; in der Rechten hält sie einen (nicht mehr bestimmbaren) Gegenstand.

---

*) No. 29—38 in einem Rahmen (III).

32. Bruchstück eines Reliefs.

H. 0,34. B. 0,28. Pent. Marmor. Geringe Arbeit. Athen.

Erhalten ist — in ziemlich erhabenem Relief — der Körper eines nackten *Jünglings* (vom Hals bis zu den Hüften). Ueber der linken Schulter hat er die Chlamys; mit der Linken lehnt er sich gegen einen Pfeiler.

33. Bruchstück eines Grabreliefs.

H. 0,42. B. 0,30. Pent. Marmor. Athen.

Erhalten ist noch das Untertheil (von den Schenkeln an) einer *Frau*, in Schuhen, Chiton und Mantel, mit linkem Spielbein. Unten rechts vom Beschauer ist die Einfassung erhalten.

34. Sturz einer weiblichen Figur.

H. 0,20. B. 0,33. Pent. Marmor. Leidliche Arbeit. Athen.

Erhalten ist vom Hals abwärts bis zum Bauch der Körper einer Frau (*Hera?*), in Doppelchiton. Der rechte Arm war erhoben; über dem vorgestreckten linken Arm lag der über die Brust gezogene Mantel.

35. Bruchstück eines Reliefs.

H. 0,28. B. 0,17. Sehr flaches Relief. Arg mitgenommen und fast unkenntlich.

Nach einem grossen Vogel (?) mit ausgebreiteten Flügeln wendet sich eine *Frau* um, welche die Rechte auf ihren Sitz aufstützt (oder hat sie in der Rechten einen Kasten?), von dem sie sich oben erhoben zu haben scheint; sie ist mit einem Mantel bekleidet, der hinten herabfällt. Ob an *Leda* zu denken ist??

36. Bruchstück eines Grabreliefs.

H. 0,75. B. 0,30. Pent. Marmor. Leidliche Arbeit. Athen.

Erhalten ist ein *Mann* (ohne Kopf und Füsse), im Mantel; die Linke liegt an der Brust, die Rechte war wohl ausgestreckt (vgl. dazu no. 25).

37. Bruchstück eines Grabreliefs.

H. 0,59. B. 0,63. Pent. Marmor. Sehr beschädigt.

Erhalten sind von der Darstellung noch die Köpfe (fast runde Arbeit) eines römischen *Ehepaars*. Darüber ein Giebel mit Akroterien oben und einem Schildrund in der Mitte; links vom Beschauer ist noch die Einfassungsante vorhanden, über der ein Nagelloch (vgl. dazu no. 47 Anm.) sichtbar ist.

38. Bruchstück eines Sarkophagreliefs.

H. 0,38. B. 0,25. Pent. Marmor. Leidliche Arbeit. Sehr zerstossen.

Erhalten sind noch der Körper eines sitzenden *Mannes* und neben demselben der Sturz einer *Frau*, welche in einen Doppelchiton (der die rechte Brust freilässt) gekleidet ist und mit den gesenkten Händen im Schooss ihres Gewandes (Blumen und Früchte?) trägt: eine *Hore* als Eckfigur des Sarkophags.

Ostwand.

---

39. Herme des Fabios Daduchos.

H. 0,35. B. 0,21. Pent. Marmor. Athen.

Nur noch ein Theil des Hermenschaftes ist erhalten; über dem männlichen Gliede die Inschrift:

ΦΑΒΙΟΣ
ΔΑΔΟΥΧΟΣ*)

Gefunden εἰς τὰς πρὸς 'Ολυμπιεῖον ἀρχαιολογικὰς ἐρευνας . . . πρὸς τὸ μέρος τῆς Καλλιρόης.

Abg. Eph. Arch. I no. 544.

Vgl. Pittakis l. c. p. 404, 544; Le Bas Voy. arch. Inscr. I, 316.

---

*) Vgl. dieselbe Persönlichkeit CJGr. 486.

40. Zweihenkelige Grabvase.

H. 0,45. U. 1,08. Pent. Marmor.

Fuss und Hals fehlen; in der Mitte geborsten. — Am Bauch läuft ein Mäanderstreifen herum: unterhalb desselben ist die Vase ringsum breitgeriffelt, oberhalb dagegen vorn mit einer schönen Palmettenverzierung geschmückt und hinten wiederum geriffelt.

41*). Grabstele.

H. 0,56. B. unten 0,22; oben 0,21. Pent. Marmor.

Die bekrönende Palmette und die Darstellung auf der Stele waren gemalt, wovon noch schwache Spuren erhalten sind. Ueber der Darstellung, welche jederseits und oben durch einen breiten rothen Streifen (Tänie) begrenzt war, die Inschrift:

ΑΜΦΙΚΤΥΩΝ
ΚΡΑΤΙΠΠΟ
ΞΥΠΕΤΑΙΩΝ

Vgl. Ross Dem. 134; Rhang. 1567; Kum. 899; Michaelis Arch. Ztg. 1871 S. 148.

42. Grabstele.

H. 0,69. B. unten 0,33; oben 0,31. Pent. Marmor. Piraeus.

Von den gemalten Palmetten (über dem Gesims), deren Grundfläche leise vornübergebogen ist, und der gemalten Darstellung auf dem Schaft — eine auf einem Stuhl n. r. sitzende *Frau* (Δημοκράτεια) — sind jetzt nur noch Umrisse sichtbar. Darüber die Inschrift:

ΔΗΜΟΚΡΑΤΕΙΑ

Gef. εἰς τὰς πρὸς τὸ Βόρειον τ. Π. ἀρχαιολογικὰς ἀνασκαφάς.

Abgebildet farbig bei Ross Arch. Aufs. I, 1, 3 (= Kunstblatt 1838 no. 59); Schöll Arch. Mittheil. VI, 18.

Vgl. Ross. a. o. S. 43f (=Kunstblatt 1838 no. 59. S. 233f).

Die Inschrift auch Eph. Arch. I, 866; Rhang. 1701; Kum. 2754.

---

*) No. 41—43 mit anderen Inschriftsteinen in einem Rahmen (II).
NB. Der Rahmen I der Ostwand enthält *nur* Inschriften.

43. Grabstelle.

H. 0,75. B. unten 0,29; oben 0,27. Pent. Marmor. Piraeus.

Während die Palmette (über dem Gesims) gemeisselt ist, war die Darstellung (wohl eine Amphora?) auf dem Schafte gemalt, wovon noch rothe Farbspuren erhalten sind. Darüber die Inschrift:

ΟΛΥΝΠΙΟΔΩΡΟΣ
ΑΡΙΣΤοΚΡΙΤοΥ:ΔΕΙΡΑ
ΔΙΩΤΗΣ

Gef. den 2. November 1839.

Abgebildet Eph. Arch. I no. 268; Pervanoglu Grabst. I, 4.

Vgl. Eph. Arch. I p. 228, 268; Ross Dem. 67; Rhang. 1431; Kum. 412.

44*). Bruchstück einer Grabvase.

H. 0,29. B. 0,22. Pent. Marmor. Flache verwischte Arbeit. Athen.

Erhalten ist von der Darstellung noch eine auf einem Lehnstuhl n. r. sitzende *Frau*, in Chiton und Mantel; neben ihr steht n. r. ein bärtiger *Mann*, im Mantel. Sie reicht die Rechte einer vor ihr stehenden (männlichen) *Figur*, von der nur noch ein Arm und der Kopf vorhanden sind.

45. Bruchstück eines runden Grabsteins.

H. 0,40. D. ungefähr 0,38. Pent. Marmor. Geringe Arbeit.

Erhalten ist noch das Untertheil eines *Mannes*, (n. r.) in kurzem Mantel, dem eine langgekleidete *Frau* gegenüberstand, von welcher noch die Beine bis zu den Knieen erhalten sind. Unten ein Ablauf.

46. Bruchstück einer Grabstele.

Pent. Marmor. Athen.

Auf der Stele war in Flachrelief eine hohe *Amphora* ge-

*) No. 44–46 mit Architecturfragmenten in einem Rahmen (III).

meisselt, deren allein mit dem linken Henkel erhaltener Hals 0,54 Meter hoch ist.

47. Grabrelief.

H. 1,32. B. 0,54. Pent. Marmor. Oberfläche zum Theil zerstossen. Arbeit römischer Zeit.

Zwischen zwei Einfassungspfeilern steht eine *Frau* (Ῥόδη), ganz in Vorderansicht, in Schuhen, Chiton und Mantel, dessen einen Zipfel sie mit der Rechten in Begriff ist über die linke Schulter zu legen. Im Architrav die Inschrift:

ΡΟΔΗ
ΣΕΡΒΕΙΛΙΟΥ
ΜΕΙΛΗΣΙΑ

Darüber ist in Flachrelief ein Giebel mit Akroterien und einem Schildrund im Giebelfelde angedeutet.

Ueber den Capitellen der Seitenpfeiler ist je der Rest eines Bronzestiftes erhalten*).

Vgl. Pervanoglu Grabst. S. 35, 28; Kum. 2243.

48. Bruchstück eines Grabreliefs.

H. 1,00. B. 0,62. Pent. Marmor. Flachrelief. Athen.

Erhalten ist noch der obere Theil einer sehr hohen schlanken *Amphora*, deren Henkel mit Akanthosblättern verziert ist. Oben über dem Gesims steht in der Mitte eine *Sirene* (weiblicher Körper, in Vogelfüsse und Vogelschwanz ausgehend), aufrecht und in Vorderansicht, mit herabgesenkten Flügeln: sie hält die Linke auf der Brust und die Rechte auf dem Kopf (dessen oberer Theil beschädigt ist). Rechts und links — als Akroterien — je eine *Sphinx*. Darunter die theilweise sehr verwitterte Inschrift:

---

*) Diese Stifte oder Nägel waren bestimmt, Guirlanden, Tänien, Kränze, Lekythoi u. s. w. zu tragen, wie dies aus Vasenbildern zur Genüge ersichtlich ist (vgl. z.B. Benndorf Gr. Sic. Vasenb. XVIII, 1; XXI, 1; 2 u. a. m). Die Nägel finden sich sehr häufig, bald mehr bald weniger erhalten; oft sind nur noch die Löcher (vgl. dazu auch Benndorf und Schöne Lat. Mus. S. 329 zu no. 464) vorhanden; vgl. z.B. die no. 37; 49; 64; 78; u. s. w.

ΚΑΛΛΙΑΣ ΦΙΛΕΤΑΙΡΟΥ ΦΑ[ΛΗΡ]ΕΥΣ

Abg. Le Bas Voy. arch. Mon. d'ant. fig. 78, 1; Philologus XVII (1861) Taf. I, 2.

Vgl. Conze Philol. a. O. S. 550; Pervanoglu Grabst. S. 80, 6; Stephani CR. 1866 S. 41 ff, 58; Schrader Sirenen S. 87, J; Friederichs Berl. Ant. Bildw. I no. 383; Bötticher Berl. Abgüsse no. 269.

Die Inschrift auch Ross Dem. 180; Rhang. 1643; Kum. 1218.

49. Bruchstück eines Grabreliefs.

H. 0.87. B. 0,64. Pent. Marmor. Die untere Hälfte ist weggebrochen, die Oberfläche arg mitgenommen, die Arbeit leidlich. Athen.

Im Giebel ist ein *Pflug* dargestellt; darunter sind auf dem schmalen Gesimsstreifen noch einige Buchstaben der Inschrift erhalten:

... etwa *τι*] ΜΩΝΟϹЄ ...... ΚѠΝΙ(?)Μ ... *)

Auf einem Stuhl sitzt eine *Frau* (n. r.), in Chiton und Schleier, den sie mit der Linken über der linken Schulter gefasst hat, während die rechte Hand ruhig auf dem Schooss liegt. Vor ihr steht ein *Mann* in Chiton, die Rechte auf der Brust. Zwischen Beiden ist noch in ganz flachem Relief der Kopf und die Brust einer bekleideten *Frau* sichtbar.

Ueber den Einfassungsanten rechts und links Nagellöcher (vgl. dazu no. 47 Anm.)

Abg. in der Eph. Arch. I no. 956.

Vgl. Pittakis Eph. Arch. I p. 560, 957 (der in den Figuren Demeter und Triptolemos erkennt und aussagt, dass das Relief „1840 εἰς τὸ δυτικὸν μέρος τοῦ ἔξω Κεραμεικοῦ" gefunden sei); Pervanoglu Grabst. S. 23, 15; Kum. 524.

---

*) Kumanudis l. c. liest .... *δρωνος ἐ(ξ Ε)ὐωνυμ(εων...)*, wogegen mir der *mehrere* Buchstaben fordernde Zwischenraum zu sprechen scheint.

50*). Bruchstück eines Grabreliefs.

H. 0,66. B. 0,43. Fig. 0,16. Pent. Marmor. Oben weggebrochen und modern abgerundet. Verwittert. Piraeus.

In mässigem Relief ist eine *Amphora* gemeisselt, deren Hals und Henkel weggebrochen sind. Auf dem Bauch derselben ist in Flachrelief folgende Darstellung angebracht: auf einem Lehnstuhl sitzt ein bärtiger *Mann* (n. r.), der einem vor ihm stehenden (mit linkem Spielbein) *Mann* die Rechte reicht; beide sind mit Mänteln versehen. Hinter dem sitzenden Manne steht eine *Frau*, in Chiton und Mantel, welche traurig den Kopf auf die Linke und den linken Ellenbogen auf die Stuhllehne stützt; die rechte Hand liegt über der Brust. Hinter dem stehenden Mann ist das Hintertheil nebst Ruder eines Nachens sichtbar. — Ueber der Reliefdarstellung ist ein Loch gebohrt für einen Bronzestift.

Vgl. Pervanoglu Grabst. S. 64, 50 Heydemann, Arch. Ztg. N. F. II (1869) S. 114.

51. Bruchstück eines Grabreliefs.

H. 0,24. B. 0,27. Pent. Marmor. Piraeus.

Erhalten sind noch die beiden Antencapitelle und der Giebel mit der folgenden Inschrift:

ΕΝΘΑΔΙΓΗΚΑΤΕΧΕΙΤΙΤΘΗΝΠΑ
ΙΔΩΝΔΙΟΓΕΙΤΟΕΚΠΕΛΟΠΟΝΝΗΣ
ΟΥΗΝΔΕΔΙΚΑΙΟΤΑΤΗΝ
ΜΑΛΙΧΑΚΥΘΗΡΙΑ

Ἐνθάδ(ε) γῆ κατέχει τίτθην παίδων Διογείτο(υ)
Ἐκ Πελοποννήσου (τ)ήνδε δικαιοτάτην
Μαλίχα Κυθηρία

sowie darunter die obere Hälfte des n. r. geneigten Kopfes der verstorbenen Amme (Μαλίχα**)).

Abg. Eph. Arch. I no. 273.

---

*) No. 50–55 in einem Rahmen (V). NB. Im Rahmen IV sind *nur* Inschriftsteine enthalten.

**) Dieser phönikische Name z. B. auch Eph Arch. I, 632 (= Rhang. 1796; Kum. 3112).

Vgl. — ausser Eph. Arch. I, p. 229, 273; Rhang. 1826; Kum. 1922 — Welcker Rhein. Mus. NF. III S. 235, 3; Ross Bull. dell' Inst. 1841 p. 56, 2.

52. Grabrelief.

H. 0,65. B. 0,47. Pent. Marmor. Geringe Arbeit. Piraeus.

Ein *Mädchen* (n. l.), in Doppelchiton, hält in der erhobenen Rechten einen Vogel, nach dem ein Hündchen vor ihr emporspringt; in der gesenkten Linken hält sie einen Fächer (? oder eine Kelle? vgl. dazu no. 827). Oben am Gesims der Anfang ihres Namens: ΚΑΛΛΙ .... und darüber als Bekrönung Akroterien.

Vgl. Pervanoglu Grabst. S. 34, 16; Kum. 3736.

53. Bruchstück eines Grabreliefs.

H. 0,60. B. 0,56. Pent. Marmor. Oben weggebrochen. Leidliche Arbeit. Piraeus.

Erhalten ist noch eine auf einem Stuhl (mit Fussschemel) sitzende *Frau*, in Chiton und Mantel, der den Hinterkopf verschleierte; sie reicht die Rechte dem vor ihr stehenden *Manne* (?), in Chiton und Mantel. Es fehlen beide Köpfe und die Beine des muthmasslichen Mannes.

54. Grabrelief.

H. 0,40. B. 37. Pent. Marmor. Flachrelief. Piraeus.

Der untere Theil sowie die rechte obere Ecke sind weggebrochen. Erhalten ist noch der Hals, die Mündung und die beiden Henkel einer *Amphora*. Darüber die Inschrift:

ΣΩΚΡΑΤΙΔΗ[ς
ΠΡΟΣΠΑΛΤΙ[ος

Gef. πρὸς τὸ βόρειον του Πειραιῶς.

Vgl. Eph. Arch. I 535; Ross, Dem. 158; Rhang. 1611; Kum. 1079.

55. Bruchstück eines Grabreliefs.

H. 0,43. B. 0,24. Pent. Marmor. Leidlich gute Arbeit. Piraeus.

Eine *Frau*, in Chiton und Mantel, hält in beiden Händen ein *Wickelkind*, dessen Kopf ebenso wie derjenige der Frau nebst ihrem Unterkörper weggebrochen ist.

56*). Grabstele.

H. 0,79. B. unten 0,29; oben 0.27. Pent. Marmor. Piraeus.

Sowohl die (noch erhaltene) Palmette als die (verloschene, jetzt nicht mehr näher zu bestimmende**) Darstellung auf der Stele waren gemalt und zwar in rother Farbe, deren Spuren noch wohl erkennbar sind; die Darstellung selbst war jederseits und oben mit einem rothen Streifen (Tänie) eingefasst. Oben die Inschrift (in sehr schlechten Buchstaben):

ΑΦΡΟΔΙΣΙΑ
ΧΑΙΡΕ

Abg. in der Eph. Arch. I no. 549 (wo die Zeichnung auf der Stele aus zwei Lorberzweigen besteht, welche ich aber mit den wenigen noch vorhandenen Spuren nicht in Uebereinstimmung zu bringen vermag).

Vgl. Eph. Arch. I, 549; Rhang. 1692; Kum. 2676; Michaelis Arch. Ztg. 1871 S. 148.

57. Grabstele.

H. 0,53. B. unten 0,23; oben 0,19. Hymett. Marmor. Piraeus.

Von der Bemalung — sowohl der abgebrochenen Palmette als der Darstellung auf der Stele — sind noch schwache Spuren (nach Pittakis ἐρυθροῦ καὶ κυανοῦ χρώματος) erhalten. Oben dicht unter der Palmette die Inschrift:

ΑΡΙΣΤοΜΑΧΗ

*) No. 56—58 in einem Rahmen (VI).

**) Nach Michaelis a. O. wäre von einem *hohen henkellosen nur gemalten Gefässe* noch der *Rand* zu erkennen.

Vgl. Eph. Arch. I p. 406 No. 551; Rhang 1680; Kum. 2627.

58. Bruchstück eines Grabreliefs.

H. 0,77. B. 0,44. Pent. Marmor. Piraeus.

Im Giebel, von dem noch die rechte Hälfte nebst den Akroterien und der einen Ante erhalten ist, liest man den Rest einer phönicischen Inschrift*), welche folgende Namen — des Verstorbenen — gibt: Abdaschmon, Sohn des Schalom, Sohns des Abd. . . . .

Von der Darstellung des Reliefs ist nur noch eine (n. r.) ausgestreckte linke Hand mit einer Rolle und einigen Mantelfalten erhalten; daneben eine grosse Palme (?), welche, jetzt ganz glatt, ursprünglich wohl bemalt war. Im Gesimsstreifen ist von der griechischen Inschrift noch ein . . . . . Ξ (d. i. wohl Φοῖνι]ξ) erhalten.

Gef. 1841 πρὸς τὸ βόρειον τοῦ Περαιῶς.

Abg. in der Eph. Arch. I no. 536; Annali dell'Inst. 1843 tav. D.

Vgl. Eph. Arch. I p. 401, 537, 2472.

59. Bruchstück einer Grabstele.

H. 0,68. B. unten 0,40; oben 0,38. Pent. Marmor. Flachrelief.

Von der Darstellung (auf einem Basisstreifen) ist noch der Unterkörper einer auf einem Lehnstuhl mit Fusschemel sitzenden *Frau* erhalten; sie war mit Chiton und Mantel versehen. Neben ihr steht ein Arbeitskorb.

Beschr. bei Pervanoglu Grabst. S. 52, 19.

60. Grabstele.

H. 0,84. B. unten 0,34; oben 0,32. Pent. Marmor. Athen.

Unten r. zum Theil weggebrochen. Im Giebel mit

*) Vgl. dazu — ausser de Saulcy Ann. dell'Inst. 1843 p. 45 und Judas Etude démonstr. de la langue phén. p. 128. — Schröder Phöniz. Spr. 236, 5 und Taf. VII, 6.

Akroterien, die zerstossen sind, eine Rosette. Unter dem Gesims die Inschrift:

ΛΙΝΟCΕΡΜΟΛΥΚΟΥ
[wegrasirt] ΧΑΙΡΕ

Gef. ἀντικρὺ βασιλικῶν ἱπποστασίων (Stadionstrasse).
Vgl. Eph. Arch. I, 3612; Kum. 3098.

61. Grabrelief.

H. 0,75. B. 0,69. Pent. Marmor. Hochrelief. Grobe Arbeit römischer Zeit. Oben weggebrochen. Athen.

Auf einer Kline mit Fussbrett sitzt eine *Frau* (n. l.), in Chiton und Mantel; die linke Hand liegt auf dem Sitz, die Rechte um den Nacken des rechts neben ihr sitzenden *Mannes,* welcher, in Chiton und Mantel, sich zu ihr wendet und seine Rechte auf ihre Brust legt (während seine Linke auf ihrem Rücken vorauszusetzen ist). Die Köpfe fehlen.

Gef. 1841 οὐ μακρὰν τοῦ Θησείου.

Abg. in der Eph. Arch. I no. 957.

Vgl. Pittakis ebd. p. 560 no. 958 (ἡ γυνὴ παριστάνει θεότητα τινά, ὁ δὲ ἀνὴρ θνητόν).

62. Weiblicher Kopf.

H. 0,46. Pent. Marmor. Athen. Sehr zerstossen.

Der Kopf, welcher einen mit Palmettenstreifen und zwei Rosetten verzierten Modios trägt, gehörte zu einer *Karyatide.*

63*). Grabrelief.

H. 0,28. B. 0,44. Pent. Marmor. Sehr flaches Relief. Unten weggebrochen. Leidliche Arbeit. Piraeus.

Oben Gesims mit Akroterien. Darunter ist noch von einer grossen n. l. gewendeten Lekythos der ungefähr 0,19 Meter hohe Hals (nebst Henkel**)) erhalten, welcher den Raum des Reliefs in zwei gleiche Theile theilt. Links vom Halse der Vase liegt n. l. auf einer Kline ein bärtiger *Mann* (ΓΕΛΩΝ), unterwärts

*) Mit anderen Inschriftsteinen in einem Rahmen (VII).

**) Durch Malerei ursprünglich deutlicher ausgeführt.

bemäntelt, um den Kopf eine Tänie, in der vorgestreckten Rechten eine Patera. Hinter ihm — rechts von dem Halse und Henkel der Lekythos — steht n. l. ein bärtiger *Mann* (ΚΑΛΛΙΣΤΡΑΤΟΣ), mit der Linken auf den Stab gestützt, den Kopf in die erhobene Rechte gelegt; er ist im Mantel und hat um das Haupt eine Tänie. Die beiden Inschriften über den Männern sind in flüchtigen schlechten Formen geschrieben.

Abg. Eph. Arch. I no. 305; Holländer De anaglyphis sepulcr. gr. (Berlin. Dissert. 1865) Taf. B; Pervanoglu Grabst. II, 12 (sehr schlecht).

Vgl. Holländer l. c. p. 16; Pervanoglu Grabst. S. 44, 42 und Familienmahl S. 25, 62; Friederichs Berl. Ant. Bildw. I no. 386; Bötticher Berl. Abg. no. 261.

Die Inschriften auch Rhang. 1695; Kum. 2710.

64. Grabrelief.

H. 0,94. B. 0,60. Fig. 0,62. Pent. Marmor. Grobe Arbeit römischer Zeit. Piraeus.

Unter dem von zwei Pfeilern (darüber Reste von Bronzestiften; vgl. no. 47 Anm.) getragenen Giebel steht links ein bärtiger *Mann*, mit kurzem Haupthaar, in Tunica Toga und Sandalen, und neben ihm zu seiner Linken sein *Weib*, in Schuhen Kleid und Mantel, den sie mit der Rechten über ihre linke Schulter zu legen im Begriff ist; um den Kopf trägt sie kranzartig eine Haarflechte. Im Giebelfeld findet sich in der Mitte ein Schildrund und darunter die erste Reihe der folgenden Inschrift, deren zweite Reihe auf dem Gesims steht:

ΕΥΦΡΟΣΥΝΟΣ ΣΥΜΦΟΡΟΝ*)
ΕΡΑΤΩΝΟΣΦΑΛΗΡΕΥΣ ΠΟΘΟΥΕΚΠΕΙΡΕΩΝ

Vgl. Kum. 1215.

*) Ebenso geschrieben ist dieser weibliche Name auch noch auf einer anderen athenischen Grabinschrift Eph. Arch. I, 1516 (= Kum 3324); dagegen *Σύνφορον* sich auf Grabstelen aus Orchomenos findet (z. B. Eph. Arch. I, 794; CJGr. 1664); vgl. auch CJGr. 857.

65. Grabrelief.

H. 0,76. B. 0,68. Pent. Marmor. Piraeus. Römische Arbeit.

Das Relief ist links beschädigt und die obere Einfassung weggebrochen. Eine *Frau* (n. l.), in Chiton und Mantel, dessen einen Zipfel sie mit der Rechten auf der Brust hält, steht (mit linkem Spielbein) zur Linken eines *Mannes*, der in Tunica und Toga ist und mit rechtem Spielbein dasteht; sein Kopf fehlt. Die Frau trägt am zweiten Finger der Rechten einen Ring; die Nase ist zerstossen.

66. Bruchstück eines Grabreliefs.

H. 0,64. B. 0,58. Par (?) Marmor. Sehr grobe Arbeit. Fast runde Figuren.

Erhalten sind von einem *Jüngling* (n. l.) der Bauch, die Beine bis zu den Knöcheln, der rechte Unterarm und der Mantel, welcher über dem linken Arm lag; das Glied war besonders eingesetzt. Neben ihm geht ein *Hund* mit Halsband, welcher zu ihm den Kopf empor- und zurückwendet; die Schnauze und die Füsse sind weggebrochen. Jederseits eine Ante.

Vgl. Pervanoglu Grabst. S. 34, 18.

67. Grabrelief.

H. 0,91. B. 0,63. Fig. 0,28. Hym. Marmor. Sehr flaches Relief. Arg verwittert.

Eine *Frau* (n. r.), in Chiton und Mantel, sitzt auf einem Stuhl, die Linke auf dem Schooss, die Rechte vorgestreckt nach der Rechten eines vor ihr stehenden kleinen *Mädchens*, welches, in Chiton, in der Linken einen Kasten trägt und in der Rechten irgend Etwas (wohl einen Schmuck) der Frau reicht. Hinter dem Mädchen steht eine zweite *Frau*, in Chiton und Mantel, in den sie ganz eingehüllt ist, sie hat den linken Arm über den Bauch gelegt und stützt auf dessen Hand den Ellenbogen der gegen das Kinn gehaltenen rechten Hand. Rechts und links begrenzen Pfeiler die Darstellung, die unten mit einem breiten Streifen eingefasst ist, oben aber keine Einfassung hatte.

68. Bruchstück eines männlichen Körpers.

H. 0,34. Par. Marmor. Gewöhnliche manierirte Arbeit.

An einen Pfeiler lehnte sich mit dem Rücken ein *Jüngling*, um den Hals und über dem linken Arm die Chlamys, auf der linken Hand einen breiten Gegenstand (Kasten?) tragend und an sich drückend; erhalten ist von der Figur der Sturz vom Hals bis zu dem Schamglied, das besonders eingesetzt war.

69*). Bruchstück eines Grabreliefs.

H. 0,36. B. 0,28. Pent. Marmor. Gewöhnliche Arbeit.

Erhalten sind noch Brust und Kopf einer *Frau*, in Chiton und Mantel, der das Hinterhaupt verschleiert; sie hält in der Linken einen Kasten und neigt das Haupt traurig auf die erhobene Rechte. Sie steht im Hintergrund zwischen einer (vor ihr sitzenden?) *Frau*, von der nur noch der Kopf theilweise erhalten ist, und einer wohl männlichen *Figur*, von welcher noch der rechte Arm vorhanden ist, den sie der erstbeschriebenen Frau reichte.

70. Bruchstück einer weiblichen (Rundfigur?).

H. 0,51. Par. Marmor. Leidliche Arbeit.

Von einer weiblichen *Figur*, die n. l. mit rechtem Spielbein sich bewegte, ist der Körper von der Brust bis zu den Knieen erhalten; sie ist mit einem feinen durchsichtigen Chiton bekleidet, welcher die rechte Schulter und Brust (hier zerstossen) entblöst gelassen zu haben scheint und dicht über der Schamgegend gegürtet ist**).

71. Grabrelief.

H. 0,45. B. 0,41. Pent. Marmor. Geringe Arbeit. Oben weggebrochen und sehr verdorben.

Ein *Mädchen*, in Vorderansicht, mit linkem Spielbein,

*) No. 69—77 in einem Rahmen (VIII).

**) Vgl. dasselbe Motiv bei der Elektra aus Herculaneum (abg. z. B. Mus. Borb. IV, 8: Overb. XXVIII, 6; u. öfter), zu deren mehrfachen von Jahn (Ber. der Sächs. Ges. 1861 S. 119 f.) verzeichneten Wiederholungen ein Torso im Kaffeehaus des „Boscareccio del Vaticano" hinzuzufügen ist.

in Doppelchiton, hält in der Linken einen Vogel, dem sie in der Rechten etwas reicht. Neben ihr zur Rechten steht eine kleinere *Frau* (n. r.), in Chiton, welche in der Linken einen Kasten hält und den linken Fuss vorgesetzt hat; der gesenkte rechte Arm ist mit einem Armband geschmückt.

72. Entwurf zu einer bacchischen Gruppe.

H. 0,62. B. 0,37. Pent. Marmor.

Seilenos (?) in Vorderansicht und mit vorgesetztem linkem Fuss, legt den linken Arm um den Nacken einer links neben ihm stehenden (n. l.) Frau (*Bacchantin*): er hat einen vollen Bart, der in vier Zipfeln auf die Brust herabfällt, ein grosses Glied und um das Haupt einen Kranz; seine rechte Hand liegt auf der Brust unter dem Mantel, der von der linken Schulter über Rücken und Brust wieder über die Schulter gelegt ist. Die Frau ist verhauen; ihr Körper fehlt fast ganz: der Chiton lässt die linke Schulter und Brust frei; über dem linken Arm sollte sie vielleicht einen Mantel tragen. Sie blickt zum Seilenos empor, der das Haupt, es ein wenig nach rechts neigend, ihr zuwendet.

Abg. bei Le Bas Voy. arch. Mon. d'ant. fig. ph. 89, 2 (in Umriss und Zeichnung allzu sehr ausgeführt).

73. Grabrelief.

H. 0,46. B. 0,44. Pent. Marmor. Oben weggebrochen und sehr verwittert. Kythnos.

Auf einem Felsen sitzt ein nackter *Mann* (n. l.), den Kopf traurig auf die rechte Hand legend, deren Ellenbogen er auf das höher gesetzte rechte Knie stützt; seine linke Hand liegt am Sitz. Vor ihm ist das Hintertheil eines Schiffes mit Steuerruder und Segeltau sichtbar. Rechts und links eine Halbsäule. Unten die Inschrift:

ΞΗΝΩΝΑΡΤΕΜΙΔΩΡΟΥ
ΞΙΔΩΝΙΟΣ ΧΡΗΣΤΕ
ΧΑΙΡΕ

1837 aus dem Museum zu Aegina mitgebracht.

Vgl. Gerhard Annali 1829 p. 146 s; Stephani Ausr. Her. S. 26, 6; Pervanoglu Grabst. S. 72, 7; Michaelis Arch. Ztg. NF. 1871 S. 142ff, C.

Die Inschrift auch CJGr. 2373; Exp de Morée III Inscr. p. 35, 26; Le Bas Voy. arch. Inscr. IV, 1967.

74. Bruchstück einer männlichen Rundfigur.

H. 0,16, Pent. Marmor. Ganz verwittert.

Erhalten ist noch der Kopf (mit langem Bart) und die bemäntelte Brust eines Mannes (*Paidagogos?*), der beide Hände (auf seinem Stock) dicht unter dem Bart hält.

75. Grabrelief.

H. 0,77. B. unten 0,40; oben 0,39. Fig. 0,35. Pent. Marmor. Leidlich gute Arbeit. Hochrelief. Rheneia.

Der glatte Giebel, dessen Spitze weggebrochen ist, war wohl bemalt. — Unter einem von zwei Pfeilern getragenen Bogen sitzt (n. l.) auf einem Stuhl (mit Fussbank) eine *Frau* (Φιλουμενή), in Chiton und Mantel, der das Hinterhaupt verhüllt: sie hat das rechte Bein über das linke geschlagen und stützt den Kopf auf die Rechte, deren Ellenbogen auf dem rechten Knie aufliegt; die linke Hand liegt auf dem Schooss. Vor ihr steht ein *Mann*, in Vorderansicht und mit rechtem Spielbein, in Chiton und Mantel, in der gesenkten Linken eine Rolle (?), die Rechte auf der Brust; er neigt den Kopf (mit kurzem Haar) ein wenig zur Frau. Mitten durch die Darstellung geht ein Sprung; beschädigt sind beide Nasen und der rechte Arm der Frau.

Unten die Inschrift:

ΦΙΛΟΥΜΕΝΗΑΠΟΛ
ΛΟΔΩΡΟΥΚΑΛΧΗΔΟ
ΝΙΑΧΡΗΣΤΗΧΑΙΡΕ

1837 aus dem Museum zu Aegina mitgebracht.

Vgl. CJGr. 2322*b*, 19; Exp. de Morée III Inscr. p. 33, 15; Le Bas Voy. arch. Inscr. IV, 1948.

76. Bruchstück eines Grabreliefs.

H. 0,47. B. 0,28. Pent. Marmor. Sehr flaches Relief*).

Erhalten ist noch der Hals einer hohen schlanken Amphora. Darüber steht n. r. — an Stelle der Palmette — eine *Sirene* (Frau in Vogelleib ausgehend), mit weit ausgebreiteten Flügeln, die einst bemalt waren; auf dem n. r. gesenkten Kopf hat sie einen Modios (?), in der Linken ein Barbiton.

1837 aus dem Museum in Aegina mitgebracht.

Abg. bei Stackelberg Gr. der Hell. Titelblatt; Conze Philol. XVII (1861) Taf. I, 1.

Vgl. Gerhard Annali 1837 p. 125; Stackelberg a. O. S. 31f; Schöll Arch. Mitth. S. 100, 123; Pervanoglu Grabst. S. 80, 3; Conze a. O. S. 550; Stephani CR. 1866 S. 41ff, 57; Schrader Sirenen S. 86, H und H'; Friederichs Berl. Ant. Bildw. I no. 382; Bötticher Berl. Abg. no. 270.

77. Grabrelief.

H. 0,76. B. 0,33. Fig. 0,36. Pent. Marmor. Geringe Arbeit.

Unter einem von zwei Pfeilern getragenen Bogen steht ein *Jüngling* (Βάκχιος), in Vorderansicht und mit linkem Spielbein, in Tunica und Toga, die Rechte auf der Brust, in der gesenkten Linken eine Rolle. Darunter die stark verwitterte Inschrift:

ΒΑΧΙ[ΟΣ]//////////ΣΤΟΥ
///////Ο////////////
ΧΑΙΡΕ

1837 aus dem Museum zu Aegina mitgebracht.

78. Grabrelief.

H. 1,07. B. unten 0,50; oben 0,48. Fig. 0,54. Pent. Marmor. Leidliche Arbeit römischer Zeit. Hochrelief. Phaleron.

Der glatte Giebel und die Akroterien waren ursprünglich bemalt. — Zwischen zwei Pfeilern (unterhalb der Capitelle je ein Loch vorhanden; vgl. dazu no. 47 Anm.) steht rechts ein bart-

*) „Ohne Zweifel durch Malerei genauer ausgeführt (Friederichs)“.

loser *Mann* (Ἑρμαγορας), in Vorderansicht und mit rechtem Spielbein, in kurzärmligem Chiton und Mantel über der linken Schulter, den er mit der erhobenen Linken gefasst hält, in der gesenkten Rechten eine Rolle. Neben ihm zur Rechten steht — ihm halb zugewandt, mit rechtem Spielbein — seine *Frau* (Ἐρασείνη), in Schuhen, Chiton und Mantel, der den Hinterkopf ein wenig verhüllt; sie legt die Linke auf des Gatten rechte Schulter und fasst mit der rechten Hand nach dem Mantel über ihrer rechten Schulter. Beider Nasen sind beschädigt. Oben im Architrav die Namen*):

ΕΡΑϹΕΙΝΗ ΕΡΜΑΓΟΡΑϹ

Unten steht noch der Anfang einer zweiten Inschrift:

ΖѠϹΙꟺΗꟺ . . . .

Gef. den 28. Januar 1849 οὐ μακρὰν τοῦ Φαλήρου.

Vgl. Eph. Arch. I, 2146; Pervanoglu Grabst. S. 25, 27; Kum. 2840.

79. Grabstele.

H. 1,00. B. unten 0,40; oben 0,37. Pent. Marmor. Sehr flaches Relief. Athen.

Der glatte Giebel und die Akroterien waren ursprünglich bemalt. In der Mitte des Schaftes steht auf einem würfelartigen Untersatz eine 0,27 hohe *Amphora*. Darüber die Inschrift:

ΑΠΟΛΛΩΝΙΟΣ
ΝΙΚΗΦΟΡΟΥ
ΜΙΛΗΣΙΟΣ

Abg. in der Eph. Arch. I no. 397; Le Bas Voy. arch. Mon. d'ant. fig. pl. 85, 3.

Vgl. Eph. Arch. I p. 327, 397; Kum. 2057.

---

*) Kumanudis l. c. spricht noch von einem später weggemeisselten Namen („vielleicht 'Ἀθηνιππος"): ich habe mir darüber nichts angemerkt.

80. Bruchstück einer Grabstele.

H. 0,48. B. 0,41. Fig. 0,21. Pent. Marmor. Grobe Arbeit. Flachrelief. Oben und unten weggebrochen.

Am Schaft die folgende eingerahmte Darstellung: eine *Frau* (n. l.), in Chiton und Mantel, die auf einem Stuhl mit Fussbank sitzt und die Linke im Schooss hat, reicht dem vor ihr stehenden (mit rechtem Spielbein) *Manne* die rechte Hand; er ist im Mantel. Sein Kopf fehlt.

81*). Bruchstück eines Grabreliefs.

H. 0,38. B. 0,24. Pent. Marmor. Leidliche Arbeit.

Erhalten sind noch die Beine und der Körper nebst der rechten Hand eines *Mannes*, im Mantel, mit rechtem Spielbein. Links ist die Einfassungsante erhalten.

82. Bruchstück eines Reliefs.

H. 0,32. B. 0,16. Pent. Marmor. Flüchtige Arbeit.

Vorhanden ist noch der Körper eines laufenden *Jünglings*.

83. Bruchstück eines Grabreliefs.

H. 0,69. B. 0,53. Pent. Marmor. Geringe Arbeit. Gefunden 1840 in Piraeus.

Erhalten sind die Beine einer ruhig stehenden *Frau* — in Vorderansicht und mit rechtem Spielbein, in Schuhen, Chiton und Mantel — und einer zweiten links danebenstehenden *Frau*, welche, in Sandalen, Chiton und Mantel, die Beine kreuzt (und sich wohl mit der linken Hand auf die Schulter der ersten Frau lehnte).

84. Grabrelief.

H. 0,49. B. 0,40. Pent. Marmor. Grobe Arbeit. Sehr zerstossen. Athen.

Auf einem Lehnstuhl mit Fussbank sitzt ein bärtiger *Mann* (n. l.), in Chiton und Mantel, in beiden Händen eine

*) No. 81—86 in einem Rahmen (IX).

Rolle (?) auf dem Schooss haltend. Vor ihm steht eine *Frau*, in Vorderansicht und mit linkem Spielbein, in Chiton und Mantel, der das Hinterhaupt verschleiert: die rechte Hand fasst den Mantel uud liegt auf der Brust: die Linke ist gesenkt. Von den Einfassungsanten ist die linke weggebrochen.

85. Bruchstück eines Grabreliefs.

H. 0,49. B. 0,45. Pent. Marmor. Leidliche Arbeit. Athen.

Erhalten sind noch Gesäss und Füsse einer auf einem Stuhl (n. r.) sitzenden *Frau*, in Chiton und Mantel, sowie von einem vor ihr stehenden *Manne* das linke Bein; er war in Chiton und Mantel, der über dem linken Arm (oder der linken Schulter) lag.

86. Votivrelief.

H. 0,83. B. 0,57. Pent. Marmor. Die Oberfläche ist sehr mitgenommen. Piraeus.

Rechts weggebrochen; links eine Einfassungsante; oben Gesims mit Antefixen. — Links steht (n. r.) neben einem Altar eine Göttin*), in Chiton und Mantel, mit rechtem Spielbein; sie hält in jeder Hand eine brennende Fackel. Ihr nahte betend eine**) *Figur*, von der noch der erhobene rechte Unterarm erhalten ist: dieselbe war in bedeutend kleinerem Verhältniss und in flacherem Relief dargestellt.

Abg. bei Le Bas Voy. arch. Mon. d'ant. fig. pl. 45, 1.

87 *). Bruchstück eines Grabreliefs.**

H. 0,28. B. 0,29. Pent. Marmor. Arg verwittert. Athen.

Erhalten sind noch die Oberkörper einer *Frau* (n. r.) in Chiton und Schleier, eines neben ihr stehenden *Mannes* (?), auf dessen rechte Schulter jene ihre Linke legte, und einer vor ihr sitzenden *Figur*. Links ist die Einfassungsante, oben das Gesims als Rahmen erhalten.

---

*) *Kore* oder *Demeter?*

**) Oder auch mehrere Figuren.

***) 87—97 in einem Rahmen (X).

88. Tragische Maske.

H. 0,33. Pent. Marmor. Arg zerstossen. Athen.

Die überlebensgrosse Maske stellte einen Herrscher vor.

89. Bruchstück eines Reliefs.

H. 0,38. Pent. Marmor. Arg zerstossen. Athen.

Erhalten ist noch der Oberkörper eines sich zurücklehnenden *Jünglings*, in langem Lockenhaar; die Rechte war gesenkt, die Linke liegt auf dem Haupte.

90. Bruchstück eines Grabreliefs.

H. 0,41. Pent. Marmor. Athen.

Erhalten sind noch die Beine einer *Frau*, in Vorderansicht und mit rechtem Spielbein, in Chiton und Mantel.

91. Bruchstück eines Grabreliefs.

H. 0,58. B. 0,45. Pent. Marmor. Athen.

Erhalten ist noch der Körper (ohne Kopf und Füsse) eines *Mannes*, in Vorderansicht, in Chiton und Mantel: die rechte Hand hält er auf der Brust; in der gesenkten Linken hat er einen Zipfel des Mantels (?). Neben ihm zu seiner Linken steht ein *Hermenschaft* mit (den zwei Zapfen und) dem mit einer breiten Tänie geschmückten Kopf eines unbärtigen Mannes*). Daneben ist die Einfassungsante erhalten.

92. Bruchstück eines Reliefs.

H. 0,57. B. 0,48. Pent. Marmor. Athen.

Erhalten ist der Körper (vom Hals bis zu den Schenkeln) einer *Isispriesterin*, in Vorderansicht; sie hebt die Rechte (mit Sistrum?) und senkte die linke Hand. Ihr Mantel, der auf der Brust geknotet ist, ist gefranzt; ihre Locken fallen auf die Schultern herab. Neben ihr links ist noch die Schulter einer (wohl männlichen) *Figur* in Vorderansicht vorhanden.

---

*) Vgl. dazu Conze Arch. Anz. 1867 S. 102f.

93. Bruchstück eines Reliefs.
H. 0,14. B. 0,33. Pent. Marmor.

Erhalten ist noch der erhobene vorgestreckte rechte Arm einer *Figur,* welche n. l. gewandt und mit der Chlamys versehen war; die rechte Hand hielt eine Traube nach unten.

94. Bruchstück eines Grabreliefs.
H. 0,32. B. 0,27. Pent. Marmor. Zerstossen. Hochrelief.

Neben der breiten Einfassungskante sind noch Kopf und rechte Schulter eines bekleideten *Jünglings* (n. r.), welcher emporblickte und wohl seine linke Hand unter dem Kinn hält. In flacherem Relief ist noch der rechte Arm einer vor ihm stehenden *Figur* sichtbar.

95. Grabrelief.
H. 0,65. B. 0,66. Pent. Marmor. Gewöhnliche Arbeit. Piraeus.

Oben und links weggebrochen; unten die breiten Zapfen (zum einlassen in eine Basis*) oder in den Boden). — Neben einer *Frau,* welche, in Vorderansicht und mit linkem Spielbein, in Schuhen, Chiton und Mantel, die rechte Hand auf der Brust hält und die Linke gesenkt hat, steht in flacherem Relief ein kleines *Mädchen* (n. r.), in Doppelchiton, in der Linken einen Kasten haltend, dessen Deckel sie mit der Rechten aufhebt. Beide Köpfe fehlen.

96. Bruchstück eines Reliefs (sog. Todtenmahl).
H. 0,30. B. 0,29. Pent. Marmor. Arg verwittert. Athen.

Man erkennt noch *zwei* bekleidete grössere *Körper* (n. l.), deren ersterer wohl männlich ist, und neben ihnen die Oberkörper von *zwei Knaben* in Mänteln, sowie vor ihnen einen dritten *Knaben,* dessen Oberkörper nackt scheint.

*) Vgl. dazu auch Schöne Griech. Rel. S. 38, 66.

97. Herme des Ael. Apollonios.

H. 0,55. B. 0,32. Pent. Marmor. Athen.

Der Kopf ist weggebrochen; auf der Schulter liegt ein Gewandstück. Am Schaft die Inschrift:

ΤΟΝΔЄΑΠΟΔΑΔΟΥΧωΝΙЄ
ΡΗϹΜΗΤΡΟϹΤЄΓЄΓωΤΑ
ΗΤЄΛЄΤΑϹΑΝЄΦΑΙΝЄΘЄΟΙΝ
ΠΑΡΑΝΑΚΤΟΡΑΔΗΟΥϹ
ΑΙΛΙΟΝΑΠΟΛΛωΝΙΟΝΚΛЄΙ
ΝΟΝΚΟϹΜΗΤΟΡΑΠΑΙΔωΝ
ϹΤΗϹЄΝΟΜωΝΥΜΟϹΥΙΟϹ
ΟϹΑΡΧωΝΗЄΝЄΦΗΒωΝ

Τόνδε ἀπὸ δαδούχων ἱερῆς μητρός τε γεγῶτα,
ἣ τελετὰς ἀνέφαινε ϑεοῖν παράνακτορα Δηοῦς,
Αἴλιον Ἀπολλώνιον, κλεινὸν κοσμήτορα παίδων,
στῆσεν ὁμώνυμος υἱός, ὃς ἄρχων ἦεν ἐφήβων

Gefunden 1834 πλησίον τῆς Ἐκκλησίας καλουμένης τῶν Ἀσωμάτων τοῦ Χειλᾶ (vgl. Mommsen Ath. christ. p. 111, 135).

Abg. Eph. arch. I no. 287.

Vgl. Pittakis Athènes p. 112 und Eph. arch. I p. 264, 287; Franz Bull. dell'Inst. 1835 p. 210 s; Welcker Rhein. Mus. NF. I (1842) S. 212, 21; Le Bas Voy. arch. Inscr. I, 313.

98*). Bruchstück eines Grabreliefs.

Pent. Marmor. Athen.

Erhalten ist noch der Unterkörper eines *Kindes* (n. l.), mit linkem Spielbein, in Mantel; die Linke hat es in den Mantel gewickelt, während es in der gesenkten Rechten ein Vögelchen einem kleinen *Hunde* (mit Halsband) hinhält, welcher sich darnach emporrichtet. Jederseits eingefasst.

Vgl. Pervanoglu Grabst. S. 34, 17.

*) No 98—104 in einem Rahmen (XI).

99. Grabstelle.

H. 0,58. B. unten 0,20; oben 0,19. Fig. 0,23. Pent. Marmor. Verwittert. Piraeus.

Am Schaft auf einem Basisstreifen die folgende Darstellung: Eine *Frau* (n. r.), mit rechtem Spielbein, in Chiton und Mantel, unter dem sie die rechte Hand auf dem Bauch hält, streckt die Linke aus. Vor ihr steht ein kleines *Mädchen*, mit linkem Spielbein, in Doppelchiton; sie hält in der Linken einen blattförmigen Fächer und hebt den Kopf zur Herrin empor. — Unten ein Zapfen zum Einlassen (vgl. no. 95).

100. Bruchstück eines Grabreliefs.

H. 0,50. B. 0,68. Pent. Marmor. Rheneia*).

Erhalten ist der Architrav mit glatten Akroterien, die ursprünglich bemalt waren, auf Pfeilern (über denen kleine Löcher vorhanden sind; vgl. No. 47 Anm.). Von der Darstellung selbst ist nur der Kopf (mit kurzem Haar) und der Hals des Asiaticus (Ἀσιατικὸς Νεικηφᾶ) erhalten, der mit einem Mantel ausgestattet war. Am Architrav die zum Theil sehr verwitterte Inschrift:

ΑCΙΑΤΙΚΟCΝΕΙΚΗΦΑ ΗΡΑΚΩΝΕΙΚΗΦΑ

Vgl. zur Inschrift Exp. de Morée III Inscr. p. 62, 32 (Δασιατικὸς κτλ); CJGr. 2322*b*, 55; Le Bas Voy. arch. Inscr. IV, 1977 (Δασιατικός κτλ).

101. Bruchstück eines Grabreliefs.

H. 0,31. B. 0,21. Pent. Marmor. Hochrelief. Athen.

Erhalten ist noch ein sitzender Hund (n. r.), welcher den Kopf zum Herrn emporrichtete.

102. Bruchstück eines Grabreliefs.

H. 0,21. B. 0,26. Pent. Marmor. Zerstossen. Athen.

Erhalten sind noch von einem *Manne* (in Vorderansicht und mit rechtem Spielbein) der Unterkörper und die gesenkte rechte

---

*) Die Exp. de Morée l. c giebt irrig *Aegina* als Fundort an; das Bruchstück fand sich früher im *dortigen* Museum.

Hand, und von einem zweiten links danebenstehenden *Mann* das linke Bein. Beide waren in Mänteln und standen einer *Frau* gegenüber, von welcher noch das rechte (Spiel)bein mit Chiton und Mantel übrig ist.

103. Grabrelief.

H. 0,65. B. 0,51. Pent. Marmor. Hochrelief. Oben weggebrochen. Athen.

Ein *Mann*, in Vorderansicht und mit rechtem Spielbein, in Chiton und Mantel, steht ruhig da, die rechte Hand auf der Brust haltend und die linke senkend; sein Kopf fehlt. Zu seiner Rechten sitzt ein ganz kleines *Hündchen*, Kopf und Pfote emporrichtend; zur Linken steht ein Scrinium, an dem eine Verzierung (Schloss?) sichtbar ist. Jederseits eine Ante.

104. Grabrelief.

H. 0,70. B. 0,41. Fig. 0,30. Pent. Marmor. Arg verwittert. Athen.

Die gemeisselte Palmette ist ganz verwittert und zerstossen. — Auf einem Lehnstuhl sitzt n. r. eine bekleidete *Frau*, (Κλειτοτίμη); hinter ihr steht eine *Frau*, gleichfalls bekleidet und nach rechts gewandt, den Kopf wohl auf die erhobene Linke neigend. Vor der sitzenden Frau steht nach links ein *Mann*, (Ἡγήσιππος), in Mantel (und auf seinen Stab gelehnt?). Darüber die Inschriften:

ΚΛΕΙΤΟΤΙΜΗ ΗΓΗΣΙΠΠΟ[ς
ΝΙΚΑΓΟΡΟΥ ΚΤΗΣΙΟΥ

Gef. den 29. October 1834 παρὰ τὴν Ἐκκλησίαν Καπνηκαρέα (vgl. Mommsen Ath. christ. p. 132, 159).

Vgl. Eph. Arch. I, 2166; Pervanoglu Grabst. S. 65, 58; Kum. 3055.

105. Gruppe von zwei sich stossenden Ziegen.

H. 0,75. Pent. Marmor. Flüchtige Arbeit.

Es fehlen die Hinterfüsse; ferner ist je eine Vorderpfote weggebrochen und der untere Theil der in der Mitte zwischen den

Thieren befindlichen Stütze*). — Die beiden Thiere, in natürlicher Grösse gebildet, richten sich gegenseitig auf den Hinterbeinen empor, senken die Köpfe und stossen mit den Stirnen aneinander (κυρηβάζοντες). Oben auf den Stirnen der Thiere je zwei Löcher (zum Einsetzen der Hörner).

Vgl. Friederichs Berl. Ant. Bilder I no. 934 („etwa Schmuck eines Giebelfeldes — nach Analogie von Conze Reise auf den Ins. des thrak. Meeres VII, 2"); Pervanoglu Arch. Anz. 1864 S. 284 und 1865 S. 11 (sepulcral); Bötticher Berl. Abg. no. 811 („etwa Weihgeschenk eines Ziegenheerdenbesitzers an den feldliebenden Pan").

106. Grabstele.

H. 0,92. B. unten 0,43; oben 0,42. Pent. Marmor. Schöne Arbeit.

Die hohe Palmette über dem Gesims ist aus Akanthos gebildet und von ungemein feiner Zeichnung. Am Schaft zwei Rosetten und darüber die Inschrift, deren erste und dritte Zeile in schlechteren Buchstaben geschrieben und erst später (bei erneuter Benutzung der Stele) hinzugefügt sind:

ΕΥΤΥΧΟΣ
ΗΡΙΝΗ
ΝΙΚΩΝ

Die Inschrift bei Kum. 2911; ein Abguss im Berl. Museum Bötticher Berl. Abg. no. 278.

107. Löwe.

L. 0,92. Pent. Marmor. Sehr geringe Arbeit. Verstossen. Athen.

Es fehlen das Hintertheil mit den Füssen und die Vorderfüsse; die linke Seite ist stark verwittert. — Das Thier war gehend dargestellt, den Kopf emporrichtend und den Rachen öffnend.

*) Nach Pervanoglu dagegen eine *Vase;* vgl. auch Conze Arch. Anz. 1860 S. 101 f.

108. Löwe.

L. 0,67. Pent. Marmor. Mässige Arbeit. Piraeus.

Es fehlen die Füsse und der Schwanz. — Der Löwe war gehend dargestellt, den Kopf n. l. neigend. Die platte wenig bearbeitete rechte Seite zeigt, dass der Löwe gegen eine Wand stand.

109. Bruchstück einer (Grab?)säule.

H. 0,15. B. 0,26. Dm. ungefähr 0,40. Pent. Marmor. Geringe Arbeit.

Erhalten sind noch Theile von drei neben einander befindlichen (Lorbeer-?)kränzen, in denen je ein Name stand:

1.	2.	3.
. . ΓΕ	ΔΗΜΟ	ΙΟΥΝΙ
. . ΟΥ	ΚΡΙΤΟϹ	[ΟϹ]

110. Löwe.

L. 1,07. Pent. Marmor, Geringe Arbeit. Gefunden 1842 Athen.

Es fehlen die Beine und der Schwanz. — Das Thier ist gehend dargestellt, den Kopf n. l. wendend und die rechte Vorderpfote hebend.

111. Bruchstück eines Grabreliefs.

H. 0,41. B. 0,22. Pent. Marmor. Hochrelief. Athen.

Erhalten ist noch das rechte Spielbein und die gesenkte rechte Hand eines *Mannes;* daneben Rest der Einfassung.

112*). Bruchstück eines Reliefs.

H. 0,20. B. 0,22. Pent. Marmor. Verstossen. Athen.

Erhalten ist noch ein Hund (oder Fuchs?), der die Schnauze emporhebt zu einer hinter ihm stehenden *Figur*, von welcher Theile der Bekleidung sichtbar sind. Vor dem Thier ein Baumstamm? oder die Einfassung einer Höhle? Unten ein breiter in Quadern getheilter Basisstreifen.

---

*) No. 112—116 in einem Rahmen (XII).

113. Bruchstück einer Grabvase.

H. 0,24. B. 0,23. Pent. Marmor.

Erhalten ist noch der Hals mit den beiden (Voluten-) Henkeln, an denen eine Tänie aufgehängt ist.

114. Bruchstück eines Grabreliefs.

H. 0,55. B. 0,46. Pent. Marmor. Gute Arbeit.

Erhalten ist noch eine auf einem Stuhl sitzende *Frau* (n. r.), in Chiton und Mantel, in welchen die auf dem Schooss liegende Linke gewickelt ist; die vorgestreckte Rechte hielt einen jetzt weggebrochenen länglichen breiten (Kasten? oder etwa einen Wickelbalg?). Kopf und Füsse der Frau fehlen.

115. Bruchstück eines Grabreliefs.

H. 0,47. B. 0,64. Pent. Marmor. Piraeus.

Erhalten ist noch der glatte Giebel mit dem einen Eckakroterion (ursprünglich bemalt) sowie der Kopf einer jungen *Frau*, in Vorderansicht. Im Gesims die Inschrift:

ΛΟΜΑΡΙΑΘΗΝΟΙΕ[Κ]ΦΑΛΗΡΕΩΝ
ΓΥ[Ν]ΗΕΠΙΚΤΗΤΟΥΜΕΛΙΤΕΩΣ

Δομαριαϑηνῷ*) (?)ἐκ Φαληρέων
γυνὴ Ἐπικτήτου Μελιτέως.

Ueber den (weggebrochenen) Einfassungsanten sind Bronzereste erhalten; vgl. dazu no. 47.

Gef. den 20. März 1839.

Abg. in der Eph. Arch. I no. 398.

Vgl. Pittakis l. c. (Δόμαρις Ἀϑηνώ κτλ); Rhang. 1555 (Δόμαρι Ἀϑήνου); Kum. 1216 (Δομαριαϑηνοι).

---

*) Zur Schreibung der Feminina auf Ω mit Jota subscriptum vgl. Ritschl Opusc. I p. 782 ss.

116. Grabstele.

H. 0,72. B. unten 0,33; oben 0,32. Pent. Marmor. Schöne Arbeit. Piraeus*).

Die ein wenig vornübergebeugte 0,44 hohe Palmette ist aus Akanthos gebildet, in flachem Relief und von sehr schöner Zeichnung. Jederseits zwei kleine Rosetten. Am Schaft, von dem unten viel fehlt, die Inschrift: ΜΝΗΣΙΣΤΡΑΤΗ

Abg. Exp. de Morée III, 23, 4; Eph. Arch. I no. 273; Pervanoglu Grabst. I, 3

Ein Abguss im Berl. Museum: Bötticher Berl. Abg. no. 281.

117). Bruchstück einer Grabstele.**

H. 0,49. B. oben 0,36; unten 0,35. Pent. Marmor. Sehr verwittert. Athen.

Erhalten ist noch der Giebel mit den Eckakroterien und einem Schildrund in der Mitte; ferner auf der Stele, (von der unten viel weggebrochen ist) zwei Rosetten und darunter von der Darstellung (in eingerahmtem Flachrelief) Kopf und Brust einer bekleideten *Frau* (Καλλιστράτη), welche, n. r., die Linke unter dem Kinn hält und auf eine kleinere *Figur* (*Dienerin*) blickt, deren Kopf (n. l.) vor ihr sichtbar ist. Ueber den Rosetten die Inschrift:

Κ]ΑΛΛΙΣΤΡΑΤΗ ΑΙΣΧΙΝΟΥ
Ε]ΚΚΟΛ[ΩΝΟΥ]ΘΥΓΑΤΗ[Ρ

Vgl. Ross Dem. 108; Rhang. 1523; Kum. 686.

118*). Bruchstück eines Beschlusses.**

H. 0,42. B. 0,36. Pent. Marmor. Oben und links weggebrochen. Gefunden 1837 in Athen.

Von der Darstellung im Relief sind noch die Füsse einer in Vorderansicht stehenden *Figur* erhalten, auf welche *drei*

---

*) So nach Pittakis (Eph. Arch. 1 p. 259, 273), dem Rhangavis 1744 und Kumanudis 3156 folgen, und zwar am 16. April 1838; nach der Exp. de Morée dagegen, die die Stele noch im Museum zu Aigina sah, in *Rheneia* (l. c. p. 8.)

**) Mit anderen Inschriftsteinen in einem Rahmen (XIII).

***) In einem Rahmen (XIV).

Zu No. 118.

		ΠΤΟΛΕΜΑΙΔΟΣ	
	ΛΑΜ	ΑΣΠΕΡΣΩΤΟΥ	ΒΟ[Υ
Α		ΓΛΥΚΩΝ)	ΒΕΡ
ΤΟΣ	ΛΑΜ	φΙΛΟΤΕΙΜΟΣΓΛΥΚΩΝΟΣ	ΒΕΡ
Α		ΕΥΠΡΑΞΙΔΗΣΑΘΗΝΟΔΩΡΟΥ	ΕΚΑ
ΟΔΟΥ		ΘΕΟΔΩΡΟΣ	ΚΟΛΩ
		ΑΚΑΜΑΝΤΙΔΟΣ	
ΗΝΟΔΩΡΟΥ	ΙΤΑΙ	ΜΑΚΡΕΙΝΟΣ ΕΥΜΕΝΟΥΣ	ΣφΗΤ
		ΕΥΜΕΝΗΣ)	ΣφΗ
ΟΣ	ΛΑΜ	ΑΛΚΙΒΙΑΔΗΣ)	ΧΟΛΑ
ΚΗΣ		ΜΕΝΑΝΔΡΟΣΑΛΚΙΒΙΑΔΟΥ	ΧΟΛΑ
ΝΑ·ΛΥΣΙΣΤΡΑΤΟΣ		ΕΛΕΝΟΣΕΛΕΥΣΙΝΙΟΥ	ΕΙφ
		ΖΜΑΡΑΓΔΟΣΖΟΙΛΟΥ	ΣφΗ/////
ΔΩΡΟΥ		ΚΑΛΛΙΣΤΡΑΤΟΣ)	Ε[ΡΙ]Κ
		ΕΡΜΗΣΖΩΣΙΜΟΥ	[φ]ΡΕ
		ΒΕΙΘΥΣΘΥ[Μ]ΕΛΙΚΟΥ	. . .
ΡΩΓΟΣ		ΡΗΤΟΡΙΚΟΣ	Ε[Ιφ?
ΤΡΑΤΟΣ		ΑΔΡΙΑ[ΝΙ]ΔΟΣ	
		ΒΑΛ·ΠΕΙΡΕΥΣ	ΒΗΣΑΙ
		ΒΑΛφΑΛΗΡΟΣ	ΒΗΣΑΙ
		ΔΟΜΙ·ΑΣΚΛΗΠΙΑΔΗΣ	ΟΙΝ
		ΔΟΜΙ·ΕΥΝΟΥΣ	ΟΙΝ
		ΖΟΣΙΜΟΣφΙΛΩΝΟΣ	φΗΓ
		ΑΤΤΙΚΟΣ)	ΟΙΝ
		ΕΥΚΑΡΠΟΣΑΤΤΙΚΟΥ	ΟΙΝ
	ΩΑΘ	ΕΠΑΓΑΘΟΣΣΩΖΟΝΤΟΣ	ΩΑΘ
	ΩΑΘ	ΟΙΝΕΙΔΟΣ	
		Ε . . . ΟΝΣΤΕφΑΝΟΥ	ΑΧΑΡ

langbekleidete *Personen* zugehen, von denen nur noch die Beine bis zu den Knieen vorhanden sind. Darunter ist von der Inschrift noch ein Theil des Personenverzeichnisses erhalten:

(Siehe Beiblatt.)

Gef. „εἰς τὸν Δῆμιον τῶν Ἀθηνῶν τὸ πάλαι Κολυττὸς νῦν δὲ Καλαμιότη κτλ (vgl. dazu Mommsen Ath. christ. p. 130)."
Abg. Eph. Arch. I no 222.
Vgl. Eph. Arch. I p. 214, 222; Ross Demen No. 7.

119. Votivrelief.

H. 0,44. B. 0,24. Pent. Marmor. Sehr verwittert. Athen.

Der ziegenfüssige *Pan*, in Vorderansicht, hält in der Rechten das Lagobolon und hebt in der Linken die Syrinx gegen das Kinn empor (um zu blasen).

120. Entwurf eines Reliefs.

H. 0.47. B. 0,98. Pent. Marmor.

Ringsum eingerahmt; der untere Rand weggebrochen. — Auf einem Zweigespann steht ein *Knabe* (Eros — wenn die *Flügel*andeutung auf dem Rücken sicher wäre; doch könnte dies auch die um den Hals geknüpfte flatternde *Chlamys* sein?!), in der vorgestreckten rechten Hand einen Kranz haltend; die Zügel sind um den Leib gewickelt.

121. Herme des Archikles.

H. 1,12. B. 0,30. Pent. Marmor.

Der Kopf mit einem Theil des Schaftes fehlt; dieser Letztere, an dem vorn das Glied erhalten, ist in der Mitte gebrochen und auf zwei Seiten beschrieben. Die Inschriften waren früher (vgl. Chandler l. c.) vollständig vorhanden; jetzt ist je ihr Anfang weggebrochen, und zwar fehlen an der *Vorderseite* die folgenden ersten sechszehn Reihen völlig und die nächsten drei Reihen zum Theil:

῾Ομωνύμου παῖς εἰμι ΚΛΙΝΟΣΑΡΧ*)
κοσμητής
᾿Αρχικλῆς ᾿Αρχικλέους Λακκιάδης.
᾿Επὶ Δειδί(ου) Σεκούνδου Σφηττίου ἄρχοντος
Γυμνασίαρχοι·
Εὔτακτος Διονυσίου
M. Κοκ. Βλάστος
῎Ανθος Δημητρίου
Φιλόμουσος ᾿Αφροδεισίου
᾿Αβάσκαντος Ζωσίμου
Ζώσιμος Τροφίμου
Νυμφόδοτος Φλώρου
᾿Ανθεστήριος Εἰσιδώρου.
Θάλλος Στάχυος
Εὔτυχος Εὐκάρπου
Νίκ[ων Εὐκάρπου
᾿Επίκου[ρος Νικίου
᾿Αγαθόπους[᾿Αλεξάνδρου
Στάχυς Εὐκάρπου
Ζώσιμος Εὐκάρπου
u. s. w.: vgl. CJGr. 268.

[Vor Zeile 41 steht ein *Theta* ([–]); vor Zeile 43 ein *Alpha* (Ȧ)].

Von der Inschrift auf der linken *Nebenseite* fehlen jetzt die folgenden ersten *acht* Reihen:

Παιδοτρίβης
Δημήτριος Εἰσιγένους ῾Ρα —
μνούσιος
Παιδοτρίβης
᾿Αρίστων ᾿Αφροδεισίου ῾Ραμνού-
σιος
Κεστροφύλαξ Σύντροφος
Θυρωρός
Τρόφιμος Μίλω[νος**)
u. s. w: vgl. CJGr. 268.

*) So die Abschrift. Böckh vermuthet: *καὶ Νοσαρχ[ίας*; Keil gewiss richtiger (bei Benseler Griech. Eigennamen s. v. *Νοσαρχία*): *κλ(ε)ινὸς ᾿Αρχ[ικλῆς*; vgl. z. B. no. 97; u. a. m.

**) Sic! Chandler und Böckh lesen *Μιλησιος*.

Vgl. Chandler Inscr. ant. II p. 65 no. 59; CJGr. No. 268.

122 *). Grabrelief.

H. 0,48. B. 0,86. Weisser Marmor. Sehr verwittert. Jederseits und unten weggebrochen. Paros.

Der erhaltene Rest zerfällt in mehrere Abtheilungen, wie die folgende Skizze lehrt; sie sind mit Darstellungen und Inschriften ausgefüllt.

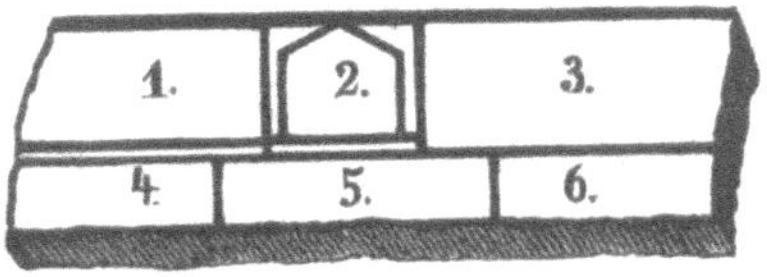

1. Rest eines sogenannten Todtenmahls. Erhalten ist auf einer Kline (mit Polsterkissen) das Obertheil einer (den ähnlichen Darstellungen zufolge männlichen) *Figur* (n. r.), in Chiton und Mantel: sie stützte den Kopf auf die Linke und legte die Rechte wohl um den Nacken der neben ihr liegenden (weiblichen?) *Figur*, von der noch die linke Schulter und linke Hand (auf der sie den Kopf stützte) erhalten sind; dieselbe war in Chiton und Mantel. Vor der Kline steht ein Tisch (mit drei Thierfüssen), auf dem vier Brode (oder Früchte) liegen; daneben rechts steht ein *Knabe*, in Chiton, der in der Linken eine Kanne hält und die Rechte erhebt. Darunter eine Inschrift, von der noch erhalten ist:

///ΝΔΡΟΥ

d. i. *ὁ δεῖνα 'Αλεξά]νδρου.*

2. In einer Vertiefung (mit Giebel) steht ein *Jüngling*, in Vorderansicht, um den Hals die Chlamys geknüpft: die linke

*) Mit anderen Inschriftsteinen in einem Rahmen (XV).

Hand, welche etwas hielt, liegt auf der Brust, die Rechte ist gesenkt und hält ein Bukranion (?). Darunter die Inschrift:

//////Θ Ε Τ Ο Σ Α Λ Ε Ξ Α Ν Δ Ρ Ο Υ
///Ρ Ο Μ Ο Ι Ρ ω Σ Β Ε Ι ω Σ Λ Σ

Εὔ]θετος*) 'Αλεξάνδρου
π]ρομοίρως βειώσας

3. Diese Abtheilung, die wohl ursprünglich die Mitte des ganzen Reliefs ausmachte, enthält die folgende Inschrift:

Σ Ω Χ Α Ρ Μ Ο Υ Π Α Ρ Α Τ ſ///
Ε Ι Τ Ι Κ Α Ι Ε Σ Φ Θ Ι Μ Ε Ν Ϲ///
Ε Ι Γ Α Ρ Κ Α Ι Π Α Υ Ρ Α Σ Ε Τ Ε///
Α Ξ Ι Ο Σ Α Ι Ν Ε Ι Θ Σ Α Ι.Τ///
Ο Ρ Φ Α Ν Α Μ Ε Ν Μ Ο Ι Ρ Α Ι Σ Τ///
Κ Ε Ι Σ Θ Ω Π Α Ι Σ Ι Χ Ρ Ο Ν Ο \///
Ξ

Σωχάρμου παρὰ τ[**) . . . .
εἴ τι***)καὶ ἐς φθιμένο[υς . . . . .
εἰ γὰρ καὶ παύρας ἐτέ[ων . . . .
ἄξιος αἰνεῖσθαι τ[. . . .
ὀρφανὰ μὲν μοίραις τ[ε . . .
κείσθω παισὶ χρόνο[υ . . .
Ξεῖν[ε? . . . .
. . . .

4. Von der Darstellung dieses Feldes ist nur ein *Kopf* erhalten, über dessen Geschlecht nichts mehr zu bestimmen ist.

5. Zwei (auf einer Kline gelagerte) Figuren, wohl *Mann* und *Frau*, stützen je den Kopf auf die linke Hand.

6. Erhalten ist noch der *Kopf* einer nicht näher zu bestimmenden Figur.

1837 aus dem Museum zu Aegina mitgebracht.

---

*) Bei Clarke l. c. fehlt nur der *erste* Buchstabe dieses Namens.

**) *το* . . CJGr.

***) *EIII* . . CJGr.; Stephani.

Beschr. von Stephani Ausr. Her. S. 50, 21; die Inschrift auch bei Clarke Travels II, 2 p. 403; Exp. de Morée III Inscr. p. 44; 2 (mit versuchter Ergänzung der Distichen*); CJGr. 2408; Le Bas Voy. arch. Inscr. IV, 2119.

Vgl. auch Pervanoglu Grabst. S. 42, 19 und Familienmahl S. 18, 18.

123. Bruchstück eines Grabreliefs.

Pent. Marm. Gef. 1837 in Athen.

Erhalten ist noch die linke untere Ecke des Reliefs, wo neben der ionischen Basis der Einfassungsseite das rechte (Spiel-)bein einer (weiblichen) *Figur* in Sandalen und Chiton vorhanden ist.

124. Sturz einer männlichen Figur.

H. 1,22. Par. Marmor. Leidliche Arbeit.

Es fehlen der Kopf, die r. Brustseite nebst dem Arm, der linke Unterarm und die Füsse. — Die Figur stand ruhig da (mit l. Spielbein), mit einem Mantel versehen, welcher von der linken Schulter über den Rücken und den Unterleib geht und unter dem linken Oberarm an den Körper angedrückt wird.

125. Sturz einer männlichen Figur.

H. 0,90. Par. (?) Marmor.

Es fehlen der Kopf, beide Arme und Füsse (von der Hälfte der Waden an). — Die Figur stand auf dem rechten Bein und stemmte die rechte Hand in die Seite (Finger noch erhalten); der linke Arm war gesenkt. Der Mantel, welcher von der linken Schulter über den Rücken und Unterleib geht

---

*) Sie lautet:

Σωχάρμου παρὰ τ[ῶν μακάρων δόμον ἤλυθε κῦδος,
  εἴτι καὶ ἐς φθιμένο[υς ἔρχεται ἐκ μερόπων.
εἰ γὰρ καὶ παύρας ἐτέ[ων ἀτραπούς ποτ᾽ ὁδεύσας
  ἄξιος αἰνεῖσθαι τ[ῆς ἀρετῆς ἔπλετο.
ὀρφανὰ μὲν μοίραις τέ[κνα μέμφεται· ἔμπα δὲ βαιὸς
  Κείσθω παισὶ χρόνο[ς πατρὸς ἀποιχομένου.

und unterhalb der linken Achsel angedrückt wird, lässt die rechte Brust frei.

126. Brunneneinfassung.

Hym. Marmor. In drei Stücke zersprungen. Attika.

In der Mitte einer 0,97 □ grossen Marmortafel befindet sich ein runder Ausschnitt (Dm. 0,52) mit einem breiten Rand (nach unten hin), an welchem noch die Einschnitte*) für die Seile der herabzulassenden Gefässe wohl erhalten sind. Auf der einen Seitenfläche der Tafel ist die folgende Weihinschrift erhalten:

//////////ΕΣΤΡΑΤΟ////ΜΕΝΕΚΛΕΟΣ ΝΑ**)
ΦΑΝΟΚΛΗΣ ΦΑΝΟΚΡΑΤΟΣΑΡΙΣ

Μεν]έστρατο[ς] Μενεκλέο[υ](ς Να[.......
Φανοκλῆς Φανοκράτο[υ]ς Ἀρισ[........
[ἀνέθηκαν]

127. Grabstele.

H. 0,68. B. 0,32 Pent. Marmor. Unten, oben und rechts weggebrochen.

Erhalten ist von der eingerahmten Reliefdarstellung auf dem Schafte noch der Oberkörper (0,28) eines *Mannes* (Ἀριστείδης), der auf einem Stuhl sitzt (n. r.) und die Rechte lebhaft vorstreckt; er ist in den Mantel gehüllt, der die rechte Schulter und Brust frei lässt. Seine Füsse sind weggebrochen. Darüber eine Rosette. Erhalten die Inschrift:

ΑΡΙΣΤΕ [ιδης.............
ΠΑΜ [βωτάδης

---

*) Aehnliche Einschnitte finden sich in pompejanischen Brunneneinfassungen.

**) Die obere Hälfte dieser (in grösseren Buchstaben geschriebenen) Zeile ist zerstört, doch sind die Buchstabenreste leicht und sicher zu ergänzen.

128. Ehrentafel.

H. 0,48. B. 0,89. Pent. Marmor. Flachrelief. Attika.

Es fehlt rechts unten die ganze Ecke. — Oben ist die Platte durch ein Gesims begrenzt, an dem Spuren eines gemalten lesbischen Kymation erhalten ist; unten Ablauf. Links ist die Platte durch eine flache Ante eingerahmt, welche sich nach oben stark zusammenzieht. — In der Mitte findet sich in sehr flachem Relief ein Lorbeerkranz, von einer breiten Tänie durchschlungen. Darüber die folgende *zweizeilige* Inschrift in schlechter Schrift*):

ΚΑΣΣΑΝΑΕΙΣΤΩΙΔΕΤΩΙΣΤΕΦΑΝΩΙΣΤΕ
ΦΑΝΟΥΣΙΝΜΑΓΝΗΤΩΝ
ΑΜΥΡΕΙΣΤΟΥΣΕΝΙΠΠΟΒΟΤΟΙΣΙΤΕΛΕΥΤΗ
ΣΑΝΤΑΣ

Κασ(τ)αναεῖς**) τῷ δὲ τῷ στεφάνῳ στεφάνουσιν Μαγνήτων
Ἀμυρεῖς τοὺς ἐν ἱπποβότοισι τελευτήσαντας.

Gefunden nach Lenormant 1854 unterhalb der Kirche des H. Elias am Wege zwischen Athen und Daphni bei einem Grabturmulus (Grab der Pythionike?), dagegen nach Pittakis erst den 2. August 1855 ἐν Πειραιεῖ πρὸς δυσμὰς τοῦ ναοῦ τῆς ἐν Μουνυχίᾳ Ἀφροδίτης.

Vgl. Lenormant Monogr. de la Voie sacrée Eleus p. 463 ss.; Velsen Arch. Anz. 1855 S. 116; Papasliotis Arch. Anz. 1856 S. 140; Eph. Arch. I, 2619; Kum. 17.

129. Bärtiger Porträtkopf (des Hadrian?).

H. 0,35. Pent. Marmor. Sehr zerstossen.

Es fehlen die Nase und das Kinn.

---

*) Ob auf *Rasur*, wie Lenormant will, ist sehr fraglich und ungewiss.

**) Zur thessalischen Ortschaft *Κασταναία* oder *Κασθαναία* vgl. Bursian Geogr. Griechenl. I S. 99.

180. Weiblicher Sturz.

H. 0,55. Weisser Marmor. Zerstossen.

Es fehlen Kopf Arme und Füsse. — Die *Frau* ist in gegürtetem Doppelchiton, dessen Ueberwurf wol die linke Hand fasste und hob; rechtes Spielbein.

181. Bruchstück einer weiblichen Figur.

H. 0,28. Weisser Marmor. Geringe Arbeit.

Erhalten sind noch die rechte Schulter nebst Brust und Oberarm eines *Mädchens,* in gegürtetem Chiton (der auf der Schulter durch eine Spange gehalten wurde) und Mantel, welcher über dem Rücken lag und um den rechten Arm gewickelt war.

182. Sturz einer Artemis?

H. 0,28. Weisser Marmor.

Erhalten ist noch der Körper vom Nabel bis zu den Knieen, in kurzem gegürtetem Chiton und Mantel: die Figur eilte n. r. vorwärts. Zwischen den Beinen ist am linken Knie der Kopf eines Rehes (oder Hundes?) sichtbar. Wol *Artemis.*

183. Bruchstück eines Grabreliefs.

H. 0,34. B. 0,20. Pent. Marmor. Arbeit guter Zeit.

Erhalten sind in mässigem Hochrelief die Hüften und Beine (ohne Füsse) eines n. r. gewandten *Mannes*, im Mantel, mit rechtem Spielbein.

184. Bruchstück eines Grabreliefs.

H. 0,35. B. 0,25. Pent. Marmor. Zerstossen. Röm. Zeit.

Erhalten sind der Kopf und der Oberkörper eines bärtigen *Mannes,* in Vorderansicht, in Chiton und Mantel; die Rechte liegt auf der Brust, die Linke war gesenkt. — Der Giebel ist weggebrochen.

185. Bruchstück eines Grabreliefs.

H. 0,90. B. 0,68. Pent. Marmor. Hochrelief. Arbeit guter Zeit.

Erhalten sind noch der Oberkörper und die Beine einer auf einem Stuhl n. r. sitzenden *Frau*, in Chiton und Mantel; die Rechte liegt auf einem Kästchen, das auf ihrem Schooss steht. Der Stuhl, sowie Kopf und Füsse der Frau fehlen.

186. Bruchstück einer männlichen Figur.

H. 0,30. Pent. Marmor. Gewöhnliche Arbeit.

Erhalten sind von einem *Jüngling* das linke Spielbein (von der Hüfte bis unterhalb des Knies), sowie der rechte Oberschenkel und die linke Hand, über deren Arm der Zipfel des Mantels fällt, in den der Jüngling gekleidet war.

187*). Relief.

H. 1,19. B. 2,28. Pent. Marmor. Mässiges Relief. Sehr schöne Arbeit.

In vier Stücke gebrochen; die Oberfläche bis auf die Wampe des Thieres leider sehr zerstossen. — Ein *Stier* rennt n. l. vorwärts, den Kopf ein wenig senkend und mit dem Schwanz (zwischen den Hinterfüssen) schlagend.

188. Bruchstück eines Grabreliefs.

H. 0,15. B. 0,38. Pent. Marmor. Schöner Styl.

Erhalten sind die Füsse einer *Frau*, in Sandalen, Chiton und Mantel, n. r. und mit rechtem Spielbein. Hinter ihr steht eine zweite *Frau*, gleichfalls in Sandalen, Chiton und Mantel, welche den linken Fuss (von dem noch Reste erhalten) auf eine Erhöhung aufsetzte.

---

*) In einem Rahmen (XVI).

139. Sturz einer männlichen Figur.

H. 0,92. Gewöhnliche Arbeit.

Es fehlen der Kopf, beide Arme und Beine. — Der Kopf war ein wenig vorgestreckt; die linke Schulter gehoben; rechtes Stützbein. Vom Haaransatz der Scham bis zu der Kehlgrube (jugulum) 0,56.

140. Bruchstück eines Reliefs.

H. 0,37. B. 0,55. Pent. Marmor.

Erhalten ist noch der Oberkörper eines *Jünglings*, in kurzärmeligem Chiton, über der linken Schulter den Mantel; er beugte sich n r. vornüber und streckte die rechte Hand vor, vor welcher Reste eines breiten Streifens (?) sichtbar sind. Man könnte an einen *Wagenlenker* denken.

141. Bruchstück einer Stele.

H. 0,31. B. 0,38. Pent. Marmor. Verwittert.

Von der Darstellung in Flachrelief auf dem Schaft der Stele ist noch Folgendes erhalten: ein bärtiger *Mann* (n. l.), in Mantel, die linke Hand auf der Brust, reicht die Rechte einer vor ihm sitzenden *Frau*, welche die dargebotene Hand mit der Rechten fasst und die Linke gegen ihr Kinn hält; sie war bekleidet.

142. Bruchstück eines Reliefs.

H. 0,38. B. 0,20. Pent. Marmor. Leidliche Arbeit. Hochrelief.

Erhalten sind noch Kopf und Oberkörper einer *Frau*, welche über der rechten Schulter den Mantel hat, sonst nackt ist; sie ist n. l. gewandt, so dass der Rücken sichtbar ist, auf den die mit einer Tänie zusammengehaltenen Haare in Locken herabfallen; das nach oben gerichtete Gesicht verräth trotz der argen Verstümmelung einen schmerzhaft bewegten Ausdruck Etwa eine *Bacchantin*?

143. Sturz eines Knaben.

H. 0,44. Pent. Marmor.

Es fehlen der Kopf, beide Beine und Arme (von denen der linke eingesetzt war). — Die Figur trägt über der linken Schulter die Chlamys; mit rechtem Spielbein; über dem Glutäus eine runde Erhöhung (als ob ein Satyrschwänzchen beabsichtigt wurde?). Neben der Figur Reste eines (Palmen-?) stammes, dessen Obertheil gleichfalls eingesetzt war.

144*). Bruchstück eines Grabreliefs.

H. 0,19. B. 0,27. Pent. Marmor. Flachrelief.

Erhalten ist der Oberkörper einer n. r. sitzenden *Frau*, in Chiton und Mantel; die Linke liegt auf dem Schooss, die Rechte ist vorgestreckt.

145. Bruchstück eines Grabreliefs.

H. 0,28. B. 0,29. Pent. Marmor.

Erhalten ist noch die linke untere Ecke, wo neben der Anteneinfassung die übereinander geschlagenen Füsse einer *Frau*, in Schuhen Chiton und Mantel, sichtbar sind; die Frau wandte sich n. r. Die Sohlen der Schuhe zeigen Spuren rother Bemalung.

146. Grabrelief.

H. 0,34. B. 0,42. Pent. Marmor. Flachrelief. Sehr verwittert.

Eine auf einem Lehnstuhl n. l. sitzende *Frau*, in Chiton und Mantel der das Hinterhaupt verhüllt, die linke Hand auf dem Schoosse, greift mit der ausgestreckten Rechten in ein Kästchen (oder Schale?), welches ihr ein kleines *Mädchen*, in Doppelchiton und Haube, in der erhobenen linken Hand hinhält, während die rechte gesenkt ist. Beider Füsse sind weg-

---

*) No. 144—154 in einem Rahmen (XVII).

gebrochen; neben der Dienerin ist noch die Einfassung des Reliefs erhalten.

147. Grabrelief.

H. 0,43. B. 0,36. Pent. Marmor. Piraeus.

Links weggebrochen; rechts eine Ante; der glatte Giebel wol ursprünglich bemalt. — Ein Mann (Μίνακος), n. l., die linke Hand auf der Brust, reicht die Rechte einem vor ihm auf einem Lehnstuhl sitzenden *Manne* (Διοκλείδης), welcher, in Mantel, die gebotene Hand mit der Rechten ergreift und die Linke erhebt. Hinter ihm stand noch ein *Jüngling*, von dem jetzt nur der behelmte Kopf sowie der Schildrand vorhanden sind. Oben die Inschrift:

ΔΙΟΚΛΕΙΔΗΣ ΚΥΘΗΡΙΟΣ ΜΙΝΑΚΟΣ

Gef. κατὰ τὸ βόρειον τοῦ Πειραιῶς.

Abg. Eph. Arch. I no 542; Le Bas Voy. arch. Mon. d'ant. fig. 70,2

Vgl. Ross Dem. 113; Rhang. 1842; Pervanoglu Grabst. S. 64, 49; Kum. 724.

148. Bruchstück einer Grabstele.

H. 0,45. B. 0,22. Fig. 0,19. Pent. Marmor. Flachrelief.

Erhalten ist noch von der eingerahmten Darstellung auf dem Schaft der Stele eine auf einem Stuhl (mit Fussbank) n. r. sitzende *Frau*, das Gesicht in Vorderansicht, in Chiton und Mantel, der das Hinterhaupt verhüllt; sie greift mit der Linken nach ihrem Mantel über der linken Schulter und reicht die Rechte (einer vor ihr stehenden Figur, die weggebrochen ist).

149. Bruchstück eines Grabreliefs.

H. 0,26. B. 0,26. Hym. Marmor. Flachrelief. Grobe Arbeit.

Auf einem Stuhl (mit Fussbank) sitzt n. r. eine *Frau*, in Chiton und Mantel, die linke Hand nach oben gewandt; ihr Kopf fehlt. Die Rechte reicht sie einer kleinen vor ihr stehenden *Figur*, von der nur noch der rechte Arm erhalten ist. Im Hintergrunde zwischen diesen beiden Personen ist der Körper einer bekleideten *Frau* sichtbar, welche den linken Arm über den Bauch legte und auf die linke Hand die erhobene Rechte aufstützte.

150. Bruchstück eines Grabreliefs.

H. 0,17. B. 0,25. Pent. Marmor. Hochrelief.

Erhalten ist noch der Oberkörper einer *Frau* (n. r.), welche in kurzärmeligem Chiton ist und den rechten Arm erhebt.

151. Bruchstück eines Votivreliefs an Kybele.

H. 0,16. B. 0,20. Pent. Marmor. Zerstossen.

Erhalten ist von der Göttin noch der Kopf mit dem Modios und die erhobene linke Hand; jederseits Reste der Anteneinfassung.

152. Bruchstück eines Grabreliefs.

H. 0,36. B. 0,49.

Der Giebel ist mit eingehauenen vertieften Verzierungen versehen, während die glatten Akroterien ursprünglich bemalt waren. Von der Darstellung sind erhalten: Kopf und Obertheil der Brust eines *Jünglings* (Ἡρακλείδης), n. r., in Chiton, sowie vor ihm von dem verschleierten Kopf (in Vorderansicht) einer *Frau* (Χαρά) noch Stirn und Haar. Unter dem Giebel die Inschrift (deren letzter Buchstabe aus Raummangel im Akroterion steht):

ΧΑΡΑΙ ΡΗΝΑΙ οΥ ΗΡΑΚΛΕΙΔΗC

Vgl. Eph. Arch. I, 2811; Kum. 3463.

153. Bruchstück eines Grabreliefs.

H. 0,26. B. 0,27. Pent. Marmor. Hochrelief. Piraeus.

Erhalten ist noch der bärtige Kopf eines *Mannes* (Ναυσιμ . . .), der schmerzlichen Ausdruck zeigt und sich vorbeugt, n. r., auf dem Rücken die Chlamys. Hinter ihm ist ein Theil der Anteneinfassung und über ihm das Gesims (mit Antefixen) erhalten, auf dem die Inschrift steht:

ΝΑΥΤΙΛΙΑ ΝΑΥΣΙΜ [αχος oder — ηδης κτέ.

Vgl. Kum. 3190.

154. Bruchstück eines Grabreliefs.

H. 0,61. B. 0,54. Pent. Marmor. Leidlich gute Arbeit.

Erhalten ist der Giebel mit Schildrand in der Mitte und glatten Akroterien (die ursprünglich bemalt waren). Darunter rechts die Anteneinfassung (über der zwei Löcher mit Bronzeresten erhalten sind; vgl. no. 47) und in der Mitte der *Kopf* des jungen Diodotos (Διόδοτος Διοδότου), in Vorderansicht, mit kurzem Haar. Am Fries die Inschrift:

ΔΙΟΔΟΤΟΣ) ΧΑΙΡΕ

Vgl. Kum. 2769.

155. Relief (einer Basis?).

H. 0,33. B. 0,96. T. 0,31. Pent. Marmor. Flachrelief. Sehr verwittert.

Oben drei durchgehende Löcher, von denen das mittlere rund ist (Dm 0,19), die anderen beiden viereckig (ungefähr 0,11 □) sind. — Vorn drei durch schmale Leisten getrennte Abtheilungen, deren mittlere 0,56, die Eckabtheilungen je 0,20 breit sind

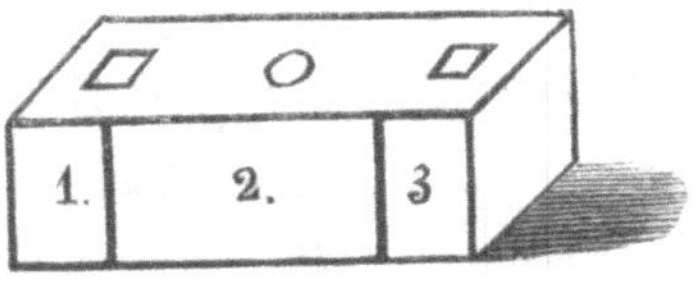

1. Eine Frau (*Bacchantin*), in Chiton, tanzt n. l. vorwärts, den Kopf hintenüberwerfend und ein Tympanum schlagend.

2. Nur noch die linke Seite ist einigermassen erhalten: ein *Satyr*, der in der nach hinten ausgestreckten Rechten einen

Rebzweig trägt, eilt n. r. herbei; vor ihm steht ein grosser Krater, nach dem er wol mit der Linken fasst. Zwischen seinen Füssen ein (Trinkhorn?). Auf der rechten jetzt zerstörten Seite ist ein zweiter *Satyr* in correspondirender Symmetrie mit dem ersten vorauszusetzen.

3. Sehr verdorben: ein *Satyr*, der eifrig eine Doppelflöte bläst.

Südwand.

156. Sturz einer weiblichen Figur.

H. 0,40. B. (der Schultern) 0,55. Pent. Marmor. Archaistisch.

Erhalten ist noch der Oberkörper (vom Hals bis zum Ensiformis) einer weiblichen Göttin, in enganliegendem Chiton. Die Arme lagen dicht am Körper und waren gerade gesenkt; vier lange Locken fallen rechts und links auf die Brust herab, wie auch auf den Nacken das Haar langgelockt herabfällt. Zwischen den Brüsten, von denen die linke zerstossen ist, läuft ein 0,10 breiter Streifen (mit Mäander-Verzierung) am Kleide herab; ebenso geht von den Schultern je ein schmalerer Streifen (0,02) über die Aermel. Vielleicht eine sog. *Spesfigur*.

157.*) Grabrelief.

H. 0,64. B. 1,05. T. 0,11. Pent. Marmor. Sehr zerstossen und viel gebrochen. Geringe Arbeit. Athen.

Oben Gesims; rechts eine Ante; die linke Seite ist weggebrochen: wie viel fehlt, ist nicht mehr zu bestimmen, doch fehlt wol ungefähr ein Drittel

Auf einer langen Kline (mit Polster und herabhängender Decke) liegen noch zehn Personen, alle n. r. gelagert; allen fehlen die Köpfe. Zuerst rechts liegt ein nackter Mann (*He-*

*) In einem Rahmen (XVIII).

rakles), dessen Unterkörper durch die Löwenhaut bedeckt ist; er legt die Linke über den Kopf und lehnt den Oberkörper gegen die Einfassungsante. Neben ihm befindet sich ein bärtiger *Mann*, dessen Mantel die linke Schulter und den Unterkörper bedeckt; er hält in der Linken, auf deren Ellenbogen er sich stützt, einen Kranz*), die abgebrochene Rechte war gesenkt. Es folgen dann *acht Weiber*, jede in Chiton und Mantel; allen fehlt mehr oder weniger der rechte Arm. Die erste *Frau* — links neben den beiden beschriebenen Männern — ist ungegürtet: sie hielt die Rechte auf der Brust und hält in der gesenkten linken Hand, über deren Unterarm der Mantelzipfel fällt, einen länglichen Gegenstand (Flöte?). Die zweite *Frau*, unter den Brüsten gegürtet und unterwärts bemäntelt, hielt in der Linken ein Tympanum**). Die *dritte*, gleichfalls hochgegürtet, legt die (nicht sichtbare) Linke auf den Nacken der vorigen, zu der sie sich auch umgewandt hat. Dann kommt die vierte *Frau*, die in dem linken Arm eine Lyra (auf Kissen)***) hält, und die *fünfte*, welche in der Linken eine Kithara hält, die sie gleichfalls auf ein kleines Kissen aufstützt; bei den drei letzten Frauen bedeckt der Mantel immer die linke Schulter und den Oberkörper. Die folgenden *beiden Frauen*, von denen die erstere den linken ganz abgebrochenen Arm emporhob, während die andere in der Linken eine Kithara†) hält und sich emporrichtet, sind ungegürtet Endlich die letzte *Frau*, gegürtet und über dem linken Unterarm den Mantelzipfel, scheint sich mit dem vor ihr am Fussboden stehenden *Eros* beschäftigt zu haben, welcher ihr in der erhobenen Rechten eine Tänie hinhält; er ist mit der Chlamys (über dem rechten Oberarm) versehen und eiligst n. l gewandt. Hinter ihm steht ein Krater. Vor ihm und vor der letztbeschriebenen Frau steht ein Tisch (mit drei geschwungenen Löwenfüssen), auf dem Gefässe und Speisen stehen; dieselben sind sehr zer-

---

*) Wie auf etruskischen Sarkophagdeckeln.

**) Dies scheint mir *wahrscheinlicher*, als eine Kithara, von der dann nur das Schallgehäuse erhalten wäre.

***) Vgl. die Seitenansicht derselben in halber Originalgrösse auf der Tafel der arch. Zeitung a. O.

†) Deren Schallgehäuse besonders eingesetzt war.

stört, doch scheint ein Pyramidalkuchen wahrscheinlich. Links neben diesem Tisch ist noch der Zipfel einer Chlamys erhalten (von einem anderen n. r. gewandten *Eros*, der weggebrochen ist). Vor der vierten und fünften Frau steht, ein wenig n. l. gewandt, eine kleine *Figur* mit kleinen Flügeln, welche in der Rechten einen grossen rundlichen Gegenstand emporhält: alles zu sehr zerstört, um genauer bestimmt zu werden. Neben ihr steht links ein Tisch, der gleichfalls mit Früchten besetzt ist. Vor dem zweiten Manne steht wieder ein Tisch (mit drei Löwenfüssen und Früchten), unter dem eine Kiste (mit geöffnetem Deckel?) sich findet. Links davon steht noch ein *Eros*, auf dem Rücken die Chlamys, welcher in der Linken etwas trug; endlich rechts unterhalb der beiden herabfallenden Pfoten des Löwenfells vom ersten Mann (Herakles) ein rundbauchiges Gefäss mit zugespitztem Deckel.

Hinter den gelagerten Personen erheben sich noch acht Bäume: und zwar über den vier Personen zur Rechten des Beschauers abwechselnd zwei Cypressen und zwei Palmen (in der einen Palme — über der ersten Frau — scheint ein grosser Vogel (?) gesessen zu haben); weiter links dann zwei Palmen dicht nebeneinander über den folgenden beiden Frauen, und endlich wiederum zwei Palmen dicht nebeneinander über den beiden letzten Frauen. Zwischen diesen beiden Baumgruppen fiiegt n. l. ein *Eros*, über dem Rücken die Chlamys, während ein zweiter *Eros*, gleichfalls mit der Chlamys versehen, rechts neben dem Palmenpaare (über der vierten und fünften Frau) herbeifliegt.

Diesem letzteren Eros wird wol symetrisch ein dritter entsprochen haben und dann werden wieder abwechselnd zwei Palmen und zwei Cypressen gefolgt sein?

Gefunden 1860 in Athen.

Abg. in der Arch. Ztg. 1871 (N. F. IV) Taf. 49.

Vgl. Conze Arch. Ztg. 1871 S. 81 ff und Verhdlg. der XXIV. Vers. der Philol. zu Heidelberg S. 139 (= Arch. Anz. 1865 S. 118, 2); Pervanoglu Grabst. S. 41, 18 und Familienmahl S. 14, 2.

159. Sarkophag.

H. 0,28. B. 0,63. T. 0,44. Hym. Marmor. Geringe Arbeit.

An drei Seiten mit je einem Gewinde (aus Aepfeln, Pinienäpfeln, Oliven und Mohn) verziert, welche an den beiden Vorderecken von Bukranien gehalten werden: über der Fruchtschnur der Vorderseite drei Rosetten; auf den beiden Seitenflächen je eine Rosette.

Vgl. dazu Matz Arch. Ztg. 1872 S. 14 ff.

160. Sarkophag.

H. 0,32. B. 0,66. T. 0,49. Hym. Marmor.

Die Arbeit ist erst angelegt, nicht beendet: an den Ecken der Vorderseite je ein Bukranion, an dessen Hörnern eine Fruchtschnur befestigt ist; darüber eine lange schmale Tafel (zur Inschrift bestimmt).

Vgl. no. 159.

161. Sarkophag.

H. 0,18. B. 0,70. T. 0,55. Pent. Marmor. Geringe Arbeit.

Nur die Vorderseite ist verziert mit drei Bukranien, zwischen deren Hörnern eine Fruchtschnur herabhängt; über den beiden Bogen ist je eine Rosette angebracht. Oben Gesims; unten Ablauf.

Vgl. no. 159.

Westwand.

(Rechts vom Eingang.)

---

162. Einhenkelige Grabvase.

H. 0,37. U. 1,05. Pent. Marmor. Mündung und Fuss weggebrochen.

Auf der schrägen Fläche des Halses sind noch Farbespuren der aufgemalten Verzierung enthalten; ebenso von dem oben um das Gefäss herumgehenden Kymation. Auf dem Bauch ist ein rechteckiges Feld (H. 0,17. B. 0,27) für die Darstellung aufgespart, welche aber nicht hinzugefügt wurde.

163. Grabstele.

H. 0,67. B unten 0,33; oben 0,31. Pent. Marmor. Oben weggebrochen. Geringe Arbeit. Kalyvia de Khasiá (Χασιωτικὰ καλύβια) in der Thriasischen Ebene.

In der auf drei Seiten eingerahmten Darstellung (H. 0,21. B. 0,23) auf dem Schaft sitzt auf einem Lehnstuhl (mit Fussbank) n. l. eine *Frau*, in Chiton und Mantel, die Linke auf dem Schooss, die Rechte dem vor ihr stehenden Manne (Δεινοκράτης) reichend, der sie ergreift; er ist in den Mantel gehüllt und neigt den (obenhin weggebrochenen) Kopf; mit rechtem Spielbein. Darunter in schlechten Buchstaben die Inschrift:

ΔΕΙΝΟΚΡΑΤΗΣ
ΔΕΙΝΟΚΡΑΤΟΥΣ
ΑΙΞΩΝΕΥΣ

Vgl. Vidua Inscr. Ant. tab. 49, 2; CJGr. 565*b*; Eph. arch. I, 1531; Rhang. 1356; Kum. 125.

Abg. Le Bas Voy. arch. Monuments d'ant. fig. pl. 74, 2.

164. Grabstele.

H. 0,90. B. 0,42. Pent. Marmor. Oben weggebrochen. Aegina.

Unterhalb der Inschrift:

ΕΥΑΜΕΡΟΣ
ΑΓΝΟΘΕΜΙΔΟΣ
ΧΑΙΡΕ

zwei Lorbeerkränze mit den folgenden Inschriften:

Η ΒΟΥΛΗ   ΟΘΙΑ
ΣΟΣ
Ο ΦΑΙΝΣ*)
ΜΑΧΟΥ

Gefunden 1831 auf Aegina und aus dem dortigen Museum mitgebracht.

Vgl. Eph. arch. II p 389 ss.; Le Bas Voy. arch. Inscr. gr. et lat. I, 390 und IV, 1707.

165. Grabstele.

H. 1,01. B. unten 0,37; oben 0,34. Pent. Marmor.
Piraeus.

Die glatte Palmette war ursprünglich bemalt. Am Schaft zwei Rosetten und darüber in schlechten Buchstaben die Inschrift:

Ε]ΠΙΓΕΝΗΣΔΙΑΙΤΟΥΞΥΠΕΤΑΙΩΝ
Ν]ΙΚΙΠΠΟΣΕΠΙΓΕΝΟΥΣΞΥΠΕΤΑΙΩΝ
Ε]ΡΑ[Τ]Ω**)ΝΙΚΙΠΠΟΥΞΥΠΕΤΑΙΟΝΟΣ

Gef. 1840 εἰς τὰς πρὸς τὸ βόρειον τοῦ Πειραιῶς ἀρχαιολογικὰς ἐρεύνας.

Vgl. Eph. arch. I, 537; Ross Dem. 133; Rhang. 1566, Kum. 901.

166. Bruchstück.

H. 0,40. Pent. Marmor.

Auf einem Felsstück sitzt ein *Mann*, von dem noch der Unterleib, der linke Oberschenkel und ein Theil des rechten Schenkels erhalten sind.

---

*) So statt *F*.

**) So auch Ross; Pittakis und Kumanudes dagegen lesen [*Π*]ραξώ; Rhangabis Φραζώ.

167. Einhenkelige Grabvase.

H. 0,42. U. 0,96. Pent. Marmor. Sehr verwittert. Arbeit guter Zeit. Hals und Untertheil weggebrochen.

Von der Darstellung (in Flachrelief) auf dem Bauch ist noch erhalten: der Oberkörper eines bärtigen *Mannes* (n. l.), in Mantel, der die linke Hand auf die Brust hält und die Rechte der ihm gegenüberstehenden *Frau* reicht, welche mit der Rechten die dargebotene Hand fasst und mit der Linken einen Zipfel ihres Mantels über die linke Schulter zieht; sie ist in Chiton und Mantel (und von den Knieen an abgebrochen). Hinter ihr steht noch eine *Frau*, n. r., ein wenig kleiner, in Chiton, die in der erhobenen linken Hand eine Schüssel trägt.

Vgl. Pervanoglu Grabst. S. 64, 47.

168. Einhenkelige Grabvase.

H. 0,90. U. 1,52. Fig. 0,23. Arbeit später Zeit. Hals und Fuss fehlen.

Auf dem Bauch die folgende Darstellung, in Flachrelief, auf einem Basisstreifen: ein bärtiger *Mann**), n. r., mit rechtem Spielbein, hält in der Linken ein Wehrgehäng und reicht die Rechte einem vor ihm auf einem Stuhl (mit Decke und Fussbank) sitzenden bärtigen alten *Manne*, welcher, in Mantel, die Linke auf dem Schooss, die dargebotene Hand mit der Rechten ergreift. Hinter dem erstbeschriebenen Manne folgt noch ein *Knabe*, in der Exomis, welcher in der Linken den Schild und in der Rechten den Helm (seines Herrn) trägt.

Abg. Pervanoglu Grabst. II, 14 (sehr schlecht).

Vgl. ebd. S. 66, 61.

169. Einhenkelige Grabvase.

H. 0,72. U. 1,36. Fig. 0,31. Pent. Marmor. Geringe Arbeit. Hals und Fuss fehlen.

Auf dem Bauch die folgende Darstellung, in flachstem Relief: ein bärtiger *Mann*, n. r., in Mantel, steht mit rechtem Spielbein vor einer auf einem Lehnstuhl (mit Decke und Fuss-

---

*) Ob er um den Kopf eine Tänie trägt?

bank) sitzenden *Frau*, die in Chiton und Mantel, der das Hinterhaupt verhüllt, gekleidet ist; sie reichen sich die rechten Hände.

Vgl. Pervanoglu Grabst. S. 66, 62.

170. Einhenkelige Grabvase.

H. 0,50. U. 0,97. Fig. 0,20. Pent. Marmor. Geringe Arbeit. Hals und Fuss fehlen.

Auf dem Bauch die folgende Darstellung, in Flachrelief, auf einem Basisstreifen: ein bärtiger *Mann* (Ξενότιμος), in Mantel, steht n. r. mit rechtem Spielbein vor einem auf einem Lehnstuhl sitzenden bärtigen *Manne* (Ξενόφιλος), gleichfalls im Mantel: sie reichen sich die rechten Hände, während die Linke bei jenem auf der Brust, bei diesem auf dem Schooss liegt. Oben die Inschrift:

ΞΕΝΟ ΤΙΜΟΣ

ΞΕΝΟΦΙΛΟΣ

Abg. Le Bas Voy. arch. Mon. d'ant. fig. pl. 85, 1.

Vgl. Pervanoglu Grabst. S 66, 59; Kum. 3224.

171. Einhenkelige Grabvase.

H. 0,76. U. 1,40. Fig. 0,25. Pent. Marmor. Geringe Arbeit. Fuss und Mündung fehlen. Attika.

Auf dem Bauch die folgende Darstellung, in Flachrelief, auf einem Basisstreifen: ein bärtiger *Mann* in Mantel, der auf einem Lehnstuhl (mit Decke und Fussbank) n. l. sitzt und die Linke auf dem Schooss hat, reicht die Rechte einem vor ihm stehenden (mit rechtem Spielbein) bärtigen *Manne*, der die dargebotene Hand mit der Rechten ergreift und die Linke an die Brust hält; hinter ihm ein Hund, der zu ihm aufspringt. Oben die Inschrift, welche sowohl dem ersten als dem zweiten Manne zugehören kann:

ΔΕΙΝΟΚΡΑΤΗΣ ΚΑΛΛΙΑΔΟΥΣ
ΑΙΞΩΝΕΥΣ

Kopf des stehenden Mannes. Kopf des sitzenden Mannes.

Gef. 1842 εἰς τὸν δρόμον τὸν πρὸς τὰς 'Αχαρνάς; vgl. no. 163. Vgl. Eph. Arch. I, 1539; Rhang. 1358; Pervanoglu Grabst. S. 66, 63; Kum. 126.

172. Einhenkelige Grabvase.

H. 0,65. U. 1,30. Fig. 0,21. Pent. Marmor. Geringe Arbeit. Sehr verwittert. Der Hals fehlt.

Auf dem Bauche die folgende Darstellung, in Flachrelief, auf Basisstreifen: ein bärtiger *Mann*, in Panzer und Mantel, die Linke gesenkt, steht n. l. mit linkem Spielbein vor einem auf einem Lehnstuhl (mit Decke und Fussbrett) sitzenden bärtigen *Manne*, der im Mantel ist und den linken Unterarm emporhebt: sie reichen sich die rechten Hände. Ueber ihnen stand vielleicht einst die Inschrift??

173. Einhenkelige Grabvase.

H. 0,50. U. 0,89. Fig. 0,20. Pent. Marmor. Gewöhnliche Arbeit. Oberfläche mitgenommen. Hals und Fuss fehlen. Athen.

Am Bauch die folgende Darstellung, in Flachrelief, auf einem breiten Basisstreifen: eine *Frau* ('Ιάνθη), mit rechtem Spielbein, in Schuhen Chiton und Mantel, den sie mit der Linken über die linke Schulter zieht, steht n. l. einem bärtigen Manne gegenüber, der im Mantel ist und die Linke in die Seite setzt; sie reichen sich die rechten Hände. Ueber der Frau die Inschrift:

ΙΑΝΘΗ

Gef. εἰς τὴν Οἰκίαν τοῦ Δημνίου, κειμένην κατὰ τὴν Διοχάρους ἀρχαίαν πύλην (Pittakis).

Vgl. Pittakis Eph. Arch. I, 2787; Pervanoglu Grabst. S. 67, 68; Kum. 2992.

174. Einhenkelige Grabvase.

H. 0,59. U. 1,24. Fig. 0,22. Pent. Marmor. Geringe Arbeit. Verwittert. Der Hals fehlt.

Auf dem Bauch die folgende Darstellung, in Flachrelief: vor einem auf einem Lehnstuhl n. l sitzenden *Manne*, in Mantel, der die Linke (unter dem Mantel) auf den Schooss legt, steht ein *Mann*, welcher, in Panzer, über der linken Schulter die Chlamys, mit rechtem Spielbein, den linken Unterarm hebt: sie reichen sich die rechten Hände. Beide sind bärtig.

175. Einhenkelige Grabvase.

H. 0,48. U. 0,76. Fig, 0,13. Pent. Marmor. Geringe Arbeit. Verwittert. Hals und Fuss fehlen.

Auf dem Bauch die folgende Darstellung, in Flachrelief, auf Basisstreifen: auf einem Stuhl sitzt n. l. eine *Frau* (Λυσιμάχη), in Schuhen (?) gegürtetem Chiton und Mantel, der auch das Hinterhaupt bedeckt: sie steckt die rechte Hand aus nach einem Kasten, den ihr ein kleines *Mädchen* mit beiden Händen hinhält; dasselbe ist in Chiton, mit linkem Spielbein. Hinter diesem Kinds eteht n. r. mit gekreuzten Beinen ein bärtiger *Mann* (Διεύχης), in Mantel, der sich auf den (nicht sichtbaren) Stab stützt, auf den er beide Hände aufgelegt hat; er senkt den Kopf. Hinter der sitzenden steht noch eine *Frau* (Χρυσανθίς), in Chiton und Mantel, den linken Arm auf den Bauch gelegt. Oben die Inschrift:

ΔΙΕΥΧΗΣ ΛΥΣΙΜΑΧΗ ΧΡΥΣΑΝΘΙΣ

Vgl. Pervanoglu Grabst. S. 52, 21; Kum. 2766.

176. Einhenkelige Grabvase.

H. 0,50. Dm. 0,30. Fig. 0,21. Pent. Marmor. Geringe Arbeit.

Auf dem Bauch die folgende Darstellung, in Flachrelief: vor einem auf einem Lehnstuhl n. r. sitzenden *Manne*, in Mantel, der unter dem Mantel die Linke auf dem Schooss hält, steht ein *Mann*, welcher, in Panzer und über der linken

Schulter die Chlamys, mit rechtem Spielbein, den linken Unterarm hebt: sie reichen sich die rechten Hände. Beide sind bärtig.

Vgl. die no. 174.

177. Zweihenkelige Grabvase.

H. 0,49. U. 0,87. Fig. 0,22. Pent. Marmor. Geringe Arbeit. Der Hals fehlt; die Köpfe der Figuren sind beschädigt. Piraeus.

Auf dem Bauch die folgende Darstellung, in Flachrelief: ein *Mann* (Στέφανος), in kurzem Mantel (der den Oberkörper fast ganz entblösst), steht mit linkem Spielbein n. l. vor seinem auf einem Lehnstuhl (mit Fussbrett) sitzenden bärtigen Vater (Κυδροκλῆς), der in Mantel ist und den linken Unterarm hebt: sie reichen sich die rechten Hände. Hinter dem stehenden Manne noch ein *Knabe* (mi rechtem Spielbein), fast ganz von dem runden Schild (seines Herrn) bedeckt, den er in der Linken trägt. Oben die einzeilige Inschrift:

ΚΥΔΡΟΚΛΗΣ ΒΑΙΚΥΛΟΚΩΟΣ ΣΤΕΦΑΝΟΣ
ΚΥΔΡΟΚΛΕΟΣ ΚΩΟΣ

Gef. 1841 πρὸς τὸ βόρειον τοῦ Πειραιῶς.

Abg. in der Eph. Arch. I no 539; Le Bas Voy. arch. Mon. d'ant. pl. fig. 80.

Vgl. Rhang. 1828; Pervanoglu Grabst. S. 63, 46; Kum. 1932.

178. Einhenkelige Grabvase.

H. 0,48. Dm. 0,32. Fig 0,18. Pent. Marmor. Geringe Arbeit. Hals und Fuss fehlen. Athen.

Auf dem Bauch die folgende Darstellung, in Flachrelief, auf Basisstreifen: ein bärtiger *Mann* (Ναυσιχάρης), in Mantel, die Linke an der Brust, steht n. l. mit linkem Spielbein einer auf einem Stuhl (mit Decke [und Fussbank?]) sitzenden *Frau* (Διφίλη Τιμοκλείδου) gegenüber, welche in Chiton und Mantel gekleidet ist: sie reichen sich die rechten Hände. Oben die Inschriften:

ΔΙΦΙΛΗ ΝΑΥΣΙΧΑΡΗΣ
ΙΙΜΟΚΛΕΙΔΟΥ*) ΝΑΥΣΙΚΡΑΤΟΥΣ
ΕΥΩΝΥΜΕΩΣ ΑΙΞΩΝΕΥΣ

Gef. 1840 εἰς τὸν ἔξω Κεραμεικόν.

Vgl. Eph. Arch. I, 1532 und 1533; Rhang. 1357; Pervanoglu Grabst. S. 67, 67; Kum. 503.

179. Einhenkelige Grabvase.

H. 0,52. U. 0,88. Fig. 0,18. Pent. Marmor. Sehr geringe Arbeit. Hals und Fuss fehlen.

Auf dem Bauch die folgende Darstellung, in Flachrelief, auf Basisstreifen, oben durch eine schmale Linie begrenzt: eine *Frau*, in Chiton und Mantel, dessen Zipfel über dem linken Arm liegen, mit linkem Spielbein, steht n. l. vor einem auf einem Lehnstuhl (mit Fussbrett) sitzenden bärtigen *Manne*, welcher in Mantel ist und den linken Unterarm hebt: sie reichen sich die rechten Hände. Hinter der Frau steht n. l. noch ein kleines *Mädchen*, in Doppelchiton, mit rechtem Spielbein: es hat den linken Arm über den Bauch gelegt und stützt den Ellenbogen des rechten Armes auf die linke Hand und den Kopf auf die erhobene rechte Hand.

180. Einhenkelige Grabvase.

H. 0,66. Dm. 0,30. Pent. Marmor. Hals und Fuss fehlen.

Auf dem Bauch ist ein 0,23 hohes und 0,27 breites Feld für eine Darstellung aufgespart.

181. Einhenkelige Grabvase.

H. 0,44. U. 0,83. Fig. 0,18. Pent. Marmor. Verwittert. Es fehlen der Fuss und das Obertheil der Vase, welches besonders angesetzt war.

Auf dem Bauch die folgende Darstellung, in Flachrelief, auf Basisstreifen: ein bärtiger *Mann*, in Mantel der die rechte

---

*) D. i. *Τιμοκλείδου*.

Schulter und Brust frei lässt, die Linke in die Seite gestemmt, mit linkem Spielbein, steht n. l vor einem bärtigen *Manne*, der auf einem Lehnstuhl (mit Decke und Fussbrett) sitzt und im Mantel ist: sie reichen sich die rechten Hände. Zwischen beiden steht n. r. noch ein *Mann* *), in Mantel, welcher den rechten Arm über den Bauch legt, den linken Ellenbogen auf die rechte Hand und den Kopf in die erhobene Linke stützt.

182. Einhenkelige Grabvase.

H. 0,82. U. 0,90. Pent. Marmor. Es fehlt die vordere Hälfte des Fusses und ein Stück am Bauch.

Von der gemalten Palmettenverzierung am Hals sind noch deutliche Spuren erhalten. Die — wohl gemalte — Darstellung am Bauch ist jetzt ganz verschwunden und grösstentheils weggebrochen.

183. Bruchstück eines Grabrelief.

H. 0,39. B 0,37. Pent. Marmor.

Erhalten ist noch die untere rechte Ecke mit der Anteneinfassung: auf einem Stuhl sitzt n. l. eine *Frau*, in Chiton und Mantel, von den Hüften an weggebrochen.

184. Bruchstück eines Prytanenbeschlusses (ἀναγραφή) auf einem Säulenschafte.

H. 1,48. D. ungefähr 0,50. Pent. Marmor. Athen.

Zur Rechten des Beschauers sind die Umrisse eines (1,15 hohen) Pfeilers mit korinthischem Kapitell**) vertieft eingehauen; daneben ist rechts unten noch die Hälfte eines***) Lorbeerkranzes erhalten, in dem die folgende Inschrift steht:

---

*) Ob derselbe bärtig ist?

**) Nach Ross dagegen „eine Säule, auf der eine Flamme brennt".

***) Ross sah über diesem halben Kranze noch die Hälfte eines *zweiten* Kranzes, von dessen dreizeiliger Inschrift er noch als Anfang der ersten Zeile ein Μ(ίσων?) angiebt.

ΔΗ/// d. i. Δη[μή-
ΤΡΙΟC// τριος[ὁ
ΜΙCΩ Μίσω[ν-
ΟΣ ος

Zur Linken des Beschauers ist von einem tempelartigen Gebäude, dessen Umrisse vertieft eingemeisselt sind, die rechte korinthische (0,79 hohe) Ante oder Säule mit dazugehörigem Architrav Giebel und Eckakroterien erhalten. Von der Inschrift im Architrav*) ist noch vorhanden:

////ϽΚΡ d. i. etwa Αὐτ]οκρ[άτορος
////Ͻιιι . . . .

Von der Inschrift unter dem Gesims (links von jener Ante oder Säule) ist noch erhalten**):

. . . . Γ
. . . . ΡΥ***)
. . . . ЄΙ
. . . . ιιΙΤΑ
. . . . ΟΟΥΑΠΟΛ
. . . . ΓΗΤΤΙΟΥ
. . . . ΤΡοΚΛΟCΑΓ////
. . . . ΝΔΡΟCΑΧΑΡΝ
. . . . ΟCϽ
. . . . CϽ
. . . . CϽ
. . . . ΝΟCΑC//////////////////////ΟC
. . . . ΕΝ
. . . . ΜΗΤΙΟΔΩΡΟΥ

---

*) Nicht in der *Giebelecke*, wie Ross angiebt, der ΚΡΔ liest.

**) Ross, dessen Ergänzungen (gemäss CJGr. 183 und ff.) meistens unzweifelhaft sind und daher oben mit wenigen Aenderungen wiederholt worden sind, las: 4. ΜΤΑ — 7. Π]ΡΟΚΛΟΣ — 12. ΑCΑ — 14. ΜΗΤΡΟΔΩΡΟΥ — 15. ΙΚΛΗCϽΝΟ — 34. ΑΡΙCΤΕΥΣ — 36. ΒΟΥΛΕΥΤΗC

***) Diese beiden ersten Reihen waren in *grösseren* Buchstaben als die folgenden Zeilen geschrieben.

. . . . .ΟΚΛΗϹ)Ν
. . . . .ΙΝΙΟϹ)
. . . .//ϽΤΟΜΑΔΑ[Ι?]
. . . . .ΗϹΕΥΦΡΟϹΥΝΟ
. . . . .ϹΕΙΤΟΙ
. . . . .ΟΦΛΝΤΗϹ
. . . . .ΔΟΥΧΟϹ
. . . . .ΕΡΟΚΗΡΥΞ
. . . . .Ι Β Ω Μ Ω Ν
. . . .///ΦΟΡΟϹ
. . . . .ΑΤΕΥϹΒΟΥΛΗϹΚΑΙΔ
. . . . .ΝΟϹΑΘΗΝΟΔΩΡΟΥ)Θ
. . . . .ΒΗΜΑΚΛΩΔΙΟϹ
. . . . .ΙΟΧΟϹΛΑΜΠΤΡΕΥϹ
. . . . .ΑΦΕΥϹΒΑϹΕΙΛΙΔ[ΗϹ
. . . . ΗΓΟΥΚΕΦΑΛΗΘΕ[Ν
. . . ./////ϹΑΦΡΟΔΕΙϹΙΟϹ
. . . ./////ΟΔΕΙΤΟΥΠΑΙ
. . . ./////ϹΦΟΡΩΝΚΑΙ
. . . .//////////ΔΟϹΑΡΙϹΤΕΙΔ
. . . .//////////ΟΥϹΦΡΕΑΡΡΙοϹ
. . . .//////////ΒΟΥΛΕΥΤΩΝ
. . . .//////////ΕΥϹ

. . . . πρυ]τ[αν-
. . . . π]ρυ[ταν-
. . . . ει
. . . . τα
. . . . ϑου 'Απολ-
. . . . Γαρ]γηττίου
. . . . Πά]τροκλος 'Αγα-

. . . . νδρος Ἀχαρν[εύς
. . . . ος . . . . . ου
. . . . ς . . . . . ου
. . . . ς . . . . . ου
. . . . νος Ἀσ . . . ος
Ὀῆϑ]εν·
. . . . . . Μητ(ρ)οδώρου.
. . . . . . οκλῆς. . . .οκλέους. N*)
. . . . . . ίνιος . . . . ινίου.
. Ἱππ]οτομάδαι·
. . . . . . ης Εὐφροσύνου.
Αἰ]σειτοι·
ὁ δεῖνα ἱερ]οφάντης.
ὁ δεῖνα δα]δοῦχος.
ὁ δεῖνα ἱ]εροκήρυξ.
ὁ δεῖνα ἐπ]ὶ βωμῷ. N*)
ὁ δεῖνα πυρ]φόρος.
γραμμ]ατεὺς βουλῆς καὶ δ-
ήμου . . . .]νος Ἀθηνοδώρου. Θ**)
περὶ τὸ]βῆμα Κλώδιος
. . . . . . ίοχος Λαμπτρεύς.
ἀντιγρ]αφεὺς Βασιλείδ(ης)
. . . . . .ήγου Κεφαλῆϑε(ν).
ἱεραύλη]ς Ἀφροδείσιος
Ἐπαφρ]οδείτου Παι[ανιεύς.
ἱερεὺς φω]σφόρων καὶ
ἐπὶ Σκιά]δος Ἀριστείδ-
ης. . . .]ους Φρεάρριος.
γραμματεὺς]βουλευτῶν
. . . . . .]εύς.

[Hier fehlen eine oder zwei Columnen.]

Gef. „im Spätjahr 1832 unweit des Thurms der Winde“. Vgl. Franz Arch. Intelligenzbl. 1835 S. 21, e; Ross Dem. S. 37 ff, no. 11.

*) Etwa Ν(εώτερος)?

**) Theta nigrum; vgl. Jahn zu Pers. Sat. IV, 13; u. a. m.

185. Grabstele.

H. 1,39. B. unten 0,42; oben 0,38. Pent. Marmor.
Gute Zeit. Attika.

Die schöne 0,36 hohe Palmette aus Akanthosblättern ist ein wenig vornübergeneigt. Am Schaft zwei Rosetten und darüber die Inschrift:

ΜΙΚΙΝΗΣ
Μ]ΕΛΙΒΟΙΕΥΣ

Gef. 1840 „εἰς τὸν Λόχαν, ὅς εἶναι μέρος τοῦ πεδίου τῶν Ἀθηνῶν, τοῦ καλουμένου τὸ πάλαι Μεσόγειον“ (Pittakis); „derrière le mont Hymette“ (Rhangabis).
Abg. Eph. Arch. I no. 540.
Vgl. auch Rhang. 1901; Kum. 2019.
Ein Abguss im Berl. Museum: Bötticher Berl. Abg. no. 280.

186. Grabstele.

H. 0,90. B. 0,38. Pent. Marmor. Gute Zeit. Hier und da zerstossen. Piraeus.

Die Palmette aus Akanthosblättern ist 0,50 hoch. Am Schaft zwei Rosetten und darüber die Inschrift:

ΑΝΤ[ΙΜΑ]ΧΟΣ
ΑΝΤ[ΙΒΙ]ΟΥ
ΦΡ[ΕΑΡΡΙ]ΟΣ

Unter den Rosetten liesst man:

ΑΝΤΙΜΑΧΟΣ ΑΝΤΙΒΙΟΣ

Vgl. die Inschrift auch bei Kum. 1267.
Vgl. zur *Familie des Antimachos* die Inschrift Ross Dem. 188 (= Eph. Arch. 2231 und 2697; Kum. 1266; Rhang. 1664; Arch. Intelligenzbl. 1837 S. 103, 18.)

187. Grabstele.

H. 0,80 B. 0,43. Pent Marmor. Gute Zeit. Unten abgebrochen und sehr zerstossen. Gef. 1842 in Athen.

Die Palmette ist 0,46 hoch; am Schaft zwei Rosetten.

188. Grabstele.

H. 0,79. B. 0,39. Pent. Marmor. Sehr verwittert. Unten und links weggebrochen.

Die schöne Palmette aus Akanthos, die 0,38 hoch ist, ist rechts oben beschädigt. Am Schaft die Inschrift:

//////////////ΤΡΑΤΟΣ///ΑΕΝΝΟ
//////////////Κ///ΥΣ//////////
///////////////.///ΑΙ///////////////////////
/////////////////ΑΤΟ////ΤΕΙΡΙΕΥΣ
/////////////////////ΝΗ///////ΝΟΣΤΡΑΤΟ
/////////////////////////ΝΙΗΑΡ////////////

d. i.

etwa Καλλίσ]τρατος [Φ]αέννο[υ
. . . . Θημα]κ[ε]ύς*)
. . . . αι*) . . . . . .
. . . . στρ[άτο[υ Σ]τειριεύς
. . . . νη [Φα]νοστράτο[υ
. . . .]νίη 'Αρ*) . . . . .

Vgl. Kum. 1155.

189. Bruchstück einer Gruppe des Herakles mit dem Löwen.

H. 0,50. Pent. Marmor. Leidliche Arbeit. Sehr zerstossen.

Erhalten ist der Körper des *Herakles* vom Hals bis zu den Oberschenkeln: er umfasst den Hals des Löwen mit den

*) Kumanudis liest: 2. Στε)ι(ρ)ιεύς; 3. . . . λειδης; 6. . . . νη'Αρο . .

beiden Händen und drückt ihn unter der rechten Achsel an sich; den linken Fuss stemmte der Held vor. Das Thier, von dem nur noch Kopf Hals und rechte Vordertatze erhalten sind, sperrt schmerzvoll das Maul auf und schlägt die rechte Tatze in den linken glutaeus maximus des Herakles, unter dessen Gesäss der Ansatz einer Stütze vorhanden ist.

Mittelreihe.

(Von Norden beginnend.)

---

190. Grabrelief.

H. 2,12. B. 1,20. Fig. 1,60. Pent. Marmor. Arbeit guter Zeit. Fast Rundarbeit. Salamis.

Es fehlt das rechte Akroterion und an der Figur der Frau Nase und r. Hand; von dem Mann fehlen Gesicht, l. Schulter und Oberarm, beide Füsse und die rechte Hand (welche besonders angesetzt war, wie der erhaltene Eisenzapfen zeigt). — Unter einem kleinen vorspringenden Giebel mit glatten*) Akroterien, der von zwei Anten getragen wi d, steht n. r. eine *Frau* (Μνησιστράτη), mit rechtem Spielbein, in Schuhen Chiton und Mantel der auch das Hinterhaupt verhüllt, einem bärtigen *Manne* gegenüber, welcher in einen Mantel gekleidet ist, der die rechte Schulter nebst Brust und Arm freilässt (linkes Spielbein). Sie reichten sich die rechten Hände, während die Frau die Linke hebt, der Mann dagegen die Linke am Oberschenkel hält. Oben am schmalen unteren Giebelstreifen die Inschrift:

ΜΝΗΣΙΣΤΡΑΤΗ

Gef. den 29. December 1830 — gleichzeitig mit Eph. arch. I, 1787 (= Ross Dem. 130; Rhang. 1563; Kum. 884) und 1788

*) Ursprünglich wohl bemalt.

(= Rhang. 2456; Kum. 2971) — auf Salamis und zuerst ins Museum auf Aegina, dann 1837 nach Athen gebracht.

Vgl. Eph. Arch. I, 1789; Pervanoglu Grabst. S. 64, 48; Le Bas Voy. arch. Inscr. IV, 1670; Kum. 3157.

191. Weibliche Grabfigur.

H. 1,72. Parisch. Marmor. Sehr schöne Arbeit. Hier und da zerstossen. Andros.

Es fehlen der Kopf und die rechte Hand, welche beide besonders angesetzt waren. — Die *Frau*, in Sandalen wollenem Chiton poderes und Mantel, in den sie ganz eingehüllt ist, steht ruhig mit linkem Spielbein da. Den einen Zipfel des Mantels, der um den linken Arm gewickelt ist, hält sie in der gesenkten linken Hand; der andere Zipfel fällt von der linken Schulter herab. Die rechte Hand, die aus dem Mantel hervorsah, war in Brusthöhe gehoben. Hinten ist die Figur zum Theil gar nicht bearbeitet.

Gef. 1843 in einem Grabe auf Andros zusammen mit der männlichen Figur des Theseions no. 368.

Abg. in der Rev. Archéol. 1846 (III) pl. 53, 1.

Vgl. Ross Inselreisen II S. 16 ff; Le Bas Rev. arch. l. c. p. 281 s.

192. Sturz einer männlichen Figur.

H. 1,38. Par. Marmor. Gute Zeit. Gef. 1843 zu Karystos.

Ds fehlen der Kopf, der rechte Aım, der linke Unterarm und beide Füsse von der Mitte der Waden an. — Die Figur steht auf dem linken Fusse und ist mit einem Mantel bekleidet, der die Brust freilässt.

198. Herme des Herakles.

H. 0,46 Pent. Marmor. Es fehlen der Kopf und die rechte Hand. Gewöhnliche Arbeit.

Er war völlig in die Löwenhaut gewickelt, deren Kopf und eine Tatze auf der vorderen Seite des sich nach unten verjüngenden Hermenschaftes herabfallen, während die anderen drei Tatzen je auf einer anderen Seite des Schaftes herabhängen; die rechte Hand war auf Brusthöhe erhoben, die linke liegt auf dem Bauch, beide unter dem Löwenfell.

194. Figuren eines Sarkophagdeckels.

L. 1,60. Pent. Marmor. Sehr geringe Arbeit spätrömischer Zeit. Gef. 1844 zu Gythion.

Es fehlen der Kopf und der rechte Unterarm der Frau, der Kopf des Mannes; die linken Hände beider Figuren sind unten weggebrochen. — Auf einer Kline ist ein *Ehepaar* gelagert, beide in Chiton und Mantel: er legt die rechte Hand auf den Nacken des Weibes, während sie in der gesenkten Rechten einen Kranz hält.

195. Grabseule.

H. 0,29. U. 0,68. Hym. Marmor. Unten sehr zerstossen. Späte römische Zeit.

Oben Gesims, unten Ablauf. — Am Schaft sind die Umrisse der (0,11 hohen) Büste (in Seitenansicht n. l.) eines jungen *Mannes* vertieft eingemeisselt; die Pupillen sind angegeben; der Kopf ist Portrait.

Erwähnt in der Arch. Ztg. NF. II (1869) S. 114.

196. Männlicher Kopf.

Pent. Marmor. Geringe Arbeit. Sehr zerstossen.

Der Kopf ist bärtig; um das Haar eine corona tortilis; die Pupillen sind angegeben.

197. Dreifussbasis.

H. 1,30. B. (jeder Seite) 0,54. Fig. 0,94. Pent. Marmor. Gute Arbeit. Athen.

Die Kanten sind abgestumpft, die Seitenflächen ein wenig nach innen gebogen; unten Ablauf. Oben weggebrochen; an der Oberfläche zerstossen.

Auf der einen Seite steht n. l. mit vorgesetztem rechtem Spielbein — auf einem weit hervorspringenden Basisstreifen — *Dionysos**), in Schuhen Chiton poderes (mit langen Aermeln) und Mantel, der von der linken Schulter über den Rücken und Unterkörper zur linken Schulter zurückgeht; das lange Haar fällt in je zwei Locken auf die Schultern und in einen Zopf gebunden auf den Nacken herab. Er senkt den Kopf und hält in der wenig erhobenen vorgestreckten Rechten einen Kantharos am Henkel; die linke Hand, im Ellenbogen ein wenig gehoben, hält einen Thyrsosstab, dessen Laubbekrönung zum Theil weggebrochen ist. Kopf und Kantharos sind arg zerstossen.

Auf der zweiten Seite steht — gleichfalls auf einem hervorspringenden Basisstreifen — mit rechtem Spielbein dem Dionysos gegenüber eine geflügelte *Frau* (*Nike*)**), in Schuhen Chiton poderes und Mantel, der die rechte Schulter und Brust freilässt: die linke Hand, über deren Unterarm ein Zipfel des Mantels herabfällt, war vorgestreckt; in der vorgestreckten Rechten trägt sie eine Kanne. Das Haupt ist gesenkt, das Haar in einen Zopf emporgebunden. Von den mächtigen Rückenflügeln war der hintere linke Flügel (dessen Umfang in Flachrelief nur angedeutet ist) bemalt. Arg zerstossen sind das Gesicht, der rechte Arm, die Kanne und die linke Hand.

Auf der dritten Seite steht n. l. wie Dionysos eine zweite geflügelte *Frau* (*Nike*)***), mit rechtem Spielbein, in Schuhen Chiton und Mantel, der die rechte Schulter freilässt: in der gesenkten rechten Hand hält sie eine Phiale (mit Omphalos); die Linke, über deren Unterarm ein Mantelzipfel herabfällt, liegt auf dem Bauch. Das Haupt ist gesenkt; das Haar fällt in zwei Locken auf die Schulter und in einen Zopf gebunden auf den Nacken herab. Von den mächtigen Rückenflügeln war der hintere rechte Flügel (dessen Umfang in Flachrelief nur

*) Bursian hält sie irrthümlich für weiblich (*Telete*); Pervanoglu sieht „den Sieger unter dem Bilde des Gottes" vorgestellt.

**) Bötticher bezeichnet sie sowie die folgende Figur als *Nikedämon*!

***) Pervanoglu erkennt in ihr *Telete*; Friederichs erkennt „eine dem Bacchus beigesellte *göttliche oder dämonische Person*, die auch von der Nike eine Weinspende erhalten wird".

angedeutet ist) bemalt. Zerstossen sind der Kopf und der obere linke Flügel; die linke Hand fehlt.

Gef. Ende 1853 zwischen dem Dionysischen Theater und dem Monument des Lysikrates (an der alten Tripodenstrasse).

Abgeb. Annali dell' Inst. 1861 (XXXIII) tav. d'agg. G.

Vgl. — ausser Velsen Arch. Anz. 1854 S. 437 f und Bursian ebd. 1855 S. 53 f. — Pervanoglu Annali l. c. p. 114 ss; Friederichs Berl. Ant. Bildw. I no. 630; Bötticher Berl. Abg. no. 1277.

198. Büste des Serapis.

H. 0,53. Pent. Marmor. Geringe Arbeit.

Erhalten ist nur noch der Hinterkopf und der Nacken mit Gewandung; um das lockige Haar eine schmale Tänie und über der Stirn der (abgebrochene) Modios.

199. Weibliche (Grab?-)figur.

H. 1,44. Die eliptische Basis ist 0,08 hoch. Par. Marmor. Arbeit guter Zeit. Kopf und linker Unterarm fehlen.

Die Frau steht ruhig da, mit rechtem Spielbein, in Sandalen Chiton poderes (mit kurzen genestelten Aermeln) und Mantel*), der auch das Hinterhaupt verhüllte und die linke Schulter nebst dem linken Arm bedeckt, die rechte Schulter aber nebst Arm freilässt: den einen Zipfel, der über den Unterleib gezogen ist, hält die rechte Hand (deren Arm über dem Bauch liegt), während die linke Hand, im Ellenbogen erhoben, wol nach dem Mantel (über der Schulter) griff.

Abg. Le Bas Voy. arch. Mon. d'ant. fig. pl. 26.

200. Sturz einer Artemis?

H. 0,50. Pent. Marmor. Der Kopf beide Arme und Beine von den Knieen an fehlen.

Die Frau ist in gegürtetem Doppelchiton: quer über der Brust liegt das Band des auf dem Rücken hängenden Köchers, für den, da er besonders gearbeitet war, ein Loch zum Ein-

*) Beide Kleidungsstücke sind mit feinen Querstreifen gemustert.

setzen vorhanden ist; ebenso waren Kopf und Arme besonders angesetzt.

201. Grabrelief.

H. 0,98. B. 0,58. Pent. Marmor. Grobe Arbeit spätrömischer Zeit. Sehr verwittert.

Jederseits eine ionische Halbseule, die einen Giebel mit glatten Seitenakroterien tragen. Darunter links die 0,35 hohe Büste eines unbärtigen *Mannes* (Φορτουνατίων), in Vorderansicht, um die Brust die Tunica; daneben rechts die Büste einer *Frau* (Φαυστεῖνα), eben so hoch und gleichfalls in Vorderansicht, in Chiton und Mantel, der auch das Hinterhaupt verhüllt. Im Giebel die Inschrift:

ΦΟΡΤο
ΥΝΑΤΙΩΝ·
ΦΑΥCΤΕΙΝΑ

Ueber den Büsten:

ΕΤΩΝΙΔ ΕΤΩΝΕΞ*)
ΑΛΥΠΕΧΑΙΡΕ

202. Bruchstück einer Grabseule.

H. 0,52. Dm. 0,31. Hym. Marmor. Grobe Arbeit. Athen.

Erhalten ist noch in Relief (das in einer Vertiefung durch Aufsparung gewonnen wird) der untere Theil eines in Vorderansicht stehenden *Mannes*, mit rechtem Spielbein, in Mantel, dessen Enden zu seiner Linken herabfallen. — Darunter die Inschrift:

ΦΙΛΟΚΛΗΣΙΦΙΛΟΚΛΕ
ΟΥΣΕΚΟΙΛΗΣ

Φιλοκλῆς | Φιλοκλέ-
ους ἐ(κ) Κοίλης.

*) D. i. πέντε καὶ ἑξήκοντα.

Gef. im äusseren Kerameikos.
Vgl. Kum. 673.

203. Grabrelief.

H. 1,60. B. 0,80. Pent. Marmor. Fast Rundarbeit. Beste Zeit. Athen.

Wohlerhalten, nur hier und da an der Oberfläche beschädigt; so sind z B. die Nasen der Figuren zerstossen und das Glied des Jünglings. — Links steht ein bärtiger *Mann* (n r.), wenig unter Lebensgrösse, mit rechtem Spielbein, in Schuhen und Mantel, der die Brust freilässt; die beiden Arme liegen auf der Brust. Er blickt traurig auf den vor ihm sitzenden *Jüngling* (n. l.), der sich gegen eine niedrige hinter ihm stehende Stele lehnt. Derselbe kreuzt die Beine (mit l. Stützbein) und legt den linken Arm über die Brust, die erhobene Rechte aber gegen die rechte Schläfe seines traurig gesenkten Kopfes; er ist mit einem Mantel versehen, dessen eines Ende auf der Stele liegt: das andere Ende des Mantels (der über den Rücken geht und um den linken Unterarm gewickelt ist) wird von der linken Hand gehalten. Hinter ihm unten in der Ecke neben der Stele hockt schlafend*) n. l. ein kleiner (H. 0,33) *Knabe*, in Chiton mit kurzen Aermeln; die beiden Hände und (mit der l. Schläfe auf ihnen) der Kopf liegen auf den Knieen; in der Rechten hält er eine Strigilis und ein Salbfläschchen**).

Gef. 1840 ἐς τὸν ἔξω Κεραμεικόν.

Abg. Eph. Arch. I no. 721; Stephani Ausr. Herakles VI, 1.

Vgl. Stephani a. o. S. 39 f; Pervanoglu Grabst. S. 35, 3; Friederichs Berl. Ant. Bildw. I no. 366; Bötticher Berl. Abg. no. 221.

204. Bruchstück eines Grabreliefs.

H. 0,36. B. 0,69. Pent. Marmor. Piraeus.

Erhalten ist noch der mittlere Theil eines Giebels mit

---

*) Vgl. dazu Jahn Arch. Ztg. 1853 S. 171; Heydemann Arch. Ztg. 1868 S. 6, 6; anders Friederichs a. O.

**) Vgl. das sehr ähnliche Bruchstück eines Grabreliefs im Theseion no. 297.

dem Akroterion; im Giebelfeld in Flachrelief eine Glocke (oder ein Pilos ??)*). Am Gesims die Inschrift:

etwa Καλλι]ΣΤΡΑΤΟΣΑΛΕΞΑΝΔΡΟΥΦΑ
[ληρευς.

Gef. den 7. März 1837.
Vgl. Eph. Arch. I, 1544; Kum. 1209.

205. Bruchstück einer Grabstele.

H. 0,46. B. 0,39. Pent. Marmor. Athen.

Erhalten ist noch das Gesims mit dem unteren Theil der Palmette (in Flachrelief); am Schaft die Inschrift:

ΠΟΣΕΙΔΙΠΠΟΣΚΑΛΛΙΠΠ[Ο
ΕΚΚΟΛΩ[Ν]Ο

Vgl. CJGr. 664*b*; Kum. 689.

206. Weibliche Gewandfigur.

H. 1,48. H. der elliptischen Basis 0,07. Pent. Marmor. Gute Zeit. Vielfach bestossen. Karystos.

Es fehlen Kopf, linker Arm, rechte Schulter und rechte Hand; der rechte Arm war besonders angesetzt. — Die Frau steht mit rechtem Spielbein da, in Sandalen Chiton poderes (mit kurzen genestelten Aermeln) und Mantel, der von der linken Schulter über den Rücken, rechten Arm und Brust zur linken Schulter zurückgeht; der linke Arm war gesenkt, der rechte ist unter dem Mantel in Brusthöhe gehoben und im Ellenbogen n. r. gebogen.

---

*) Nach Kumanudes möglicherweise ein Schröpfkopf; vgl. jedoch darüber Friedländer Wien. Numism. Ztschr. II (1870) S. 385 ff.

207. Grabrelief.

H. 1,17. B. 0,73. Fig. 0,70. Pent. Marmor. Leidliche Arbeit römischer Zeit. Gef. 1842 zu Athen.

Wohlerhalten; nur die Nasen der Frauen sind zerstossen. — Rechts und links eine Ante, die einen Giebel mit Schildrund (in der Mitte) und glatten Akroterien (ursprünglich bemalt?) tragen. Darunter stehen in Vorderansicht drei Figuren: links ein bartloser ältlicher *Mann* (Μουσαῖος), mit breitem vollem Gesicht, in Sandalen Tunica und Toga, mit linkem Spielbein; er hält die r. Hand auf der Brust und in der gesenkten Linken eine Rolle. Rechts steht eine *Frau*, in Schuhen und Chiton, ganz in den Mantel gehüllt, mit linkem Spielbein, die Rechte auf der Brust und die Linke gesenkt; ihr Haar liegt in Lockenreihen kranzartig über der Stirn. Zwischen Beiden steht mit linkem Spielbein eine *Frau* (Ἀμαρυλλίς)*), des Mannes Schwester, in Schuhen Chiton und gefranztem Mantel, der auf der Brust geknotet ist: ihr einfach gescheiteltes Haar fällt in Locken auf die Schultern herab; sie trägt in der gesenkten linken Hand ein geriffeltes Gefäss (situla) am Henkel, in der (im Ellenbogen erhobenen) Rechten ein Sistrum. Rechts und links von dieser Frau, die eine Isispriesterin war, sind Broncestifte erhalten (vgl. no. 47 Anm.). Oben im Architrav die Inschriften:

ΜΟΥΣΑΙΟΕΑΝΤΙΠ	ΑΜΑΡΥΛΛΙΣ
ΤΡΟΥΑΛΩΠΕΚΗΘΕΝ	ΑΝΤΙΠΑΤΡοΥ
	ΑΛΩΠΕΚΗΘΕΝ

Vgl. Ross Dem. 46; Kum. 204.

208. Bruchstück eines Grabreliefs.

H. 0,31. B. 0,90. Pent. Marmor. Gute Arbeit.

Erhalten sind noch die Füsse einer *Figur* (n. l.), in Schuhen und Mantel, welche sich nach hinten anlehnte (oder sass). Ihr gegenüber sind noch die Füsse einer *Figur* vorhanden, in Schuhen und Mantel, mit rechtem Spielbein.

---

*) Ihre Inschrift ist jederseits so eingefasst, dass sie auf einer (Votiv-)tafel zu stehen scheint.

209. Grabrelief.

H. 1,40. B. unten 0,72; oben 0,68. Fig. 0,50. Pent. Marmor. Leidliche Arbeit. Athen.

Es fehlen die Nase, sowie die freigearbeiteten Theile des Lanzenschaftes. — Rechts und links eine Ante, die einen Giebel mit glatten Akroterien tragen; zu den Löchern vgl. no. 47 Anm. Auf einem Felsen steht n. r. ein *Mann* ('Αρτεμίδωρος 'Αρτεμιδώρου Βησαιεύς), in kurzem Chiton, um den linken Arm nach Jägerart die Chlamys gewickelt; er hat den linken Fuss vorgesetzt und legt mit beiden Händen die Lanze in die rechte Seite gegen einen aus einer Felshöhle hervoreilenden Eber, von dem nur der vordere Theil sichtbar ist. Neben dem Jäger ein Hund, mit breitem Halsband, in Flachrelief, der gegen das Thier anspringt. Unten am Felsen sitzt links ein Fuchs, rechts um einen Baum drei Ziegen, deren eine nur bis zum Hals sichtbar ist. Oben über dem Jäger kommt ein Hirsch zum Vorschein; über der Felshöhle ein Oelbaum, an dessen einem Ast ein geflochtener Korb hängt. Oben die Inschriften, und zwar im Giebelfeld:

ΑΡΤΕΜΙΔΩΡΟΣ ΕΙΣΙΓΕΝΟΥ
ΜΕΛΙΤΕΥC*)

an seinem horizontalen Geison:

ΑΡΡΙΣΤΟΣΤΕΛΗΣ)ΒΗΣΑΙΕΥΣ

im breiten Gesimsstreifen:

ΑΡΤΕΜΙΔΩΡΟΣ)ΒΗΣΑΙΕΥΣ

Gefunden 1839 πρὸς τὸ νότιον τοῦ ἐν 'Αθήναις 'Ολυμπίου.

Abg. Eph. Arch. I no. 601; Le Bas Voy. arch. Mon. d'ant. fig. pl. 76.

Vgl. Ross Dem. 63; Pervanoglu Grabst. S. 44, 1; Kum. 849.

---

*) Diese Inschrift ist in sehr schlechten flachen Buchstaben geschrieben.

210. Bruchstück eines sog. Todtenmahles.

H. 0,53. B. 0,36. Pent. Marmor. Sehr verwittert.

Erhalten ist noch die linke untere Seite: auf einer Kline (mit Seitenlehne) liegt n. r. zurückgelehnt eine männliche *Figur* (Kopf und Beine fehlen), unterwärts und auf dem Rücken bemäntelt; unter dem Sitz liegt zusammengeringelt eine Schlange.

211. Grabstele.

H. 1,00. B. unten 0,63; oben 0,58. Fig. 0,67. Pent. Marmor. Sehr geringe Arbeit später Zeit.

Gut erhalten. Pupillen und Augenbrauen sind angegeben. — Rechts und links je eine Ante, die ein Gesims und darüber ein Dach mit glatten Antefixen tragen; über den Anten sind Reste von Broncestiften erhalten (vgl. dazu no. 47 Anm.). Darunter steht eine ältliche *Frau* (Παρθενόπη), in Vorderansicht, mit linkem Spielbein, in Schuhen Chiton und Mantel, der auf der Brust geknotet ist; sie ist mit Armbändern geschmückt Ihre linke Hand ist gesenkt, die rechte erhoben — in beiden Händen Löcher (zum Anfügen der [Bronze-] Attribute einer Isispriesterin: in der Linken ein Gefäss und in der Rechten ein Sistrum; vgl. no. 207). Im Architrav die vielbesprochene Inschrift:

ϹΤΗΛΛΗΝΠΑΡΘΝΟΠΗϹΙΔΙΟϹΓΑΜΕΤΗϹ
ЄΠΟΗϹЄΝΔΑΙΝΗϹΑΛΟΧΟΤΟΥΤΟΧΑΡΙ
ΖΟΜЄΝΟϹ

d. i. Στήλ[λ]ην Παρθ[ε]νόπης ἴδιος γαμέτης | ἐπόησεν Δαΐνης ἀλόχ[ῳ] τοῦτο χαρι | ζόμενος

Abg. ist Gesims und Inschrift bei Schöll Arch. Mittheil. VI, 6.

Vgl. zur vielbehandelten Inschrift Ross Arch. Aufs. II S. 675 (= Arch. Ztg. 1843 S. 112); Welcker Rh. Mus. NF. III S. 234, 1; Osann Ztschr. für Alterth. 1848 No. 132 S. 1049, 137; Keil Hall. Allg. Litt. Ztg. 1849 No. 224 S. 633 f; Bergk Arch. Ztg. 1850 S. 171, 1; Pervanoglu Grabst. S. 25, 25; Kum. 3240.

212. Grabrelief.

H. 1,13. B. 0,57. Fig. 0,48. Pent. Marmor. Leidliche Arbeit. Attika.

Gut erhalten; das mittlere Akroterion ist weggebrochen. — Rechts und links je eine Ante, auf denen ein Rundbogen liegt; darüber ein breites Gesims mit Giebel, dessen Feld mit einem Schildrund geschmückt ist; oben glatte Akroterien. In den Zwickeln rechts und links vom Bogen je eine Rosette. Unter dem Bogen sitzt auf einem Lehnstuhl (mit Kissen und Fussbank) n. r. eine *Frau* (Συνφέρουσα), den linken Fuss zurückgezogen, in Schuhen Chiton und Mantel, die Linke in den Mantel gewickelt auf dem Schooss, die Rechte auf der Stuhllehne liegend. Vor ihr steht eine kleinere *Frau*, mit linkem Spielbein, in Schuhen Chiton und Mantel, der auch das Hinterhaupt verschleiert; sie hat die Linke über die Brust gelegt und die Rechte im Gespräch vorgestreckt. Im Architrav die Inschrift:

ΣΥΝΦΕΡΟΥΣΑ ΦΙΛΗΜΟΝΟΣ
ΘΥΓΑΤΗΡ

Gef. den 10. Februar 1839 bei Platána (in der Ebene von Athen).

Vgl. Eph. Arch. I, 2279; Pervanoglu Grabst. S. 31, 14; Kum. 3328.

213. Weiblicher Kopf.

H. 0,16. Pent. (?) Marmor. Sehr zerstossen.

Ein römischer Portraitkopf, dessen Haar in vielen Flechten nach hinten in einen Zopf vereinigt ist, während eine andere Haarflechte kranzartig um das Haupt herumliegt. Die Pupillen sind angegeben.

214. Männlicher Kopf.

H. 0,15. Pent. (?) Marmor. Grobe Arbeit. Nase und Kinn sind sehr zerstossen.

Römischer Portraitkopf, mit Schnur- und Backenbart; die Pupillen sind angegeben. Der Hinterkopf fehlt.

215. Bruchstück eines Grabreliefs.

H. 0,27. B. 0,36. Pent. Marmor. Arbeit bester Zeit.

Erhalten ist noch ein Theil des Gesimses und darunter der kahlköpfige Kopf (n. r.) eines bärtigen älteren *Mannes*; Kinn und Nase fehlen. Oben Rest der Inschrift:

.....ΗΡΑΚΛΕΙΔΗΣ....

Vgl. Kum. 2951.

216. Bruchstück eines Grabreliefs.

H. 0,31. B. 0,38. Pent. Marmor. Arbeit bester Zeit.

Erhalten sind noch der linke Schenkel und der darauf liegende linke Arm nebst der Hand einer auf einem Stuhl n. l. sitzenden (wohl weiblichen) *Figur*, in Chiton und Mantel.

217. Grabrelief.

H. 1,03. B. 0,54. Pent. Marmor. Leidliche Arbeit römischer Zeit. Wohlerhalten.

Rechts und links je eine Ante, die Gesims und Giebel mit glatten Akroterien tragen; im Giebelfeld eine geflochtene runde Kiste (mit Deckel); über den Anten Reste von Bronzestiften (vgl. dazu no. 47 Anm.). Links steht ein unbärtiger *Mann* (Ἐπίγονος), in Vorderansicht, ein wenig n. r. gewandt, mit rechtem Spielbein; er ist in Sandalen Tunica und Toga, hat die Rechte auf der Brust und die linke Hand, welche das Gewand fasst, gesenkt. Rechts steht in Vorderansicht, ein wenig n. l. gewandt, mit linkem Spielbein eine *Frau* (Ἐλάτη)*), in Sandalen langärmeligem Chiton und Mantel, der auf der Brust geknotet ist: als Isispriesterin trägt sie in der gesenkten Linken ein Gefäss am Henkel und in der erhobenen Rechten ein Sistrum; ihr Haar ist mit einer Tänie gehalten, während je eine Locke auf die Schultern herabfällt. Im oberen Streifen des Gesimses die *zweizeilige* Inschrift:

*) Kumanudis liest Σιδάτη.

ΕΠΙΓΟΝΟΣΑΠΟΛΛΩΝΙΟΥ
ΕΚΚΟΙΛΗΣ
ΕΛΑΤΗΜΗΝΟΔΩΡΟ[Υ
ΕΚΒΕΡΝΕΙΚΙΔΩΝ

im unteren Streifen die ganz verwitterte Inschrift:

ЄΙCΙ[Ω]ΝCѠCΙ ΓΟ*)ΝΟΥΜΙΛΗCΙ[ος

Vgl. Pervanoglu Grabst S. 24, 24; Kum. 672.

218. Weiblicher Kopf.

H. 0,23. Allzusehr zerstossen.

Der Hinterkopf fehlt; Genaueres ist nicht zu bestimmen.

219. Grabrelief.

H. 1,01. B. unten 0,48; oben 0,42. Fig. 0,39. Pent. Marmor. Arbeit guter Zeit. Sehr verwittert. Die Köpfe arg zerstossen.

Rechts und links je eine Ante, die einen Rundbogen tragen; darüber ein Gesims und eine Palmette. In den Zwickeln jederseits vom Bogen eine Rosette. Unter dem Bogen sind vier Frauen dargestellt: die *erste* links vom Beschauer steht in Vorderansicht mit rechtem Spielbein, in Schuhen Chiton poderes und Mantel, der auch das Hinterhaupt verhüllt; sie hat die Linke gesenkt und die Rechte auf der Brust. Neben ihr steht rechts, gleichfalls ruhig in Vorderansicht, mit linkem Spielbein die *zweite Frau*, in Schuhen Chiton poderes und Mantel, der auch das Hinterhaupt verhüllt: sie legt die Linke auf die Brust und hebt die rechte Hand, mit der sie in der Halsgegend den Mantel fasst. Die *dritte Frau* sitzt rechts auf einem Stuhl, n. l. gewandt, in Chiton und Mantel, der wieder das Hinterhaupt verhüllt; beide Hände liegen auf dem Schooss (der rechte Unterarm ist weggebrochen); die Füsse setzt sie auf eine (schräg emporgerichtete?) Fussbank. Neben ihr steht die vierte bekleidete *Figur*, in kleinerem Verhältniss, in Vor-

*) Kumanudis liest *Σωσιγένου*.

deransicht; die Linke senkt (?) sie und in der Rechten hält sie einen Korb (?) — sie ist allzusehr verwittert, um Genaueres bestimmen zu können.

220*). Sturz eines Knaben.

H. 0,56. Pent. Marmor. Geringe Arbeit.

Es fehlen der Kopf, beide Arme vom Deltoides an, beide Beine von den Oberschenkeln an. — Die rechte Schulter war erhoben; der Bauch tritt sehr stark hervor; linkes Spielbein.

221. Sturz einer weiblichen Figur.

H. 0,47. Pent. Marmor. Geringe Arbeit.

Es fehlen Kopf, Brust, Arme und Füsse. — Die Frau war in Doppelchiton, der dicht unter den Brüsten gegürtet ist.

222. Sturz eines Knaben vor einem Pfeiler.

H. (des Sturzes) 0,43; (des Pfeilers) 0,62 Pent. Marmor. Geringe Arbeit.

Es fehlen von dem Knaben der Kopf, die beiden Arme, der linke Fuss von der Hüfte an, der rechte vom Oberschenkel an — Ein Knabe, mit langem Haupthaar, um den Hals die Chlamys geknüpft, steht mit rechtem Stützbein vor einem Pfeiler: das linke Bein war wohl über das rechte geschlagen; die rechte Hand lag in der Seite, wo noch Ansatzspuren erhalten sind.

223. Bruchstück eines Reliefs.

H. 0,28. B. 0,16 Pent. Marmor. Gute Arbeit.

Erhalten ist noch die linke Schulter nebst dem Arm (der im Ellenbogen gebogen ist) eines *Mannes* in Mantel; die linke Hand fehlt.

---

*) No. 220—225 stehen *hinter* den no. 208 -219.

224. Bruchstücke von männlichen Figuren.

1. Rücken und Hals einer männlichen Statue. H. 0,29.

2. Linke Seite eines Oberkörpers (vom Hals bis zur Hüfte); am linken dicht am Körper liegenden Oberarm (der Unterarm fehlt) ist der Ansatz eines Stabes erhalten. Leidliche Arbeit. H. 0,35.

3. Brust einer Büste; der Kopf fehlt. H. 0,18.

225. Sturz einer weiblichen Figur.

H. 0,34. Pent. Marmor. Rohe Arbeit.

Erhalten ist noch der untere Theil (vom Bauch an) einer Frau, in Chiton und Mantel, der über dem linken wenig erhobenen Arm fiel; rechtes Stützbein; die linke (fehlende) Hand war besonders angesetzt. Hinten ist die Figur wenig bearbeitet.

226. Bruchstück eines Grabreliefs.

H. 0,55. B. 0,77. Pent. Marmor. Gute Zeit.

Erhalten sind noch die Beine (bis über die Kniee) einer *Frau*, in Schuhen Chiton und Mantel, mit rechtem Spielbein; in der gesenkten Linken hielt sie einen (blattförmigen) Fächer, von dem noch rechts neben ihr eine Spitze vorhanden ist. Rechts und links Anten mit cannelirten Halbseulen.

227. Sturz eines Satyrs.

H. 0,43. Pent. Marmor. Gute Arbeit.

Erhalten ist noch der Oberkörper (vom Hals bis zum Bauchnabel); die Arme sind weggebrochen. — Auf dem Rücken ist der Schwanz und unter dem Hals Ansätze des Bartes vorhanden; unter den Achseln Haare.

228. Bruchstück eines Grabreliefs.

H. 0,55. B 0,33. Pent. Marmor. Gute Arbeit. Sehr verwittert.

Erhalten sind noch Brust und Kopf eines *Jünglings* (n. l.), um den Hals die Chlamys geknüpft, welche auf der linken Schulter durch einen Knopf gehalten wird; der Kopf ist gesenkt; die Linke hielt einen Stab (Lanze?).

229. Grabseule.

H. 0,72. U. 0,92. Fig. 0,35. Hym. Marmor. Rohe Arbeit. Piraeus.

In einer Vertiefung ist die Figur des *Verstorbenen* in Hochrelief dargestellt, in Vorderansicht, in Tunica und Toga, mit rechtem Spielbein; die Linke ist gesenkt, die Rechte auf der Brust. Oben ringsum ein Wulst, unterbrochen durch die über der Figur befindliche Inschrift:

ΑΥ· ΙΟΥΛΙΑΝΟΥ
ΜΑΡ ΑΘΩΝΙΟΥ

Gef. εἰς τὸ βόρειον τοῦ Πειραιῶς.

Abg. Eph. Arch. I no. 851.

Vgl. Pervanoglu Grabst. S. 24, 22; Ross Demen 124; Kum. 828.

230. Sturz eines Jünglings.

H. 0,33. Pent. Marmor. Leidlich gute Arbeit.

Erhalten ist noch der Oberkörper (vom Hals bis zum Ensiformis); die linke Schulter ist ein wenig gehoben. Die Oberarme, die gesenkt waren, fehlen.

231. Bruchstück eines Grabreliefs.

H. 0,46. B. 0,36. Pent. Marmor. Gewöhnliche Arbeit.

Erhalten ist noch rechts der Schaft der (Einfassungs-) Seule, sowie daneben der Körper (vom Hals bis zu den

Knieen) einer männlichen *Figur*, in Vorderansicht, mit linkem Spielbein, in Chiton und Mantel; sie trägt in der gesenkten Linken ein Gefäss am Henkel; der rechte Arm ist weggebrochen.

232. Sarkophag.

H. 0,53. B 1,19. T. 0,58. Fig. 0,31. Der Deckel ist 0,20 hoch. Pent. Marmor. Gute Arbeit.

Der Deckel ist dachförmig gebildet; mit vier glatten Akroterien. — Der Kasten, der oben Gesims und unten Ablauf hat, ist auf allen vier Seiten geschmückt; an den vier Ecken je ein Bukranion.

Vorderseite: An den Hörnern jedes Eckbukranions ist mit einer Tänie je eine Fruchtschnur befestigt, die, in der Mitte mit einer dritten Tänie zusammengebunden, von einem n. r. schwebenden *Knaben**) auf dem Nacken gehalten werden: derselbe hebt die linke Hand empor und legt sie auf die eine Fruchtschnur, während er die Rechte, um welche sich das Ende der dritten Tänie wickelt, senkt; sein Haar ist in einer Flechte von hintenher quer über den Kopf geordnet**). Unter seinem rechten Fuss liegt ein Stück Gestein. Ueber den Frurhtschnüren rechts und links von dem Knaben je die *Maske* eines jugendlichen Satyrs, deren Pupillen und Augenbrauen angegeben sind; über der Stirn kleine Hörner.

Rückseite: Ebenso wie die Vorderseite geschmückt, nur dass an Stelle des Knabens ein sitzender *Adler* sich findet, der auf den geöffneten Flügeln die Fruchtschnüre hebt, und statt der Satyrmasken Löwenköpfe angebracht sind.

Die *beiden Nebenseiten* sind gleichmässig geziert: über der an den Eckbukranien befestigten Fruchtschnur ist je ein Löwenkopf angebracht.

Die Fruchtschnüre sind aus Aehren, Mohn, Eicheln, Wein-

---

*) Wohl als ein *Eros* zu betrachten, wenngleich er unbeflügelt ist vgl. Jahn Arch. Beitr. S. 247 ff.

**) Dieselbe Haartracht, die bei Kindern sehr häufig vorkommt z. B. bei Müller-Wieseler Denkm. alter Kunst I, 291 und II, 646 u. a. vgl. Friederichs Arch. Ztg. 1860 S. 3 f.

laub, Aepfeln und Pinienfrüchten gebildet; die Bohrlöcher in den Schnüren der Vorderseite sowie der rechten Nebenseite sind wohl spätere Verstümmelung.

An den Seitenflächen im Deckel und im Kasten sind Löcher angebracht für Eisenklammern (zum Schliessen des Sarkophags).

Erwähnt und flüchtig beschrieben bei Pervanoglu Grabst. S. 77, 3

Aehnliche Sarkophage z. B. Theseion no. 383 (Athen); Stephani Reise im nördl. Griech. S. 17 (Chalkis); u. a. m.

Vgl. dazu Matz Arch. Ztg. 1872 S. 14.

233. Doppelherme.

H. 0,20. Pent. Marmor.

Allzusehr zerstossen, um mehr bestimmen zu können, als dass *Bacchus und Ariadne* dargestellt sein mögen: der Gott bekränzt, sie mit einer Tänie geschmückt. Der Schaft fehlt.

234. Männlicher Kopf.

H. 0,26. Pent. Marmor. Sehr zerstosesn.

Portrait eines bärtigen *Römers*, dem die Nase und die linke Schläfe nebst dem Oberkopf fehlen.

235. 236. Zwei Bruchstücke einer Ehrenbasis in Athen.

(235). H 0,69. B. 0,58. Hym. Marmor.

Rechts weggebrochen; oben Gesims, unten Ablauf. — Erhalten sind noch acht Lorbeerkränze in Flachrelief, in denen die folgenden Inschriften (b) stehen, während die anderen Inschriften (a) zwischen den Kränzen angebracht sind:

a.	a.
ΕΛΕΥΣΙΝ[ΙΑ	ΠΑΝΑΘΗ[ΝΑΙΑ
b.	b.
ΑΝΔΡΑΣ	ΑΝ[ΔΡΑΣ]
ΠΑΓΚΡΑΤΙΟΝ	ΠΑΓΚ[ΡΑΤΙΟΝ]

a.
ΠΑΝΑΘΗΝΑΙΑ

a.
ΔΗΛ[ΙΑ
ΤΑΕΝ[ΔΗΛΩΙ

b.
ΑΝΔΡΑΣ
Π[ΑΛ]ΗΝ

b.
ΑΝΔΡΑΣ
ΠΑΛΗΝ *)

a.
ΟΛΥΜΠΙΑ

a.
ΣΩΤΗΡΙΑ**)
ΤΑΕΝΔΕΛΦΟΙΣ

b.
ΑΝΔ[Ρ]ΑΣ
ΠΑΓΚΡΑΤΙΟΝ

b.
ΑΝΔΡΑΣ
ΠΑΓΚΡΑΤΙΟΝ

a.
ΝΑΑ***)
ΤΑΕΝΔΩ[ΔΩΝΑΙ

b.
ΑΝΔΡΑΣ
ΠΑΛΗΝ

(236). H. 0,44. B. 0,36. Ringsum weggebrochen. Sehr verwittert.

Auf diesem Bruchstück sind noch vier Kränze und die folgenden Inschriften in ihnen (b) und zwischen ihnen (a) erhalten:

†)

b.
[Α Ν Δ Ρ Α Σ]
[ΠΑΓ]ΚΡΑΤΙΟΝ

b.
[ΑΝΔΡ]ΑΣ
[Π]ΑΛΗΝ

*) Hier sind Reste eines Kranzes erhalten, *unter dem* die Inschrift *Νᾶα τὰ ἐν Δωδώνῃ* sowie der Inschriftskranz *Ἄνδρας πάλην* stehen.

**) Vgl. dazu Stephani Mél. Gr. rom. II p. 369 ff.

***) Vgl. dazu CJGr. 2908; Rhang. 967.

†) Hier sind noch Reste eines Kranzes und darunter Reste zweier Buchstaben sichtbar.

a. a.

ΝΛΛ ΤΡΟΦΩΝΙΑ

ΤΛΕ]ΝΔΩΔ[ΩΝ]ΛΙ ΤΑΕΝΛΕΒΛΔΕΙΛΙ

b.

ΛΝΔΡΑΣ

ΠΑΓΚΡΑΤΙοΝ

a.

....]ΤΟ[....

Beide Bruchstücke sind gefunden εἰς τὰς κατὰ τὴν ποικίλην στοὰν ἀρχαιολογικὰς ἐρεύνας (d. h. bei der Attalosstoa).

Abg. ist no. 235 in der Eph. Arch. I no. 915.

Vgl. Pittakis l. c.; Le Bas Voy. arch. Inscr. I, 595; Rhang. 968 — die alle *nur* no. 235 geben und besprechen.

237. Bruchstück einer Gruppe (?).

H. 0,27. Pent. Marmor.

Erhalten ist noch der Oberkörper (vom Hals bis unterhalb des Bauchnabels) eines jugendlichen *Mannes*, welcher sich n. r. auf eine kleinere (fast ganz zerstörte) *Figur* zu stützen scheint, um deren Nacken er wohl die Linke legte; seine Rechte lag auf der Brust: man könnte an *Bacchus und Pan* (*oder Satyr*) denken?

238. Bruchstück eines Reliefs.

H. 0,38. B. 0,21. Pent. Marmor. Leidliche Arbeit. Fast rund gearbeitet.

Erhalten sind noch die rechte Schulter und Seite nebst dem Oberarm eines *Jünglings* (n. r.), um den Hals die Chlamys geknüpft, die auf der Schulter von einem Knopf gehalten wird; über der Schulter ist ein Schildrund (?) sichtbar.

239. Grabseule.

H. 0,65. Dm. 0,30. Hym. Marmor. Athen

Oben ringsum eine Wulst. Unter der Inschrift

ΘΕΟΦΙΛΗ
ΦΑΝΟΔΙΚΟΥ
ΡΑΜΝΟΥΣΙΟΥ
ΘΥΓΑΤΗΡ

ist ein Schlüssel*) eingemeisselt.

Gef.**) den 11. Februar 1860 εἰς τὸ βόρειον τῶν Ἀθηνῶν (beim Brunnen Γεράνι; vgl. Mommsen Ath. christ. p. 142 und 144).

Abg. Eph. arch. II p. 75, 82.

Vgl. Michaelis Bull. dell' Inst. 1860 p. 116; Pittakis Eph. Arch. I, 3655; Pervanoglu Grabst. S. 9, 1; Kum. Eph. arch. II p. 81 und Epigr. attic. sepulcr. 1094.

240. Herme des Aristoteles.

H. 0,61. B. 0,31. Pent. Marmor.

Der Kopf fehlt; auf der linken Schulter ein Gewandstück. Rechts und links Zapfenlöcher. Am Schaft die Inschrift:

[Τ]ΟΝΝΙΚΟΜ	Τὸν Νικομ(ά-)
ΧΟΥΣΟΦΙΗ	χου σοφίη-
ΣΠΙΙΣΤΟΡΑ	ς [ἐ]πιίστορα

---

*) Nach Pittakis Michaelis Pervanoglu und Kumanudis eine Spindel; das Richtige erkannte Conze Arch. Ztg. 1862 S. 296 (wo auch eine Abbildung des Schlüssels gegeben ist).

**) Zusammen mit einer *Steinkiste*, in der sich ein zierliches silbernes *Gefäss* befand, welches *Knochenreste* eines jugendlichen (weiblichen) Körpers und den Abdruck einer kleinen Münze (mit einer Eule) auf einem Goldplättchen enthielt (nach Pittakis „vielleicht der Obolos für den Charon“).

ΠΑΣΗΣ ΣΤ[Η — *πάσης | στῆ-*
ΣΕΝΑΛΕΞΑΝ — *σεν Ἀλέξαν-*
Δ]ΡΟΣΘΕΙΟΝ — *δρος θεῖον*
Α]ΡΙΣΤΟΤΕΛ — *Ἀριστοτέλ(ην).*

241. Herme (eines Philemon).

H. 0,80. B. 0,23. Pent. Marmor. Athen.

Es fehlt der Kopf und die ganze linke Seite (ungefähr 0,09); das Glied ist zerstossen; rechts ist noch das Zapfenloch erhalten. — Auf dem Schaft die Inschrift:

...ΒΟΥΛΗΣΓΕΝΟΜΕΝΟΙ*)
ΔΗΜΟΥΤΕΑΜΑ
...ΣΤΑΧΥΕΣΣΙΝΗΓΛΑΙΣΜ[Ε
ΝΟΝ
...ΟΛΥΚ[Η]ΠΩΒΑΣΙΛΕΩ[Σ
Μ.....ΝΣ**)]ΤΕΦΕΙ
ΑΝ]ΕΘΗΚΕΛΑΙ[Ν]ΗΝΦΙΛΗ
ΜΟΝΟΣ
..ΣΤΡΑ]ΤΗΓΟΥΤ[ΕΚΑ]ΙΔΕΚΑΡ
ΧΟ[Ν]ΤΟΣΘΕΟΙΣ

d. i.

.... βουλῆς γενόμενοι*)
δήμου τε ἅμα
.... σταχύεσσιν ἠγλαϊσμ[έ-
νον
.... βασιλέω[ς
...... σ]τέφει**)

---

*) Le Bas (wohl richtiger) liest: *ΓΕΝΟΜΕΝΟΝ.*
**) So las noch Le Bas.

. . . ἀν]έϑηκε Λαΐ[ν]ην Φιλη-
μονος
. . στρα]τηγοῦ τε καὶ δεκάρ-
χοντος ϑεοῖς.

Vgl. Le Bas Voy. arch. Inscr. I, 136.

242. Bruchstück einer Herme.

H. 0,44. B. 0,13. Pent. Marmor.

Erhalten ist noch ein Theil des Schaftes mit dem (zerstossenen) Gliede und darüber der Rest der Inscbrift:

//// Ι Ο Ρ //////
/// Π Α Τ /////

243. Bruchstück einer Herme.

H. 0,36. B. 0,24. Pent. Marmor.

Erhalten ist noch ein Theil des Schaftes mit dem (zerstossenen) Gliede und darunter die Inschrift:

//// Η Τ Τ Ι Ο Ι Τ Ο Ν Π Α Τ Ε Ρ Α

d. i. τὸν δεῖνα . . . . . Γαργ]ήττιοι τὸν Πατέρα [κτλ..

Links fehlt vom Schaft ungefähr 0,08. Der Schaft war früher ein Gesimsstück gewesen, dessen vorspringende Bekrönung hinten noch theilweise erhalten ist.

244. Bruchstück eines sog. Todtenmahls.

H. 0,35. B. 0,37. Pent. Marmor. Sehr verwittert.

Erhalten ist noch die rechte untere Ecke des Reliefs: neben der Anteneinfassung steht n. l. der nackte *Knabe*, mit linkem Spielbein, die linke Hand (mit einem Gefäss?) gesenkt; die Rechte ist im Begriff, eine Schöpfkanne in den vor ihm stehenden hohen Krater zu stecken. Ihm gegenüber ist noch die Fussbank mit den Beinen der bekleideten *Frau* sichtbar, welche am Fussende des auf der Kline gelagerten

Mannes sitzt. Von diesem Manne ist noch Gewandung erhalten; vor ihm liegen auf einer langen Tischplatte Früchte und Brot.

245. Bruchstück einer dreiseitigen Basis.

H. 0,28. Pent. Marmor. Leidliche Arbeit. Meistens weggebrochen.

a. Auf der einen 0,18 breiten Seite sind noch die Beine (bis zu den Oberschenkeln) von *drei weiblichen Figuren* erhalten, jede in Chiton poderes. Die *Frau* rechts, welche ausser dem Chiton noch einen Mantel trägt, ist n. l. gewandt, mit rechtem Spielbein, während die mittlere *Frau* in Vorderansicht ist und den rechten Fuss über den linken geschlagen hat. Von der dritten *Frau* links, die n. r. gewandt war, ist nur noch das linke Spielbein erhalten.

b. Auf der zweiten noch 0,12 breiten Seite ist nur noch ein nackter *Jüngling* (n. r.) erhalten, welcher den linken Fuss vorsetzt und auf dem rechten Knie kniet: er blickte empor und hält die Rechte im Schooss.

c. Die dritte Seite fehlt gänzlich.

246. Bruchstück eines Grabreliefs.

H. 0,25. B. 0,17. Pent. Marmor.

Erhalten ist noch ein Theil der Basis mit dem linken Fuss einer n. r. gewandten *Figur* und mit dem rechten Fuss einer n. l. gewandten *Figur* (rechtes Spielbein), die mit Sandalen bekleidet ist. Beide Figuren wohl weiblich.

247. Bruchstück eines weiblichen Sturzes.

H. 0,35. B. 0,33. Pent. Marmor. Archaistisch.

Erhalten sind noch die linke Brust mit der Schulter und dem enganliegenden gesenkten Oberarm, sowie das Hintertheil der rechten Schulter von einer weiblichen Figur, in wollenem Chiton; drei lange Locken fallen über die linke Brust herab. Unter der Brust ist ein Theil des Gürtels und der Ansatz der an der Brust liegenden rechten Hand (mit Blumen?) erhalten.

Vielleicht eine sog. Spes?

248. Sturz einer Isispriesterin.

H. 0,48. Pent. Marmor. Sehr zerstossen.

Es fehlen Kopf, Brust, beide Arme und beide Beine von den Oberschenkeln an; hinten nicht bearbeitet: vieleicht ursprünglich zu einem sehr hohen *Relief* gehörig? — Sie steht mit linkem Spielbein da; die Motive des gefranzten Mantels weisen deutlich auf den Knoten zwischen den (weggebrochenen) Brüsten hin.

249. Grabstele mit einem sog. Todtenmahl.

H. 0,66. B. 0,34. Fig. 0,26. Pent. Marmor. Grobe Arbeit Sehr verwittert.

Oben findet sich die folgende eingerahmte Darstellung: auf einer Kline (mit Rücken- und Seitenlehnen sowie gedrechselten Beinen) liegen ein *Mann* und links neben ihm eine *Frau*, den linken Ellenbogen auf Kissen stützend und den Kopf gegen die erhobene Linke legend. Die Rechte des Mannes ist über dem Nacken auf der rechten Schulter der Frau zu denken, deren Rechte ruhig gesenkt ist. Vor ihnen steht ein runder Tisch (auf Thierfüssen) mit Speisen.

250. 251. Zwei Bruchstücke eines Frieses*).

H. 0,17. D. 0,25. Weisser**) Marmor. Feine Arbeit. Oben ein schwach hervorspringendes Gesims, hier und da zerstossen. Gef. in Lamia***).

---

*) Nach Bötticher „wohl der obere Bildstreifen (Eidophoros) über der vorderen Seite eines Sarkophages“ — schwerlich richtig, da der Streifen dazu viel zu lang und dick ist.

**) Nach Bötticher „hymettisch“ — gewiss nicht richtig.

***) Bötticher's Bemerkung, dass der längere Reliefstreifen „1862 vor

(250). B. 1,55. Die Oberfläche ist theilweise, wenn auch unbedeutend, mitgenommen.

Zur Linken ist noch das Vordertheil eines jugendlichen *Tritonen* (n. r.) erhalten: in der Rechten hält er ein Ruder empor; die erhobene Linke hat einen Krater, den er auf der linken Schulter trägt, am oberen Rand gefasst. Er wendet nach unten blickend den Kopf zurück; das lange fliessende Haar*) hebt sich hörnerartig über der Stirn. Grosse Flossen*) verdecken die Verbindung zwischen dem menschlichen Oberkörper und dem Fischleib. Unten sind Wellen angedeutet**).

Rechts vor diesem Tritonen hockt auf einem Seelöwen (n. r.) ein kleiner *Eros*, in Vorderansicht, ein wenig n. r. gewandt, auf dem rechten Knie liegend und den linken Fuss vorsetzend: seine Linke ist gerade vorgestreckt, als ob sie Zügel hielte; die Rechte erhoben, als ob sie mit der Peitsche schlagen wollte.

Zu diesem Eros blickt eine Frau (*Nereide*) zurück, deren Unterkörper von einem Mantel umhüllt ist, der, von der Rechten gehalten, sich kreisförmig neben ihr wölbt: sie sitzt n. r. auf einem Seepferde, auf dessen Rücken ihre linke Hand sich stützt.

Voran schwimmt n. r. ein jugendlicher *Triton*, in Vorderansicht, zurückblickend; er hat in der rechten Hand eine Peitsche, während die Linke gegen das Maul des Seepferdes erhoben ist; als ob er dasselbe am Zügel führe.

Vor diesem Triton n. r. ein Seehirsch, auf dem ein kleiner *Eros* n. r. sitzt, das linke Bein unter das rechte geschlagen; die vorgestreckte Rechte ist die Zügel des Thieres haltend gedacht.

Endlich rechts sitzt auf einem *Tritonen* (n. r.), welcher, in

---

der Stoa des Hadrian zu Athen von ihm gefunden" und der andere Theil „mehrere Jahre später daneben gefunden" sei, heisst nur, dass der Fries sich hier schon längere Zeit — jedoch unbeachtet — vorfand.

*) Haare und Flossen wiederholen sich in derselben Form bei den folgenden Tritonen.

**) Wellen sind auch unter den übrigen Figuren und Gruppen angedeutet.

Rückenansicht, in der Linken ein Ruder trägt und in der*) Rechten eine lange Muschel an den Mund hält und bläst, eine Frau (*Nereide*), von der nur noch der n. r. gewandte Kopf und der erhobene linke Arm erhalten sind, welcher eine Schale mit Früchten (Weintrauben Granate und Apfel) trägt.

(251). B. 0,46. Die Oberfläche ist sehr verwittert.

Auf einem n. l. gewandten *Tritonen***), welcher in der gesenkten Rechten einen umgekehrten Dreizack schultert, sitzt n. r. eine nackte Frau (*Nereide*), das linke Bein zurückgezogen; sie legt den rechten Ellenbogen auf die linke Schulter des Tritonen, während die Rechte einen Zipfel des Mantels hält, auf dem sie sitzt: das andere Ende dieses Mantels hält der Triton in seiner linken Hand. Ihr gegenüber sitzt auf einer Krümmung des Fischleibes ein kleiner *Eros* (n. l.): er streckt das rechte Bein empor und hält in beiden Händen ein Horn (?) empor.

Vor dieser Gruppe ist links noch der Schwanz eines *Tritonen* (oder eines Seethiers) erhalten, der n l. gewandt war.

Abgebildet auf der beifolgenden Tafel nach einer dem Architecten Herrn Paul Ziller freundlichst verdankten Zeichnung.

Vgl Friederichs Berl. Ant. Bildw. I no. 787; Bötticher Berl. Abgüsse no. 325 und 325 A; Stark Nach dem griech. Orient S. 351 f.***)

252. Bruchstück eines Sarkophagreliefs.

H. 0,25. B. 0,39. Pent. Marmor. Arg verwittert.

Erhalten ist noch ein *Stier* (n. l.), der an den Zweigen und Früchten eines Baumes nagt; um die Knöchel hat das Thier Ringe. Ueber dem Stier rechts ist ein Theil der Einfassung (eines Medaillons oder einer Muschel mit den Bildnissen des oder der Todten) erhalten. Unten die Inschrift:

ΕΥΟΔΙΑϹѠϹΙΒΙΟΥ
ΛΜ[ΕΤ]ΕѠΝΗ

---

*) In der beifolgenden Zeichnung nicht berücksichtigt.

**) Der gesenkte Kopf ist zu sehr zerstossen, um entscheiden zu können, ob er bärtig oder unbärtig ist.

***) Der ebd. erwähnte Nereidensarkophag ist erst nach Abfassung dieser Beschreibung dort aufgestellt worden.

253. Bruchstück einer Büste.

H. 0,21. Pent. Marmor.

Erhalten sind nur der Hals und der Brustansatz mit Chiton und Mantel.

254. Sturz einer männlichen Figur.

H. 0,34. Pent. Marmor. Geringe Arbeit.

Erhalten ist noch die linke Brust- und Rückenseite vom Hals an bis zum Bauch; der linke Arm war gehoben.

255. Bruchstück eines Reliefs.

H. 0,27. B. 0,24. Pent. Marmor. Ringsum weggebrochen.

Erhalten ist noch der Körper eines *Knaben* (ohne Kopf Füsse und linken Arm), in Vorderansicht, mit linkem Spielbein; um den Hals und über der linken Seite die Chlamys, welche von der auf der Brust liegenden Rechten gefasst wird. Die linke Hand war erhoben und hat etwas getragen. Etwa eine personificirte *Jahreszeit*?

256. Bruchstück eines Grabreliefs.

H. 0,45. B. 0,16. Pent. Marmor. Arg verwittert.

Erhalten ist noch neben der rechten Einfassungsante ein kleiner *Knabe*, in Vorderansicht, mit rechtem Spielbein; beide Arme sind gesenkt. Links neben ihm Spuren einer bekleideten *Frau* mit linkem Spielbein.

257. Herme des P. Herennius Dexippus.

H. 0,58. B. 0,33 Pent. Marmor.

Es fehlen der Kopf und das untere Ende des Schaftes; auf der linken Schulter und dem Nacken ein Gewandstück. Rechts und links Zapfenlöcher. Auf der Brust ist später ein

Kreuz eingekratzt mit dem Monogramm ΙΧΝΑ (d. i. Ἰησους Χριστος Νικα Αμην)*). Auf dem Schaft die Inschrift:

ΑΓΑΘΗΙ ΤΥΧΗΙ ❦
Τ]ΟΝ·ΑΡΞΑΝΤΑΤΗΝΤΟΥΒΑΣ[Ι
ΛΕ]ΩΣΑΡΧΗΝΚΑΙΕΠΩΝΥΜΟ[Ν
ΑΡ]ΧΟΝΤΑΤΟΝΚΡΑΤΙΣΤΟΝ
ΙΕ]ΡΕΑΠΑΝΑΓΗ·ΠΟΠΛΙΟΝΕΡΕ[Ν
ΝΙ]ΟΝΔΕΞΙΠΠΟΝΠΤΟΛΕΜΑΙΟ(Υ)
ΕΡ]ΜΕΙΟΝ ❦ ΟΙΠΑΙΔΕΣΕΡΕΝΝΙΟ[Σ
ΔΕ]ΞΙΠΠΟΣΚΑΙΕΡΕΝΝΙΑΕΡΜΟ
ΝΑΚΤΕΙΑΤΟΝΠΑΤΕΡΑ C**)

Ἀγαθῇ τύχῃ
τ]ὸν ἄρξαντα τὴν τοῦ βασ[ι-
λέ]ως ἀρχὴν καὶ ἐπώνυμο[ν
ἄρ]χοντα τὸν κράτιστον
ἱε]ρέα παναγῆ. Πόπλιον Ἐρέ[ν-
νι]ον Δέξιππον Πτολεμαίο(υ)
Ἑρμεῖον. οἱ παῖδες Ἐρέννιο[ς
Δέ]ξιππος καὶ Ἐρεννία Ἑρμο-
νάκτεια τὸν πατέρα C **)

Vgl. dazu die Inschriften CJGr. 380; Arch. Intelligenzbl. 1838 S. 30, 9 (= Ross Dem. 75).

258. Herme (eines Archon eponymos).

H. 0,37. B. 0,26. Pent. Marmor.

Es fehlen der Kopf, die linke Schulter, auf der ein Gewandstück lag, und das untere Ende des Schaftes. Am Schaft die Inschrift:

ΑΓΑΘΗΙ ΤΥΧΗ[Ι
ΤΟΝΕΠΩΝΥΜ[ΟΝ
ΑΡΧΟΝΤΑΜ[.....

---

*) So nach Jorio Guida per le catacombe di S. Gennaro p. 64 und 74.

**) Etwa σεβαστόν??

259. Bruchstück eines Reliefs.

H. 0,50. B. 0,20. Pent. Marmor. Verwittert.

Erhalten sind noch von einem *Gespann* (n. l.) ein Pferdekopf und vier Vorderfüsse.

260. Sturz einer weiblichen Figur.

H. 0,36. Pent. Marmor. Leidliche Arbeit.

Es fehlen der Kopf, der ganze linke Arm, der rechte vom Deltoides an und beide Füsse von den Oberschenkeln an. — Die Figur ist in einen Chiton — welcher dicht unter den Brüsten gegürtet ist (über dem Gürtel unterhalb der rechten Brust ist der Chiton ein wenig emporgezogen) und die rechte Schulter freilässt — und einen Mantel gekleidet, der von der linken Schulter über Rücken und Leib unter die linke Achsel geht. Die Arme waren gesenkt; mit rechtem (?) Spielbein.

261*). Runde Basis.

H. 0,34. Pent. Marmor. Verwittert. Flüchtige Arbeit.

Auf einer kleinen (H. 0,05) viereckigen Basis steht ein Seulenschaft (Dm. 0,10), oben durch einen Wulst abgeschlossen. Um den Schaft tanzen in Vorderansicht *drei Frauen* (*Nymphen*) herum, in Schuhen und Doppelchiton, der unter der Brust gegürtet ist: sie fassen sich gegenseitig an den Händen; die eine wendet den Kopf zurück. Hinter dieser sitzt am Boden ein *Hund*, der den Kopf umwendet und emporrichtet.

Abg. Stephani Ausr. Herakles Taf. V, 4—6.

Vgl. ebd. S. 251, 2 ff.

262. Bruchstück eines (Grab-?)reliefs.

H. 0,32. B. 0,19. Fig. 0,16. Pent. Marmor. Sehr verwittert.

Auf einem breiten Basisstreifen steht ein *Mann* — in Vorderansicht, ein wenig n. r. gewandt, mit rechtem Spiel-

*) No. 261—271 stehen hinter den no. 233 ff.

bein, über beiden Armen und dem Rücken shawlartig die Chlamys — einem *Manne* gegenüber, welcher, unterwärts mit einem Mantel bekleidet und mit rechtem Stützbein, den rechten Arm senkt; seine linke Seite ist weggebrochen. Zwischen beiden Männern hängt unten ein Ring mit acht Strigiles*). Oben die sehr verwitterte Inschrift:

. . . .
. . . . ΟΥΣΣ . . . . .
ΟΤ . . . . . ΣΣΩΣΤΡΑ[ΤΟΥ
ΑΘΜ]ΟΝΕΥΣ

d. i. [ὁ δεῖνα]
τοῦ . . . . . .]ους Σ[. . . . .
'Οτ . . . ς] Σωστρά[του
'Αθμ]ονεύς

Unter der Basis die folgende Inschrift:

/////// ΛΗΝΑΙΕ ////////

d. i. . . . . Λήναιε [χρηστὲ χαῖρε].

263. Sturz einer weiblichen Figur.

H. 0,41. Pent. Marmor. Geringe Arbeit.

Es fehlen der Kopf, beide Arme vom Deltoides an, der Unterkörper vom Nabel an; die Brüste sind weggeschlagen. — Die Arme waren gesenkt; das Haar fällt in je zwei Locken auf Brust und Rücken herab.

264. Herme eines Jünglings (?).

H. 0,47. Pent. Marmor. Geringe Arbeit. Viel zerstossen, besonders der rechte Arm.

Es fehlt der Kopf. Eine ganz in einen Mantel gehüllte

---

*) Als Andeutung palästrischer Beschäftigung des oder der Verstorbenen (falls wir den Rest eines *Grabreliefs* vor uns haben).

(wohl männliche) Figur endet in einen Hermenschaft; die Rechte lag auf der Brust, die Linke ist im Ellenbogen gehoben.

265. Sphinx.

H. 0,36. B. 0,53. Weisser Marmor. Ganz verwittert.

Es fehlen das Gesicht und die Vorderpfoten. Die Sphinx liegt ruhig da, am Hinterkopf verschleiert; der Schwanz liegt um den rechten Hinterschenkel.

266. Sturz eines Jünglings.

H. 0,44. Pent. Marmor. Leidliche Arbeit.

Es fehlen der Kopf, der linke Arm vom Deltoides an, der ganze rechte Arm, das linke Bein von der Hüfte an, das rechte vom Oberschenkel an; das Glied ist weggebrochen. — Der Jüngling stand auf dem rechten Bein; die Arme waren gesenkt; an der linken Seite ist der Ansatz einer Stütze (oder der linken Hand) sichtbar.

267. Runder Grabaltar.

H. 0,57. Dm. 0,43. Pent. Marmor. Oben viel weggebrochen. Leidlich gute Arbeit. Athen.

Unten Ablauf, oben Gesims. Ringum eine Guirlande (aus Epheublättern Epheubeeren Pinienäpfeln u. s. w.), die abwechselnd von zwei Bukranien und zwei Hirschköpfen gehalten wird: von den Hörnern und Geweihen der (sehr beschädigten) Thierköpfe fallen die Enden je einer Tänie herab. Vorn über der Guirlande die folgende Inschrift (in schlechten Buchstaben):

ΝΙ]ΚΗΣΙΑΣ
ΕΠΑΦΡΟ
ΔΕΙΤΟΥ
ΞΗ

Gef. den 7. Januar 1851 εἰς τὰ ἐρείπια τοῦ ἀρχαίου Βουλευτηρίου, εἰς τὸ βόρειον μέρος τῆς Ἐκκλησίας „ἡ Ὑπαπαντή“ (vgl. Mommsen Ath. Christ. p. 22 ss, 16).

Vgl. Eph. Arch. I no. 2490; Kum. 3201.

268. Sonnenuhr.

H. 0,29. B. 0,34. Pent. Marmor.

Die Sonnenuhr hat die Gestalt eines Sessels, dessen Vorderbeine in Löwentatzen ausgehen; vom Gnomon ist noch die Bleieinfügung erhalten.

Vgl. ebenso die Sonnenuhr aus Pompeji (Bull. Nap. N. S. III tav. 9, 3. 4); u. a. m.

269. Basis.

H. 0,74. B. 0,28. T. 0,21 Pent. Marmor.

Unten an drei Seiten Ablauf mit Astragalenschnur und Palmetten; oben an denselben drei Seiten Gesims mit Astragalenschnur, Palmetten-, Mäander- und Rosettenstreifen. Vorn ein Epheukranz und darin die Zeilen 2—4 der folgenden Inschrift:

1. ΣΩΤΗΡΙΚΑΙ
ΚΤΙΣ ΤΗ[Ι
ΑΥΤΟ ΚΡΑ
ΤΟΡΙ
5. ΑΔΡΙΑΝΩΙ
ΟΛΥΜΠΙΩΙ

Vgl. die Inschrift bei Le Bas Voy. arch. Inscr. I, 141.

Andere gleiche Inschriften z. B. CJGr 322 ss und Eph. arch. I, 3628 (Athen); CJGr. 2349*m* (vgl. dazu Eph. arch. I, 667; Rev. archéol. III [1846] p. 275 und 289) und Le Bas l. c. IV, 1811 sowie 1812 (Andros); Ross Inscr. gr. ined. I, 4 (Tegea); II, 195 (Samos); u. a. m.

270. Bruchstück eines Grabreliefs.

H. 0,31. B. 0,17. Pent. Marmor. Sehr beschädigt.

Erhalten ist noch rechts die Einfassung nebst *vier* bekleideten (wohl männlichen) *Figuren*: im Hintergrunde zwei Erwachsene, in Vorderansicht, von denen die Figur links die Rechte auf die Brust hielt; vor ihnen zwei Kinder (n. l.), die Arme gesenkt.

271. Springbrunnen.

H. 0,33. Dm. 0,40. Pent. Marmor. Verwittert.

Der Springbrunnen ist nabelförmig gebildet: oben kam aus einem runden Loch das Wasser heraus, das auf der einen Seite auf einen vertieften mit acht Absätzen*) versehenen Streifen, auf der anderen Seite auf einen vertieften glatten Streifen herabfloss. Zwischen diesen beiden Streifen ist in Relief je eine Felsgegend mit Gesträuch dargestellt, in der hier ein Eber, zwei Eichhörnchen (?), zwei (?) Tiger, ein Hase, ein Rabe und ein Storch, dort ein Hirsch, ein Pferd, drei Ziegen und zwei Schafe angebracht sind: die Thiere sind bald ruhend, bald fressend oder saufend dargestellt.

272). Löwe.**

B. 1,15. Pent. Marmor. Viel bestossen. Athen.

Es fehlen die Füsse und der Hintere. Das Thier war schreitend dargestellt und wendet den Kopf nach links.

---

*) Vgl. dazu Jordan Annali 1867 p. 398 ss. tav. K, 6. 7.

**) Liegt mit vielen Architecturbruchstücken vor der Einfriedigung der Stoa.

II.

Die antiken Marmor-Bildwerke

im

Thurm der Winde

no. 273 (1) — 422 (150).

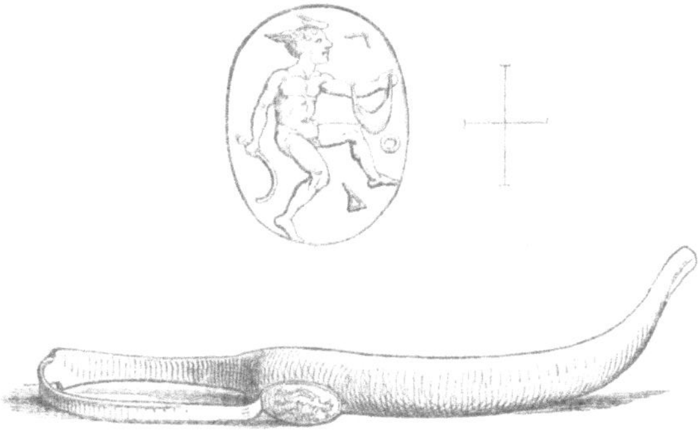

Links vom Eingang.

---

273 (1). Altar.

H. 0,52. Dm. ungefähr 0,38. Pent. Marmor. Verwittert und viel bestossen.

Unten Ablauf; oben Gesims. Drei Bukranien halten eine Schnur von Früchten und Blumen mit je einer tief herabhängenden Weintraube (zwischen den Bukranien).

274 (2). Grabseule.

H. 0,70. Dm. 0,35. Hym. Marmor. Oben weggebrochen.

Vorn in flachstem Relief zwei emporgestreckte die innere Fläche zeigende Hände*). Darüber die Inschrift:

Διοτ?]ΙΜ[Α
ΡΩ]ΜΑΙΑ

Vgl. Kum. 2347.

---

*) Vgl. dazu no. 14.

275 (3). Löwe.

H. 0,51. L. 0,45. Pent. Marmor. Gewöhnliche Arbeit.

Erhalten ist das Vordertheil eines n. l. schreitenden Löwen, der den Kopf in Vorderansicht wendet; Schnauze und Vorderfüsse sind weggebrochen.

276 (4). Grabseule.

H. 0,45. Dm. 0,18. Pent. Marmor. Menidi (Acharnai).

Oben und unten Wulst. Vorn ein Gartenmesser und darunter die Inschrift:

Μ Λ ΚΕΔWΝ
ΛΝΠΕΛΟΥ ÞΓΟC
ΜΕΙΛΙ-ΙCΙΟC

Gef. bei der Kirche der 'Αγία Παρασκευή.
Vgl. Kum. 2203.

277 (5). Grabrelief.

H. 1,05. B. unten 0,74; B. oben 0,72. Pent. Marmor. Geringe Arbeit. Oben vom Kopf an weggebrochen.

Zwischen einer Anteneinfassung steht, in Vorderansicht, mit rechtem Spielbein, eine *Frau,* in Schuhen Chiton und Mantel, dessen einen Zipfel sie mit der über die Brust gelegten Rechten auf die linke Schulter legen will, während die gesenkte Linke den anderen herabfallenden Zipfel des Mantels gefasst hält.

278 (6). Bruchstück einer weiblichen Figur.

H. 0,33. Pent. Marmor. Grobe Arbeit.

Erhalten sind noch die beiden Beine einer *Frau,* mit rechtem Spielbein, in Mantel, der vorn in einer dicken Falte herabfällt.

279 (7). Grabstele.

H. 1,35, B. unten 0,48; oben 0,46. Pent. Marmor. Oben weggebrochen. Sehr mitgenommen.

Am Schaft zwei Rosetten; über denselben die Inschrift:

. . . . ι

Ο Λ Υ Ν Θ Ι Ο[Σ

Unter den Rosetten die Inschrift:

Θ Ε Ο Τ Ι Μ Η Φ Υ////////// etwa *Φυ[λάρχου]*
Φ Ι Λ Ο Ν ////////////////////// etwa *Φιλόν[εικος*
Φ Ι Λ/////////////////////////////////

Vgl. Kum. 2288 (derselbe liest: 3. Φυλ . . . . . 4. Φιλων ΘΙ . . . 5. Ολ(ύνθιος).

Rechts vom Eingang.

280 (8). Löwenkopf.

H. 0,30. Pent. Marmor. Sehr bestossen und zerstört. Hinten abgeplattet.

281 (9). Bruchstück einer Stele.

H. 0,38. B. 0,22. Pent. Marmor. Ringsum bestossen. Verwaschen.

Erhalten ist noch ein Theil des Gesimses mit Resten der Palmette; darunter am Schaft eine Rosette nebst dem Rest der Inschrift:

. . . . ΥΛ Η
. . . . . ΙΛοΥ

Vgl. Kum. 3841.

282 (10). Grabstele.

H. 1,90. B. unten 0,54; oben 0,47. Pent. Marmor. Oben weggebrochen. Athen.

Am Schaft zwei Rosetten. Darunter die Inschrift:

Ν
Π]ΑΙΔΑΤΟΙΙΦΘΙΜΑΝΔΑΜΑΙΝΕΤΟΥΑΔΕΚΡΑΤΙΣΤΑ
ΑΡΧΕΜΑΧΟΥΔΕΦΙΛΑΝΕΥΝΙΝΕΔΕΚΤΟΚΟΝΙΣ
ΑΠΟΘΥΠΩΔΙΝΩΝΣΤΟΝΟΕΝΤΛΚΑΤΕΦΘΙΤΟΠΟΤΜ
ΟΡΦΑΝΟΝΕΜΜΕΓΑΡΟΙΣΠΑΙΔΑΛΙΠΟΥΣΑΠΟΣΕΙ

Π]αῖδά τοι ἰφθίμα Δαμαινέτου ἅδε Κρατίσταν,
Ἀρχεμάχου δὲ φίλαν εὖνιν, ἔδεκτο κόνις.
ἃ ποθ' ὑπ' ὠδινῶν στονοέντ(ι) κατέφθιτο πότμῳ
ὄρφανον ἐμ μεγάροις παῖδα λιποῦσα πόσει.

Gef. 1839 „ἐπὶ τοῦ Τάφου ἱσταμένη, πλησίον τοῦ Διπύλου" (also zu den Gräbern der H. Triada gehörig).

Vgl. jetzt — ausser Pittakis Eph. Arch. I 456; Rhang 2206; Welcker Rh. Mus. NF. I. S. 205, 8; Stephani Tit. Graec. Part. IV (Dorpat. 1849) p. 4 s; Kum. 3074 — abschliessend Ross (und Keil) Arch. Aufs. II S. 673 s (= Arch. Intelligenzbl. 1837 S. 101, 10 und S. 119, 10).

283 (11). Herme.

H. 1,25. B. 0,29. Pent. Marmor. Gewöhnliche Arbeit.

Der (besonders eingesetzte) Kopf fehlt; über der linken Schulter liegt ein Gewandstück; jederseits Zapfenlöcher. Am Schaft das (zerstossene) Glied und die Inschrift:

ΑΓΑΘΗΙΤΥΧΗΙ
[w e g r a s i r t]

284 (12). Sturz eines Hermes.

H. 0,61. Pent. Marmor. Sehr geringe Arbeit. Zerstossen.

Es fehlen der Kopf, der besonders eingefügt war, der ganze rechte Arm und beide Beine von den Hüften an. — Der Gott ist in einem kurzen gegürteten Chiton und einer Chlamys, die auf der rechten Schulter geknüpft ist; in der anliegenden Linken hält er das Kerykeion.

285 (13). Dreigestaltige Hekate.

H. 0,35. Pent. Marmor. Sehr verwaschen und zerstossen.

Es fehlt der obere Theil von den Köpfen an. — Drei Frauen, je in enganliegendem gegürtetem Doppelchiton, stehen ganz gerade nebeneinander: die eine legt die Rechte auf die Brust und senkt die Linke (die wohl das Gewand hebt); die anderen beiden senken beide Hände und heben ihr Gewand empor.

286 (14). Sturz einer weiblichen Figur.

H. 1,70. Pent. Marmor. Leidliche Arbeit. Bestossen.

Es fehlen der Kopf, der besonders eingefügt war, der rechte Arm mit einem Theil der rechten Seite und der Gewandung, die linke Hand. — Die Figur, mit rechtem Spielbein, ist in Schuhen Chiton poderes und Mantel, der von der linken Schulter über Rücken und Unterkörper geht und über den linken im Ellenbogen vorgestreckten Arm herabfällt.

287 (15). Kopf eines Mädchens.

H. (mit Hals) 0,31. Pent. Marmor. Leidliche Arbeit. Zerstossen.

Dieser römische Kopf, dem Nase und Kinn fehlen, ist ein wenig n. r. geneigt; die Haare sind aus der Stirn gestrichen und in Flechten kranzartig auf den Oberkopf gelegt.

288 (16). Kopf des bärtigen Bacchos.

H. (mit Hals) 0,30. Pent. Marmor. Archaistisch.

Es fehlen das Kinn, die Nase, das linke Auge nebst Schläfe und Stirn; das rechte Auge ist zerstossen. — Um das zierlich gekämmte Haar, das in Locken herabfällt, liegt eine breite Tänie; der Bart ist zierlich gelockt.

289 (17). Kolossaler weiblicher Kopf.

H. 0,33. Pent. Marmor. Leidliche Arbeit. Bestossen.

Es fehlen die Nase und das rechte Auge nebst Schläfe und Stirn. — Er ist jugendlich, ein wenig n. r. gewandt; um das in welligem Wulst auf die Stirn fallende Haar liegt eine breite Tänie.

290 (18). Kolossaler männlicher Kopf (eines Kaisers?).

H. 0,35. Pent. Marmor. Geringe Arbeit römischer Zeit.

Nur das Gesicht, aber völlig zerstört, ist noch erhalten.

291 (19). Grabrelief.

H. 0,89. B. unten 0,41; oben 0,39. Fig. des oberen Feldes 0,41; des unteren 0,29. Sehr geringe Arbeit. Oben weggebrochen. Attika.

Das Relief ist in zwei Felder getheilt: im oberen (ringsum eingefassten) Feld steht eine *Frau* (Εἰσιάς), in Vorderansicht, mit rechtem Spielbein, in Schuhen Chiton und Mantel, der auf der Brust geknotet ist; die Haare fallen gelöst auf die Schultern herab. In den Händen trägt sie als Isispriesterin Gefäss und Sistrum: jenes am Henkel in der gesenkten Linken, dieses in der erhobenen rechten Hand. Rechts neben ihr steht ein Altar mit Flamme (?). In der unteren Einfassung die Inschrift:

ΕΙCΙΑCCΙΜΩΝΙΔΟΥ
ΜΕΙΛΗCΙΑ

Das untere Feld ist von zwei Anten eingefasst, die einen Flachbogen tragen; rechts und links von ihm je eine kleine Rosette. Darunter steht in Vorderansicht, mit rechtem Spielbein, eine *Frau*, in Schuhen Chiton und Mantel, dessen einen Zipfel sie mit der auf die Brust gelegten Rechten über die linke Schulter legen will; die linke Hand ist gesenkt. Rechts neben ihr ein viereckiger Stein (Altar?); darüber hängt ein (flüchtig angegebenes) Sistrum.

Vgl. Kum. 2107.

292 (20). Bruchstück einer Grabstele.

H. 0,39. B. 0,35. Pent. Marmor. Grobe Arbeit. Unten weggebrochen; oben bestossen. Attika.

Ueber dem Gesims ein flacher Giebel mit Akroterien. — Am Schaft die Darstellung, jederseits von einer Ante eingefasst. Von derselben ist noch erhalten der Oberkörper eines bärtigen *Mannes* (Σώταιρος Σωκράτου), in Mantel, der die Linke hebt und die Rechte dem vor ihm stehenden bärtigen *Manne* (Σώταιρος Δείνωνος) reicht, der sie mit der Rechten ergreift; derselbe ist im Mantel und hatte die linke Hand gesenkt. Zwischen Beiden steht n. r. eine *Frau*, in Chiton und *Mantel*, welche die Rechte vorstreckt. Oben die Inschrift:

ΣΩΤΑΙΡΟΣ	ΣΩΤΑΙΡΟΣ
ΠΡΟΣΠΑΛΤΙΟΣ	ΔΕΙΝΩΝΟΣ
ΣΩΚΡΑΤΟΥ	ΠΕΙΡΑΕΥΣ

Vgl. Kum. 1080.

293 (21). Votivhelm.

H. 0,41. Pent. Marmor. Gewöhnliche Arbeit.

Der Busch und ein Stück des Hintertheils sind weggebrochen. — Auf einer viereckigen Basis steht ein Helm korinthischer Form; die Backenlaschen sowie das Visir mit den Augenöffnungen und dem Nasenrücken sind heruntergelassen.

Ein zweiter derartiger *marmorner* Votivhelm fand sich (1869) auf den nördlichen Stufen des Parthenon liegend, von dem ich mir die folgende Beschreibung machte: „ein massiver Helm (H. 0,36. U. ungefähr 0,85. Pent Marmor), vorn mit Andeutung der Augenlöcher und des Nasenbeins“.

Votivhelme aus *Erz* vgl. z. B. CJGr. 16; 29; 30; 31; 6749 (vgl. Keil Rh. Mus. NF. 19 S. 614); u. a. m.

294 (22). Sturz einer männlichen Figur.

H. 0,34. Pent. Marmor. Geringe Arbeit.

Erhalten sind die linke Schulter, der linke Arm, die Brust und der Bauch eines Jünglings, in kurzärmeligem gegürtetem

Chiton und Mantel, der um den Unterkörper liegt und über den linken (im Ellenbogen gehobenen) Arm herabfällt.

295 (23). Sturz einer weiblichen Figur.

H. 0,32. Pent. Marmor. Sehr abgestossen. Sehr geringe Arbeit.

Erhalten ist nur der Oberkörper vom Hals bis zum Nabel, in Chiton und Mantel, der um den Oberkörper geschlungen ist (und wie es scheint vorn zu einem Schooss zusammengehalten wurde?).

Auf den umlaufenden Stufen des Thurms.

Unter dem Euros:

296 (24). Sturz eines Dionysos.

H. 0,41. Pent. Marmor. Gewöhnliche Arbeit.

Es fehlen der Kopf, der rechte Arm nebst Schulter, der linke Arm vom Deltoides an und die beiden Beine von den Schenkeln an. — Der Gott stand auf dem rechten Bein; um die Brust ist quer die Nebris gelegt, die auf der linken Schulter geknüpft ist; der linke Arm war gesenkt. Am äusseren linken Schenkel ist der Ansatz einer Stütze erhalten.

297 (25). Sturz einer ägyptischen Göttin.

H. 0,30. Pent. Marmor. Unvollendet? Bestossen. Archaistisch.

Erhalten ist der Körper vom Hals bis zu den Hüften. — Die Figur, welche mit vorgestrecktem rechtem Fuss dastand, legt den linken Arm und die linke Hand dicht an den Körper, während der rechte Arm, gleichfalls dicht anliegend, im Ellenbogen erhoben ist und (ein Gefäss oder Sistrum) gegen die Schulter hält; sie ist nackt (oder wohl mit einem enganliegenden Gewand bekleidet zu denken).

298 (26). Bruchstück einer männlichen Büste.

H. 0,27. Pent. Marmor. Es fehlen der Kopf und die rechte Schulter.

Die Büste steht auf einer (bestossenen) viereckigen Basis mit Gesims und Palmettenverzierung und ist mit Chiton und Mantel versehen.

299 (27). Sturz einer weiblichen Figur.

H. 015. Pent. Marmor. Ganz verwaschen und hinten weggebrochen.

Erhalten ist nur noch der Oberkörper vom Hals bis zum Bauch, in gegürtetem Chiton, der die rechte Brust nebst Schulter freilässt; die beiden Hände scheinen (gebunden?) auf dem Rücken gelegen zu haben: die Oberarme sind noch vorhanden.

300 (28). Basis (für ein Weihgeschenk an Herakles).

H. 0,40. Pent. Marmor.

Die Basis wird aus einer (nach unten sich verjüngenden) Keule gebildet, auf der ein Löwenfell liegt; oben ein Loch zum Einsetzen des Weihgeschenks.

Vgl. dazu Annali 1866 Tav. LM, 3 und 4 (p. 223); u. a. m.

301 (29). Herme des Priapos.

H. 0,36. Pent. Marmor.

Es fehlen der Kopf und das (besonders angesetzte) Glied. — Der Gott geht in einen Hermenschaft aus. Er ist mit einer Chlamys bekleidet, die von der linken Schulter über den Rücken und Unterkörper geht; der lange Bart fällt in drei Büscheln, von denen der mittlere kürzer aber dicker als die anderen beiden ist, auf die Brust herab. In der Linken hält er eine Keule (oder pedum), deren oberer Theil besonders angesetzt war (wie der Bronzestift zeigt); mit der gesenkten Rechten fasst er die Chlamys und zieht sie bei Seite, so dass das Glied völlig sichtbar wurde.

8*

302 (30). Bärtiger Kopf (eines Philosophen?).

H. 0,30. Pent. Marmor. Allzusehr zerstört.

Die Nase war besonders angesetzt oder später restaurirt.

303 (31). Sturz einer (Aphrodite?).

H. 0,17. Pent. Marmor. Leidliche Arbeit.

Erhalten sind noch Bauch und Schenkel einer *Frau*, in Mantel, der den Unterkörper bedeckte, um den Bauch eine Wulst bildete und vor der Scham geknotet war; der (sicher nackte) Oberkörper war besonders angesetzt.

Vgl. zur Gewandung z. B. die Aphrodite aus Pompeji (Stark Ber. der Sächs. Ges. 1860 Taf. VII, A. S. 31 ff); u. a. m.

304 (32). Sturz eines Jünglings.

H. 0,33. Pent. Marmor. Leidliche Arbeit

Erhalten sind nur der Bauch die Brust und die rechte Schulter, die erhoben war. Hinten abgeplattet.

305 (33). Sturz einer männlichen Figur.

H. 0,29. Pent. Marmor. Geringe Arbeit.

Erhalten sind nur die Brust, der Bauch und die Hüften eines mannbaren Jünglings, der mit linkem Spielbein dastand.

306 (34). Sturz einer männlichen Figur.

H. 0,25. Pent. Marmor. Geringe Arbeit.

Erhalten sind nur der Hals, die Brust und die Schultern eines (weiblich vollgebildeten) Jünglings, dessen Haar in langen Locken herabfällt; die Arme waren gesenkt.

307 (35). Sturz eines Jünglings.

H. 0,38. Pent. Marmor. Leidliche Arbeit.

Es fehlen der Kopf, der ganze linke Arm, der rechte vom Deltoides an, das linke Bein von der Hüfte an und das rechte vom Oberschenkel an. — Der kräftige Körper stand auf dem linken Bein; der Kopf war n. r. gewandt, der rechte Arm in Schulterhöhe erhoben.

308 (36). Sturz einer männlichen Figur.

H. 0,24. Pent. Marmor. Geringe Arbeit. Verwaschen.

Erhalten sind nur die Brust, die linke Schulter und theilweise der Bauch eines Mannes, in Chiton und Mantel, der die rechte Seite freilässt; der linke Arm war gesenkt. Hinten ist die Figur weniger bearbeitet.

Unter dem Apeliotes:

309 (37). Sturz einer weiblichen Figur.

H. 0,39. Pent. Marmor. Leidlich gute Arbeit.

Es fehlt der obere Theil, der besonders angesetzt war, vom Nabel an. — Die Figur ist in Schuhen Doppelchiton und Mantel, der zu ihrer Linken herabfällt; mit linkem Spielbein.

310 (38). Grabseule.

H. 0,94. Dm. 0,41. Fig. 0,60. Pent. Marmor. Grobe Arbeit. Attika.

Die Seule ist jetzt rechts und links abgeplattet: Löcher und Zapfenreste aber zeigen, dass früher beiderseits Stücke angesetzt waren, um den nicht genügenden Block abzurunden; oben Wulst. Vorn die eingeritzte Darstellung: unter einem von zwei korinthischen Säulen getragenen Bogen steht ein *Mann* (Ἐμπειρικὸς Ποσᾶ), in Vorderansicht, mit linkem Spielbein, in Schuhen Chiton und Mantel; die Rechte liegt auf der Brust, die Linke ist gesenkt; das Gesicht zerstossen. Darüber die Inschrift:

ΕΝΠΕΙΡΙΚΟ[Σ]ΠΟΣΑ
Η]ΡΩΣΜΕΙΛΗΣΙΟΣ

Auf der Rückseite steht eine zweite Inschrift (die mir entgangen, nach Kumanudis):

. . . . Δ]ΩΡΟΣ
. . . . . . ΚΛΕΟΥΣ
ΜΕΙ]ΛΗΣΙΟΣ

Vgl. Spon Voyage (Lyon 1678) III, 2 p. 171; Chandler Inscr. ant. Syll. et Not. II p. XXIX; CJGr. 705; Kum. 2119 (das *erste* Mal).

311 (39). Bruchstück eines Reliefs.

H. 0,35. B. 0,20. Pent. Marmor. Leidliche Arbeit. Zerstossen.

Erhalten ist der Körper (vom Hals bis zu den Knieen) eines *Jünglings*, in Vorderansicht, mit linkem Spielbein; er ist mit einem Mantel versehen, welcher, von der linken Schulter über den Rücken und dem Unterkörper zur linken Schulter zurückgehend, die rechte Brust freilässt und das linke Bein entblösst.

312 (40). Bruchstück eines Reliefs.

H. 0,31. B. 0,37. Pent. Marmor. Leidliche Arbeit.

Erhalten ist noch ein Stück der rechten Einfassung nebst dem rechten Vorderfuss eines n. r. springenden Rosses.

313 (41). Bruchstück eines Grabreliefs.

H. 0,25. B. 0,31. Pent. Marmor. Bestossen.

Erhalten ist ein Theil der unteren Einfassung mit den Beinen einer *Frau*, in hohen Sandalen und Chiton; mit rechtem Spielbein.

314 (42). Bruchstück eines Grabreliefs.

H. 0,44. B. 0,23. Pent. Marmor. Grobe Arbeit. Bestossen.

Erhalten sind nur die Beine einer *Frau*, in Vorderansicht, mit linkem Spielbein, in Sandalen und Chiton.

315 (43). Bruchstück einer weiblichen Figur.

H. 0,32. Pent. Marm. Gewöhnliche Arbeit.

Von einer Frau ist noch der linke Fuss nebst Sandale und Gewandung erhalten; der rechte (Spiel-)fuss ist zerstört.

316 (44). Männliche Büste.

H. 0,38. Pent. Marmor.

Es fehlen Kopf und Basis; der um den Hals liegende Mantel ist auf der rechten Schulter geknüpft; über der linken Schulter fallen Franzen herab.

Unter dem Kaikias:

317 (45). Bruchstück eines Reliefs.

H. 0,43. B. 0,31. Pent. Marmor. Arbeit archaisirend; nicht beendet (wie die Striche des Zahneisens beweisen).

Der Hintergrund ist theilweise weggebrochen; es fehlen von der Figur der Kopf, der Hals, die rechte Schulter nebst Arm, der linke Unterarm, das rechte Bein nebst Hüfte, das linke Bein vom Schenkel an und das Glied. — Der jugendlich-kräftige Körper, dessen Muskulatur (besonders der Brust) scharf und streng gebildet ist, stand auf dem rechten Bein, in Vorderansicht, den Bauch einziehend (einathmend): über der linken Schulter und dem linken Arm, der im Ellenbogen erhoben war, liegt die Chlamys. Die Schamhaare sind gekräuselt.

318 (46). Bruchstück eines Reliefs.

H. 0,23. B. 0,21. Pent. Marmor. Ringsum bestossen.

Erhalten ist noch das Hintertheil eines Stier, der mit dem Schwanz (um den Leib) peitscht. Unter dem Thier ist ein Stab (?) sichtbar.

819 (47). Bruchstück eines Reliefs.

H. 0,17. B. 0,26. Pent. Marmor. Geringe Arbeit. Zerstossen.

Erhalten ist noch ein Stück der unteren Einfassung mit den beiden Füssen einer *Figur* (in Sandalen), welche n. r. läuft; das rechte Bein ist bis zum Knie erhalten.

820 (48). Grabrelief.

H. 0,77. B. 0,66. Pent. Marmor. Oben weggebrochen. Geringe Arbeit bei schöner Composition. Attika.

Es fehlt der Kopf der stehenden Frau; alle Nasen sind zerstossen; die Oberfläche ist mitgenommen. — Rechts sitzt auf einem Stuhl (mit Decke und Fussbank) n. l. eine *Frau*, in Schuhen und Chiton, Mantel und Haube: sie hat die Linke in den Schoos gelegt und reicht die Rechte der vor ihr stehenden *Frau*, welche die dargebotene Hand mit der Rechten ergriffen hat; dieselbe, mit rechtem Spielbein, in Schuhen Chiton und Mantel, hebt die Linke in Schulterhöhe — vielleicht um den Mantelsaum zu fassen? Zwischen beiden Frauen stehen n. r. *zwei kleine Kinder:* das kleinere, ein Mädchen, in gegürtetem Chiton, steht vor der sitzenden Frau, blickt empor und legt die Rechte mit einem Vogel an ihr Knie; grade über seinem Kopfe befinden sich die rechten Hände der Frauen. Das andere Kind ist ein Knabe, der neben der sitzenden Frau steht und die Rechte hebt, um ihr Kinn zu berühren.

821 (49). Tischfuss.

H. 0,69. Pent. Marmor. Oben beschädigt. Die Büste arg bestossen. Megara.

Auf einer rechteckigen Basis (B. 0,32; T. 0,28) mit Wulsten und Hohlkehlen erhebt sich ein sich verjüngender Pfeiler (H. 0,48. B. unten 0,19; oben 0,16. T. unten 0,17; oben 0,14), der *vorn* mit der Büste eines bärtigen Mannes in Hochrelief geschmückt ist; um das Haar trägt er eine breite herabfallende Tänie (oder einen Schleier?). *Rechts* und *links* am Pfeiler je ein Akanthos und darüber eine Volute; *hinten* am

Pfeiler eine Rosette. Oben ein Gesims mit Ausladung und darauf ein nach oben ausladender Kämpfer (H. 0,12), in dem das Loch zum Einsetzen der Platte befindlich ist.

Aehnliche Tischfüsse sind in *Pompeji* nicht selten; vgl. z. B. in der Werkstatt der Casa del Balcone pensile (vorn Füllhorn; hinten Patera; an den Seiten je ein consolenartiger Ansatz); bei Mazois II, 41, 2 p. 81 (vorn Büste eines Jünglings [Eros?]; an den Nebenseiten je ein vorspringendes Arabeskenornament [gleichsam Flügelenden des Eros?]); im Museo Nazionale di Napoli (nur noch der Obertheil erhalten; vorn ein geflügelter Knabe [Eros], der einen Schmetterling an sich drückt; hinten Stierkopf; an den Seiten je eine kleine vorspringende Console); u. a. m.

322 (50). Sturz eines Knaben.

H. 0,31. Pent. Marmor. Sehr zerstossen.

Es fehlen der Kopf, beide Arme vom Deltoides an und beide Beine von den Oberschenkeln an. — Die Figur steht mit linkem Spielbein; die linke Schulter ist gehoben, der rechte Arm gesenkt; über dem linken Arm liegt die Chlamys. Das rechte Unterbein war besonders angesetzt (der Bronzezapfen ist noch erhalten).

323 (51). Votivrelief an Kybele.

H. 0,27. B. 0,20. Pent. Marmor. Flüchtige Arbeit. Viel bestossen.

Es fehlen der Kopf und die Unterarme (von denen der rechte besonders angesetzt war). — Auf dem Schooss liegt n. l. der Löwe; die Göttin, in Schuhen Chiton und Mantel, langlockig, hat in der Linken das Tympanon.

324 (52). Bruchstück eines Grabreliefs.

H. 0,43. B. 0,28. Pent. Marmor. Leidliche Arbeit.

Erhalten ist noch ein Stück der linken Einfassung mit dem Oberkörper (bis zu den Brüsten) einer *Frau*, in Chiton und

Mantel; sie schaut (n. r.) empor. Am Kopf sind die Nase und das linke Auge weggebrochen.

325 (53). Männlicher Kopf.

H. (mit Hals) 0,37. Parisch. Marmor. Späte römische Arbeit.

Zum Einsetzen auf eine Statue bestimmt; die Nase ist weggebrochen. Der Bart ist sehr zierlich geordnet. Die Augen waren durch Edelgestein ersetzt; die Augenbrauen sind angegeben. Er trug einen Bronzehelm (für dessen Laschen der Kopf über den Ohren abgeplattet ist).

326 (54). Männlicher Kopf.

H. 0,30. Pent. Marmor.

Erhalten ist nur noch der Hinterkopf, mit lockigem Haar. Unten ist der Bronzestift erhalten zum Einsetzen auf eine Figur.

327 (55). Bruchstück eines Grabreliefs.

H. 0,27. B. 0,21. Pent. Marmor. Oben links und unten weggebrochen. Athen.

Erhalten sind noch der Kopf und die linke Schulter (mit Gewandung) einer *Frau* (Θεοδώ), n. l. gewandt, und über ihr ein Theil des (auf Anten ruhenden) Bogens; auch ein Theil der rechten Ante ist erhalten. Oben in schlechter Schrift die Inschrift (nebst der einen Rosette):

ΘΕΟΔΩ
Δ]ΙΟΝΥΣΟΔΩ Ro-
ΡΟ]ΥΜ ΙΛΗΣΙΑ sette

Gef. den 30. Juni 1859 in der Hermesstrasse (im Hofe des Pittakis'schen Hauses).

Vgl. Eph. arch. I, 3543; Kum. 2165.

328 (56). Kopf eines Pferdes.

B. 0,40. Pent. Marmor.

Die Schnauze und die kurze beschnittene Mähne sind zerstossen und weggebrochen; von der Bronzezäumung ist an der Mähne ein Rest erhalten.

329 (57). Weiblicher Kopf.

H. 0,24. Pent. Marmor. Geringe Arbeit römischer Zeit. Zerstossen.

Zum Einsetzen auf eine Figur bestimmt (Bronzezapfen erhalten; Nase und Mund fehlen. — Das Haar ist wellig nach beiden Seiten herabgekämmt und hinten in einen Zopf zusammengefasst, welcher in Voluten übereinander liegt.

Unter dem Boreas:

330 (58). Bruchstück eines Reliefs.

H. 0,26. B. 0,15. Pent. Marmor. Leidliche Arbeit. Beiderseits weggebrochen.

Frhalten ist rechts ein Felsstück, über dem ein Löwenfell liegt: darauf der linke Fuss nebst Wade einer männlichen Figur (*Herakles*), die n. l. sass. Davor steht links ein jugendlicher *Mann*, in Vorderansicht, mit rechtem Spielbein, in der vorgestreckten Linken eine Schale (?) haltend; die rechte Schulter war gehoben: Kopf Hals rechte Wade und Fuss fehlen.

331 (59). Dreigestaltige Hekate.

H. 0,24. Pent. Marmor. Grobe Arbeit. Oben und unten weggebrochen.

Erhalten sind von zwei Frauengestalten der Hekate nur noch die Brüste und die Unterkörper, in Gewandung und mit herabfallenden Locken: sie endeten in einen Hermenschaft und stossen rechtwinkelig aneinander; hinten abgeplattet. Auf der Ecke — zwischen jenen beiden — steht die dritte Gestalt, in Vorderansicht, in Chiton und Mantel, in der gesenkten Rechten einen Krug haltend; ihr Kopf sowie der linke Arm fehlen.

332 (60). Grabrelief.

H. 0,50. B. 0,45. Pent. Marmor. Arbeit guter Zeit. Oberfläche verwittert. Rechts und die linke Oberecke weggebrochen. Athen.

Oben Gesims mit Antefixen. — Erhalten sind noch vier Figuren: rechts ein bärtiger *Mann* (n. r.), in Mantel, der die rechte Schulter und Brust freilässt; er hat die Beine gekreuzt, die Rechte in die Seite gesetzt und den Kopf gesenkt; neben ihm ist der Arm einer rechts vor ihm befindlichen fünften (verlorenen) *Figur* sichtbar. Hinter dem Mann steht n. r. ein *Jüngling* (mit rechtem Spielbein; in Mantel), der die Rechte senkt und die Linke gegen die Schulter erhoben hat. Hinter dem Jüngling steht in Vorderansicht eine *Frau*, mit rechtem Spielbein, in Chiton und Mantel, um sich zu verschleiern; die Rechte hat sie um den Nacken der links neben ihr stehenden *Frau* gelegt, welche, ein wenig n. r. gewandt, mit rechtem Spielbein, in Chiton und Mantel, den Kopf senkt und die Rechte in die Seite gesetzt hat, während sie die Linke vorstreckt.

Gefunden bei der Kirche Παναγία Ῥόμβη (Mommsen Ath. Christ. p. 132, 158).

333 (61). Stele des Psephisma der Proxenie an Philiskos aus Sestos (Ol. 106, 2: 355 v. Chr.).

H. 0,93. B. unten 0,38; oben 0,35. Fig. 0,20. Pent. Marmor. Sehr verwittert und bestossen. Athen.

Oben ein Flachrelief, das jederseits durch eine Ante eingefasst ist. In der Mitte steht n. r. *Athena* (Parthenos), in Helm und Chiton, den runden Schild zur Linken auf die Erde setzend; zwischen ihm und der Göttin ringelt sich n. r. die Schlange empor. Auf ihrer vorgestreckten rechten Hand steht n. r. die

Zu No. 333 (61).

ΠΡΟΞΕΝΙΑΚΑΙΕΥΕΡΓΕΣΙ
ΦΙΛΙΣ..ΙΛΥΚ.ΥΑΥΤΩ.
ΚΑΙΕ...ΝΟΙΣΣ...ΙΟΙΣ
.ΠΙ...Λ.........................
.Α...ΤΙ..ΣΕ.....................
...Ο..ΩΚ........................
.ΤΩΝ.ΡΟΕΔ.......................
..ΟΝΘΥΛΗΘ.ΝΕ....................
..ΔΗΣΕΙΠΕ.Ε.....................
.ΘΟΣΕΓΕΝΕΤΟ.....................
ΑΙΩ.ΜΗΝΥΣ.Σ.....................
Ο.Ε.ΗΦΙΣ...Ω....................
ΑΙΚ..ΕΥΕΡΓΕΤΗ...................
ΚΑΙΑΥΤΟ.ΚΑΙ.....................
.ΤΟΔΕΤΟΨΗΦΙ.....................
ΟΥΛΗΣΕΝΣ.ΗΛ..Λ..................
ΝΑΙΕΝΤΗΙΑΚΡΟ....................
.ΕΤΗΝΑΝΑΓΡΑ.....................
ΟΥΔΗΜΟΥΔΔΔΡ.....................
ΜΑΤΑΑΝΑΛΙΣΚΟΜ...................
.ΙΣΚΟΝΚΑΙΚΑ.Ε...................
.ΥΤΑΝΕΙΟ.ΕΙ.....................
ΔΕΦ..ΙΣΚΟΥΤΟΝΑΙ.................
ΘΗΝΑΙΩΝΕΝΕΛΛΗΣΠΟΝ...............
ΟΝΤΑΣΤΟΥΣΕΝΕΛΛΗΣΠ...............
ΕΤΗΝΒΟΥΛΗΝΤΗΝΑΕΙΒΟ..............
ΤΟΥΣΣΤΡΑΤΗΓΟΥΣΟΠΩΣΝ.............

bekleidete *Nike*, die sich zu dem vor ihr stehenden bärtigen kleinen *Manne* (*Philiskos*) neigt, welcher, in Mantel, mit rechtem Spielbein, die Rechte betend hebt; derselbe ist theilweise in die rechte Ante hineingemeisselt. Hinter der Göttin naht n. r. auf einem springenden Rosse ein Mann (wiederum *Philiskos*; vgl. die 11. Zeile), mit flatternder Chlamys. Darunter die Inschrift*):

(Siehe Beiblatt)

(mit den Ergänzungen von Kumanudis und Sauppe
a. a. O.):

Προξενία καὶ εὐεργεσί[α
Φιλίσ[κω]ι Λύκ[ο]υ, αὐτῶ[ι
καὶ ἐ[κγό]νοις Σ[ηστ]ίοις.
᾿Ε]πὶ [Καλ]λ[ιστράτου ἄρχοντος, ἐπὶ τῆς ᾿Α-
κ]α[μαν]τί[δο]ς ἐ**)[βδόμης πρυτανείας, ῆ (etwa ῎Ε-
Ν?) δι]ο[ς Σ]ωκ[λέους ἐξ Οἴου ἐγραμμάτευε-
ν], τῶν [π]ροέδ[ρων ἐπεψήφιζεν . . . .
. Κ]ονθυλῆθ[ε]ν. ῎Ε[δοξεν τῷ δήμῳ . . . . .
λί]δης εἶπε[ν]. ᾿Ε[πειδὴ Φιλίσκος ἀνὴρ ἀγ-
α]θὸς ἐγένετο [περὶ τὸν δῆμον τὸν ᾿Αθην-
αίω[ν] μηνύσ[α]ς [τὸν τῶν Βυζαντίων στόλ-
ο[ν], ἐ[ψ]ηφίσ[θαι τ]ῶ[ι δήμῳ πρόξενον εἶν-
αι κ[αὶ] εὐεργέτη[ν τοῦ ᾿Αθηναίων δήμου,
καὶ αὐτὸ[ν] καὶ [ἐκγόνους. ᾿Αναγράψαι δ-
ὲ] τόδε τὸ ψήφισ[μα τὸν γραμματέα τῆς β-
ουλῆς ἐν σ[τ]ήλ[η] λ***)[ιθίνη καὶ καταθεῖ-

---

*) Kumanudis a. O. las noch eine Anzahl von Buchstaben (z. B. *besonders* in Zeile 6. 9. 11. 20. 22.) mehr oder deutlicher als mir gelingen wollte.

**) Die *E* hinter *᾿Ακαμαντίδος* ist unzweifelhaft; von den drei Möglichkeiten — *ἑ(κτης) ἑ(βδομης) ἐ(νατης)* — scheint mir die mittlere die wahrscheinlichere zu sein, da der Name (—]ιδιος) des Sohnes des Sokles nach C. J. Gr. 90, 4 nur aus *sechs* Buchstaben bestanden haben kann und bei Ergänzung von *ἑβδομης* gerade die 30 nöthigen Buchstaben herauskommen.

***) Dies *Λ* hinter *στήλη* ist unzweifelhaft und daher Sauppe's *obige* Ergänzung richtig.

ναι ἐν τῇ ἀκρο[πόλει δέκα ἡμερῶν, εἰς
δ]ὲ τὴν ἀναγρα[φὴν δοῦναι τὸν ταμίαν τ-
οῦ δήμου ΔΔ δρ[αχμὰς ἐκ τῶν κατὰ ψηφίσ-
ματα ἀναλισκομ[ένων. Ἐπαινέσαι δὲ Φι-
λ]ίσκον καὶ κα[λ]έ[σαι ἐπὶ ξένια εἰς τὸ π-
ρ]υτανεῖο[ν] εἰ[ς αὔριον. Ἐπιμελεῖσθαι
δὲ Φ[ιλ]ίσκου τὸν λι[μενόφρουρον τὸν Ἀ-
θηναίων ἐν Ἑλλησπό[ντῳ καὶ τοὺς ἄρχ-
οντας τοὺς ἐν Ἑλλησπ[όντῳ, ἐνταῦθα δ-
ὲ τὴν βουλὴν τὴν ἀεὶ βο[υλεύουσαν καὶ
τοὺς στρατηγούς, ὅπως [ν . . . .

Wiedergefunden im Februar 1867 beim Denkmal des Lysikrates (wo das Monument im vorigen Jahrhundert noch theilweise über der Erde sichtbar gewesen).

Abg. Arch. Anz. 1867 S. 47* (schlecht); Michaelis Parthenon XV, 8 (desgl.); Schöne Griech. Reliefs Taf. 21, 93.

Vgl. Pococke Inscr. ant. gr. et lat. p. 55, 62 Kumanudis Palingenesia 10. Febr. 1867; Pervanoglu Arch. Anz. 1867 S. 45 ff; Sauppe Nachr. der Gött. Ges. der Wiss. 1867 S. 151 ff; Michaelis a. O. S. 280, 8; Schöne a. O. S. 47 f; Bötticher Berl. Abg. no. 292.

384 (62). Bruchstück eines Grabreliefs.

H. 0,21. B. 0,28. Pent. Marmor. Ringsum weggebrochen und verwittert.

Erhalten ist noch der Oberkörper eines bärtigen *Mannes* (in Mantel), der n. l. auf einem Lehnstuhl sitzt. Hinter ihm steht n. l. eine *Frau*, in Chiton und Mantel, mit verhülltem Hiuterkopf; sie hat die Linke gesenkt, die Rechte auf die Lehne des Stuhls gelegt und den Kopf traurig geneigt.

385 (63). Bruchstück eines Reliefs.

H. 0,26. B. 0,21. Pent. Marmor. Grobe Arbeit.

Erhalten sind noch Brust und Bauch eines *Mannes*, in Tunica und Toga, der die Linke gesenkt und die Rechte auf die Brust gelegt hat; das rechte Bein war wohl das Stützbein.

336 (64). Bruchstück eines Reliefs.

H. 0,26. B. 0,29. Pent. Marmor. Leidliche Arbeit.

Erhalten sind die Brust und die beiden Hände einer männlichen *Figur* (n. l.), in Mantel, welche die rechte Hand im Ellenbogen erhoben und gegen die Brust, die Linke über den Bauch gelegt hat; Kopf und Schulter waren besonders angesetzt (Loch mit Bleifüllung noch erhalten). Vor ihr ist die linke Hand und der Unterarm einer *Figur* sichtbar, in Vorderansicht, mit Gewandung.

337 (65). Bruchstück eines Grabreliefs.

H. 0,26. B. 0,20. Pent. Marmor. Rohe Arbeit. Verwittert.

Erhalten ist ein Stück der rechten Einfassung nebst dem Oberkörper (vom Hals bis zum Nabel) einer *Frau* (n. l.), in gegürtetem Chiton und Mantel.

338 (66). Bruchstück einer Ehrentafel.

H. 0,24. B. 0,26. Pent. Marmor. Ringsum weggebrochen.

Erhalten sind drei Olivenkränze und ein vierter Kranz rechts oben in Flachrelief mit Inschriften in ihnen (a) und zwischen ihnen (b):

Rest eines Kranzes.	Rest eines Kranzes.
b. ΠΑΙΔΑΣΣΤΑΔΙΟΝ	b. ΠΑΙΔΑΣ . . . .
a. ΧΑΡΙ ΤΗΣΙΑ ΕΝΟΡ ΧΟΜ]ΕΝΩ	a. ΤΟ . . . .

Zu den *Χαριτήσια* cf. CJGr. 1583 ff.

339 (67). Sturz einer weiblichen Figur.

H. 0,60. Pent. Marmor. Gewöhnliche Arbeit. Ringsum bestossen.

Es fehlen der Kopf und die Brust mit beiden Armen. — Die Figur, mit rechtem Spielbein, ist mit dem Chiton poderes und Mantel bekleidet, der die rechte Schulter nebst Brust freiliess und um die Hüften gegürtet ist.

340 (68). Bruchstück eines (Grab?-)reliefs.

H. 0,26. B. 0,30. Pent. Marmor. Leidliche Arbeit.

Erhalten ist von einer in Vorderansicht stehenden *Figur* (in Chiton und Mantel) ein Theil des Bauches, auf dem die übereinandergelegten Hände sichtbar sind.

341. 342 (69. 70). Zwei Bruchstücke eines Frieses.

H. 0,46. D. 0,24. Pent. Marmor. Oben ausladendes Gesims Athen.

341 (69). B. 1,24. Oberfläche stark mitgenommen. Rechts und links Stossfläche.

Nach links gehen eilig *fünf Jünglinge*, einer hinter dem anderen, mit mächtigen Schulterflügeln ausgestattet; jeder setzt den rechten Fuss vor und hebt den linken Fuss; in der Linken trägt jeder in Brusthöhe eine Schale. Die rechte Hand ist bei jedem vorgestreckt: in ihr trägt der *erste* und der *vierte* Jüngling je ein Thymiaterion, die anderen *drei* je eine Oenochoe. Um den Kopf scheinen sie bekränzt gewesen zu sein — wenigstens dünkt mich beim vierten Jüngling die Spur eines Kranzes erhalten.

342 (70). B. 0,78. Oberfläche sehr zerstört. Links weggebrochen; rechts Stossfläche.

Erhalten sind noch *vier Jünglinge*, geflügelt und in derselben Stellung sowie Handlung als die obigen: sie eilen n. l. und tragen in der Linken je eine Schale; in der anderen Hand trägt der *dritte* ein Thymiaterion, der *zweite* und *vierte* je eine Oenochoe, während vom ersten Jüngling der rechte Arm (nebst Brust Gesicht Unterkörper und rechtem Bein) fehlt.

Vgl. Bursian Ber. der Sächs. Ges. 1860 S. 197.

343 (71). Einhenkelige Grabvase.

H. 0,65. U. 1,08. Fig. 0,22. Pent. Marmor. Geringe Arbeit.

Es fehlen der Obertheil des Halses mit der Mündung und der Fuss. Am Hals sind Spuren der aufgemalten Palmettenverzierung erhalten. — Auf dem Bauch die folgende Darstellung, in Flachrelief, auf einem Basisstreifen, oben durch eine eingeritzte Linie begrenzt: auf einem Lehnstuhl (mit Decke und Fussbank) sitzt n. r. ein bärtiger *Mann* (Ἁγίας), in Mantel, die Linke auf dem Schoosse; die Rechte reicht er der vor ihm stehenden *Frau* (Ἡγησώ), in Chiton und Mantel, mit linkem Spielbein, welche die dargebotene Hand mit der Rechten ergreift, während ihre linke Hand, über deren Unterarm der eine Mantelzipfel herabfällt, am Bauch liegt. Hinter ihr steht eine ältliche *Frau*, n. l. und mit linkem Spielbein, in Chiton und Mantel, der das Hinterhaupt verhüllt; sie hat den linken Unterarm über den Bauch gelegt und stützt den rechten Ellenbogen auf die linke Hand, während ihre Rechte ein Ende ihres Mantels über die Schulter zieht. Hinter dem sitzenden Manne steht n. r. ein bärtiger *Mann* (Ἡγήσανδρος), mit übergeschlagenem linkem Bein, in Mantel, der die rechte Schulter und Brustseite freilässt; er hat die rechte Hand in die Seite gesetzt und stützt die Linke unter dem Mantel auf einen (hinzuzudenkenden) Stab. Ueber den betreffenden Figuren die Inschriften:

ΗΓΗΣΑΔΡΣ ΑΓΙΑΣ ΗΓΗΣΩ

Vgl. Kum. 2935.

Unter dem Skeiron:

344 (72). Bruchstück eines Grabreliefs.

H. 0,31. B. 0,34. Pent. Marmor. Gewöhnliche Arbeit.

Erhalten sind noch Hals und Brust einer männlichen *Figur*, in Chiton und Mantel, welche die Rechte auf die Brust gelegt hat; die Linke war gesenkt.

345 (73). Grabstele.

H. 0,40. B. unten 0,31; oben 0,30. Pent. Marmor. Grobe Arbeit. Bestossen und unten weggebrochen.

Oben ein glatter Giebel mit Akroterien. Am Schaft ist von der Darstellung in Flachrelief noch der Oberkörper einer *Frau* erhalten (n. r.), in Chiton (mit genestelten kurzen Aermeln) und Mantel, der die rechte Seite freilässt: sie senkt das Haupt, dessen Locken auf den Nacken herabfallen, und hebt unter dem Mantel die linke Hand; die Rechte ist gesenkt.

346 (74). Bruchstück eines Reliefs.

H. 0,22, B. 0,32. Pent. Marmor. Leidliche Arbeit. Oberfläche angegriffen. Ringsum bestossen.

Erhalten ist der Oberkörper einer (männlichen?) *Figur*, n. r. gewandt, in Chiton, um den Hals die flatternde Chlamys geknüpft; der linke (fehlende) Arm war vorgestreckt; die zurückgestreckte Rechte greift nach den belaubten Zweigen eines Olivenbaums. Die Figur scheint zu reiten?

347 (75). Sturz einer männlichen Figur.

H. 0,17. Pent. Marmor. Grobe Arbeit.

Erhalten sind noch die beiden nackten dicht nebeneinander gesetzten Beine (bis zur Scham) einer stehenden männlichen Figur, zu deren Linken der Mantel bis zur Erde herabfällt; hinten ist die Statue nicht ausgearbeitet.

348 (76). Bruchstück eines Reliefs.

H. 0,27. B. 0,20. Pent. Marmor. Ringsum weggebrochen. Bestossen und verwittert.

Erhalten ist der Oberkörper (bis zum Nabel) einer *Frau* (n. l.), in Doppelchiton; der Kopf ist geneigt, die Arme gesenkt.

349 (77). Bruchstück eines Reliefs.

H. 0,27. B. 0,18. Pent. Marmor. Ringsum weggebrochen. Oberfläche verwittert und bestossen.

Erhalten ist der Oberkörper (vom Nabel bis zum Kopfansatz) eines *Jünglings*, in Vorderansicht, um den Hals die auf der rechten Schulter geknüpfte Chlamys. Hinter ihm der Rest eines Pfeilers?

350 (78). Bruchstück eines Ehrendecrets.

H. 0,40. B. 0,31. Pent. Marmor. Athen.

Es fehlen die rechte Hälfte und der ganze untere Theil Erhalten ist noch auf Gesims die Hälfte eines hohen Giebels mit den Akroterien (auf der Spitze und der Ecke), auf denen in Flachrelief Palmetten angebracht sind; im Giebelfeld ein Schildrund. Links vom Giebel in der Ecke des Reliefs findet sich ein Olivenkranz mit der Inschrift (in reich mit Häkchen verzierten Buchstaben spät römischer Zeit):

ΚΛΕΙΔΑ
ΜΟΝ
ΛΑΜ
ΠΤ ÞΕΑ

Von der Inschrift am Schaft ist noch erhalten:

. . . . . ΟΔΟΝΠ . . . . .

Gefunden den 20. Juni in der Hermesstrasse (im Hause von Pittakis).

Vgl. Eph. Arch. I, 3532.

351 (79). Dreigestaltige Hekate.

H. 0,35. Archaistisch. Oben und unten weggebrochen. Oberfläche ganz zerstört.

Die drei Frauengestalten, die sich gegenseitig die Hände geben und n. l. gehen, sind je in einen gegürteten Doppelchiton, dessen Ueberwurfsfalten schwalbenschwanzartig herabfallen, und in einen Mantel gekleidet.

352 (80). Bruchstück eines weiblichen Sturzes.

H. 0,32. Pent. Marmor. Gewöhnliche Arbeit.

Erhalten sind die linke Brust nebst Schulter und gesenktem Oberarm und ein Stück der rechten Schulter (am Hals): der Rücken ist grösstentheils weggebrochen; die Figur war mit Chiton und Mantel versehen.

353 (81). Bruchstück eines (Grab-?)reliefs.

H. 0,39. B. 0,25. Pent. Marmor. Grobe Arbeit. Viel bestossen.

Erhalten ist die linke untere Ecke mit dem Unterkörper (bis zu den Hüften) einer *Frau* (n. r.), in Schuhen Chiton und Mantel, mit rechtem Spielbein. Hinter ihr steht eine 0,16 hohe Amphora (deren linker Henkel fast ganz fortgerieben ist).

354 (82). Bruchstück eines Reliefs.

H. 0,40. B. 0,19. Pent. Marmor. Leidlich gute Arbeit. Ringsum bestossen und die Oberfläche sehr angegriffen.

Erhalten ist der Oberkörper (vom Hals bis zu den Hüften) eines in Vorderansicht stehenden *Jünglings:* der rechte Arm (vom Deltoides an verloren) war gesenkt; der linke Arm mit Brust und Schulter ist weggebrochen. Der linke Fuss war vorgesetzt (wie der erhaltene Theil des Oberschenkels zeigt).

355 (83). Bruchstück einer weiblichen Figur.

H. 0,71. Pent. Marmor. Geringe Arbeit. Bestossen.

Es fehlen der Kopf (der besonders angesetzt war), der linke Unterarm und beide Füsse. — Die Figur, mit linkem Spielbein, ist mit einem feinen Leinenchiton und einem Mantel bekleidet, dessen Zipfel über dem im Ellenbogen vorgestreckten linken Arm herabfallen; unter dem Mantel liegt die rechte Hand auf der Brust.

356 (84). Bruchstück eines kolossalen Frauenkopfes.

H. 0,25. Pent. Marmor. Leidlich gute Arbeit.

Erhalten ist noch die Stirn mit dem nach beiden Seiten gescheitelten vorn in einen Wulst gedrehten Haar, den beiden Augen, der rechten Wange und der (zerstossenen) Nase.

357 (85). Kopf des bärtigen Bacchos.

H. 0, 24. Pent. Marmor. Leidliche Arbeit.

Es fehlen die Nase, die Lippen, der linke Theil des Barts und die Haare über der Stirn; die Augen waren eingesetzt. — Um das in Locken hinter den Ohren herabfallende Haar liegt eine breite Tänie mit dichter Blattbekrönung. Der sehr platte Oberkopf hat in der Mitte ein Loch — zum Einsetzen eines Bronzekranzes?

358 (86). Bruchstück eines Grabreliefs.

H. 0,48. B. 0,44. Pent. Marmor. Arbeit guter Zeit. Ringsum weggebrochen.

Erhalten ist noch eine auf einem Stuhl (mit Decke) n. l. sitzende *Frau*, in Chiton und weitem Mantel, die den linken Arm auf den Schooss legt; Kopf, Hals, Schultern, linke Brust, Füsse und rechtes Knie fehlen.

359 (87). Bruchstück eines Reliefs.

H. 0,30. B. 0,32. Pent. Marmor. Geringe Arbeit. Ringsum weggebrochen. Sehr hohes (ungefähr 0,20) Relief.

Erhalten ist noch die Schnauze und ein Theil des Kopfes von einem n. r. gewandten *Löwen*. Vor ihm ist ein Stück Körper (? nicht mehr bestimmbar) sichtbar.

360 (88). Bruchstück einer männlichen Figur.

H. 0,24. Pent. Marmor. Geringe Arbeit.

Erhalten ist noch der Oberkörper (vom Hals bis zum Ensiformis) eines *Mannes*, in Chiton und Mantel: die rechte Hand liegt auf der Brust; der linke Arm (der bis zum Ellenbogen erhalten ist) war gesenkt.

361 (89). Bruchstück einer weiblichen Figur.

H. 0,28. Pent. Marmor. Geringe Arbeit. Sehr zerstossen.

Erhalten sind Schultern Oberarme und Brust, ganz in den Mantel gewickelt (der auch wohl das Hintertheil des gesenkten Kopfes verhüllte).

362 (90). Bruchstück eines Reliefs.

H. 0,26. B. 0,21. Pent. Marmor. Sehr verwittert.

Erhalten ist noch der Oberkörper (von der Brust bis zu den Schenkeln) einer n. l. sitzenden *Frau*, in Chiton und Mantel: der linke Unterarm liegt auf dem Bauch; den rechten Arm scheint sie erhoben zu haben. Hinten vier Löcher (zum Befestigen der Platte?).

363 (91). Bruchstück eines Reliefs.

H. 0,27. B. 0,18. Pent. Marmor. Geringe Arbeit. Ringsum weggebrochen.

Erhalten ist noch das vorgesetzte linke Bein nebst Falten

des zur Linken herabfallenden Mantels von einer männlichen *Figur*, die n. r. gewandt war; vor ihr ist ein Altar mit Ablauf und (Voluten?-)Bekrönung theilweise erhalten.

364 (92). Bruchstück eines Reliefs.

H. 0,47. B. 0,26. Pent. Marmor. Oben links und unten weggebrochen. Oberfläche leidlich erhalten. Nicht schlechte Arbeit.

Erhalten ist noch von einem n. r. laufenden *Knaben* (*Hymenaios?*) die linke Seite des Körpers von der Brust bis zum Knöchel: er ist um Brust und Bauch mit zwei sich kreuzenden Blumenschnüren (ὑποθυμιάδες) geschmückt und hält in der vorgestreckten Hand des linken Arms zwei Blumenschnüre.

365 (93). Bruchstück eines Grabreliefs.

H. 0,64. B. 0,41. Pent. Marmor. Rechts und links sowie oben weggebrochen. Verwittert.

Erhalten ist ein Theil der unteren breiten Einfassung mit dem Unterkörper (bis zur Brust) einer *Frau* (?), in Vorderansicht, mit linkem Spielbein, in Chiton poderes und Mantel: die rechte Hand liegt auf der Brust, der linke Arm ist gesenkt. Unten ein 0,13 hoher Zapfen (vgl. dazu no. 95 Anm.).

366 (94). Bruchstück eines (Fries- oder Sarkophag-)reliefs.

H. 0,38. B. 0,44. Pent. Marmor. Grobe Arbeit. Sehr zerstört.

Oben durch ein Kymation und einen verzierten Gesimsstreifen bekrönt. — Erhalten sind noch der Hals und (theilweise) der Kopf eines n. r. gewandten *Rosses* und ferner der rechte Unterarm (unter dessen nach oben geöffneter Hand noch ein Theil des bekleideten Körpers vorhanden ist) nebst einem nach oben gerichteten (weggebrochenen) Waffenstück von einer *Figur*, welche wohl rücklings vom Pferde sinkt oder gerissen wird: *Amazone?*

867 (95). Bruchstück eines männlichen Brustbildes in Medailloneinfassung.

Dm. ungefähr 0,60. Pent. Marmor. Grobe Arbeit.

Erhalten ist nur die rechte Brustseite mit Gewandung, in Vorderansicht.

868 (96). Bruchstück eines Reliefs.

H. 0,38. B. 0,24. Pent. Marmor. Sehr zerstossen. Links und oben weggebrochen.

Erhalten ist die untere rechte Seite mit dem Körper (bis zur Brust) eines *Mannes*, in Vorderansicht, mit linkem Spielbein, über dem linken im Ellenbogen gehobenen Arm die Chlamys, um die Brust ein Wehrgehänge.

869 (97). Sturz einer weiblichen Figur.

H. 0,44. Pent. Marmor. Gute Arbeit. Sehr bestossen und zerstört.

Erhalten ist noch der Oberkörper (vom Hals bis zu den Knieen) einer laufenden weiblichen *Figur*, in leichtem flatterndem C hiton, ein wenig n. l. gewandt; der linke Schenkel is vorgesetzt.

370 (98). Bruchstück eines (Fries?-)Reliefs.

H. 0,62. B. 1, 25. Pent. Marmor. Oberfläche sehr zerstört. Links weggebrochen. Unten und rechts bestossen.

Rechts stürzt ein *Stier*, von einem auf seinen Rücken gesprungenen *Greifen* gepackt, n. l. zur Erde. Dieselbe Gruppe wiederholte sich links, nur n. r. gewandt.

Im Thurm.

An der Wand zwischen den beiden Eingängen:

871 (99). Bruchstück eines Grabreliefs.

H. 0,19. B. 0,19. Pent. Marmor. Geringe Arbeit.

Erhalten ist ein Stück der rechten Einfassung mit dem Bauch und den Schenkeln eines *Mannes*, in Vorderansicht, mit linkem Spielbein, in Mantel: die Linke ist gesenkt; die Rechte lag auf der Brust.

872 (100). Relief eines sog. Todtenmahls.

H. 0,37. B. 0,22. Pent. Marmor. Geringe Arbeit. Links und oben weggebrochen.

Erhalten ist der rechte Theil der unteren Einfassung mit dem länglichen hohen Tisch vor der Kline, der mit Früchten und Brod besetzt ist; rechts ringelt sich eine Schlange empor. Hinter dem Tisch sind noch die Beine der n. r. auf der Kline sitzenden *Frau* sichtbar, in Chiton und Mantel; unter den Füssen eine Fussbank. Hinter der Frau steht der Mundschenk *Knabe*, in Vorderansicht, mit rechtem Stützbein: von ihm sind nur erhalten Theile des linken Beins und der Brust, der rechte erhobene Arm und die gesenkte linke Hand mit der Schale.

873 (101). Grabstele.

H, 0,48. B. 0,39. Weisser Marmor. Saubere gute Arbeit der alten strengen Kunst. Unten weggebrochen; sonst wohl erhalten. Abdera.

An drei Seiten von hohem mässig ausladendem Gesims umgeben; oben Fussrest einer Palmette (?). — Am Schaft ist Kopf und Hals eines n. r. gewandten *Jünglings* erhalten: um die in leichten Wellenlinien zierlich nach vorn- und herabgekämmten Haare, die in Löckchen enden, liegt eine schmale

Tänie; an ihr sind Löcher vorhanden zum Befestigen eines Bronzeschmucks (Kranz). Das Auge ist mandelförmig, das Ohr schmal und hochgestellt, die Lippen mit einem grinsenden Lächeln zusammengedrückt. Der Kopf hat vom Kinn bis zum Haaransatz 0,12 Höhe.

Früher auf der Bibliothek zu Athen befindlich (vgl. Conze Reise auf Lesbos S. 61, 1).

Abg. Schöne Gr. Reliefs Taf. 29, 123.

Vgl. Postolakka in der Zeitschrift Aion no. 1633 p. 4 (den 12. Juni 1858); Schöne a. O. S. 60.

374 (102). Votivrelief an Kybele.

H. 0,25. B. 0,14. Pent. Marmor. Rohe Arbeit. Zerstossen.

Es fehlen der Kopf und Theile des Tympanons, das die Göttin in der Linken hält; in der Rechten die Schale; in Chiton und Mantel.

375 (103). Bruchstück eines Reliefs.

H. 0,47. B. 0,36. Pent. Marmor. Arbeit der guten Zeit. Gebrochen; links und unten weggebrochen; rechts bestossen.

Oben mit einem Gesims bekrönt. — Erhalten sind noch vier männliche Figuren: ein *Jüngling*, in Vorderansicht, mit rechtem Spielbein, in Mantel (der die rechte Schulter und Brust freilässt), steht zwischen zwei Männern, die mit ihm sprechen; er senkt den Kopf ein wenig n. r. und legt die Linke (wie betheuernd) auf die Brust, während der rechte Unterarm über dem Bauch liegt. Rechts neben ihm steht n. l. ein *Jüngling*, mit rechtem Spielbein, in Mantel (der gleichfalls die rechte Schulter und Brust freilässt), der die Linke gesenkt hat. Links neben dem erstbeschriebenen Jüngling steht n. r. ein bärtiger *Mann*, mit linkem Spielbein, in den Mantel gewickelt, unter dem die Rechte über der Brust liegt. Links von diesen dreien ist noch eine vierte männliche *Figur* (n. l.) erhalten, mit linkem Spielbein, in Mantel, der die linke Schulter nebst Arm Rücken und Unterkörper bedeckt; die

Linke mit einem Zipfel des Mantels liegt auf dem Rücken; sein Gesicht ist weggebrochen, doch sind noch Spuren des Bartes vorhanden.

376 (104). Grabstele.

H. 0,33. B. 0,33. Pent. Marmor. Unten weggebrochen.

Erhalten sind noch der flache Giebel mit Akroterien und — am Schaft von der eingerahmten Darstellung — der Kopf und die Brust eines *Jünglings* (n. l.), der in der im Ellenbogen erhobenen Linken (den Deckel eines Kastens gefasst hält, den er in der Rechten trägt?)

377 (105). Grabrelief.

H. 0,74. B. unteu 0,38; oben 0,36. Fig. ungefähr 0,36: Pent. Marmor. Leidliche Arbeit. Unten wegdebrochen.

Oben auf Gesims ein Giebel mit Akroterien. — Am Schaft in (einer eingefassten Vertiefung) sitzt links auf einem Lehnstuhl (mit Kissen) n. r. ein bärtiger *Mann* (Σωσιφάνης), mit mürrischem Ausdruck, in Chiton und Mantel: er legt die Linke auf den Schooss und reicht die Rechte seinem vor ihm stehenden unbärtigen *Sohne* (Σωφάνης), der die dargebotene Hand mit der Rechten ergreift und die Linke auf die Brust gelegt hat; er ist in kurzem gegürtetem Chiton und um den Hals geknüpftem lang über den Rücken herabfallendem Mantel. Oben die Inschriften:

ΣΩΣΙΦΆΝΗΣ	ΣΩΦΆΝΗΣ
ΣΩΣΙΚΛΕΟΥΣ	ΣΩΣΙΦΑΝΟΥΣ

378 (106). Grabrelief.

H. 0,51. B. unten 0,30; oben 0,28. Pent. Marmor. Grobe Arbeit. Theilweise verwittert.

Oben ein Gesims mit zwei Löchern (vgl. dazu no. 47 Anm). — Auf einer Kline (mit Kissen und gedrechselten Füssen) liegt auf den linken Ellenbogen gestützt ein bärtiger *Mann* (Εὐφρόσυνος), in langem Chiton; er stützt den Kopf auf die linke Hand und senkt die rechte nach vorn. Vor ihm steht ein kleiner runder Tisch (auf drei Löwenbeinen), mit Früchten und Brod. Daneben steht rechts ein wenig tiefer ein *Knabe*, in Vorderansicht, mit rechtem Spielbein, in kurzem Chiton; er hebt die Rechte mit einer Schale (oder einem Glase) und den Kopf n. l. zum Manne empor und hat in der gesenkten Linken eine Oenochoe. Am Fussende der Kline sitzt links eine *Frau* (n. r.), das Gesicht in Vorderansicht, in Chiton und Mantel; unter den Füssen eine Fussbank; sie legt die Rechte an den Sitz, während sie die Linke gegen den Hinterkopf hebt. Unten die Inschrift (in den schlechtesten Buchstaben):

ЄΥΦΡΟϹΥ
ΝЄΧΡΗ [Rasur]
ϹΤЄΧΑΙΡЄ

379 (107). Taurobolien-Altar des Archeleos an Attis und Rhea.

H. 0,37. B. 0,45. T. 0,37. Pent. Marmor. Grobe Arbeit. Hier und da bestossen. Attika.

Oben fehlen die vier an den Ecken liegenden 0,16 langen Löwen, die alle nach vornhin gerichtet waren: in der Mitte zwischen ihnen ist ein runder (Dm. 0,12) Marmorstumpf erhalten (dessen Bedeutung nicht zu bestimmen ist: etwa Rest einer Figur?) Oben und unten ringsum eine Einfassungsleiste.

I. An der *Vorderseite* die folgende Inschrift:

ΟΠΡΟΓΟΝΟΙCΕΦΑΜΙΛΛΟCΟΤΗΝΜΕΓΑΛΗΝΠΛΕΟΝΑΥΞΩΝ
ΑΡΧΕΛΕΩCΓΕΝΕΗΝΠΡΑΞΕCΙΤΑΙCΙΔΙΑΙC
ΑΝΤΙΔΟCΙΝΤΕΛΕΤΗCΤ[Η]CΤΑΥΡΟΒΟΛΟΥΧΑΡΙΝΕΓΝΩ
ΒΩΜΟΝΑΝΑCΤΗCΑCΑΤΤΕΩΗΔΕΡΕΗC
ΟΥΤΟCΚΕΚΡΟΠΙΗΝΑΥΧΕΙΠΟΛΙΝΟΥΤΟCΕΝΑΡΓΕΙ
ΝΑΙΕΤΑΕΙΒΙΟΤΟΝΜΥCΤΙΚΟΝΕΥΔΙΑΓΩΝ
ΑΥΤΟΘΙΓΑΡΚΛΕΙΔΟΥΧΟCΕΦΥΒΑCΙΛΗΙΔΟCΗΡΗC
ΕΝΛΕΡΝΗΛΕΛΑΧΕΝΜΥCΤΙΠΟΛΟΥCΔΑΙΔΑC

ΔΑΔΟΥΧΟCΜΕΚΟΡΗCΒΑCΙΛΑΝΔΙΟCΙΕΡΑCΗΚΩΝ
ΗΡΑCΚΛΕΙΘΡΑΦΕΡΩΝΒΩΜΟΝΕΘΗΚΕΡΕΗ
ΑΡΧΕΛΕΩCΤΕΛΕΤΗCΟΥΝΘΗΜΑΤΑΚΡΥΠΤΑΧΑΡΑΞΑC
ΤΑΥΡΟΒΟΛΟΥΠΡΩΤΟΝΔΕΥΡΟΤΕΛΕΙΟΜΕΝΗC

Ὁ προγόνοις ἐφάμιλλος, ὁ τὴν μεγάλην πλέον αὔξων
Ἀρχέλεως γενεὴν πράξεσι ταῖς ἰδίαις,
Ἀντίδοσιν τελετῆς τ(ῆ)ς Ταυροβόλου χάριν ἔγνω,
Βωμὸν ἀναστήσας Ἄττεω ἠδὲ Ῥέης.
Οὗτος Κεκροπίην αὔχει πόλιν, οὗτος ἐν Ἄργει
Ναιετάει, βίοτον μυστικὸν εὖ διάγων·
Αὐτόθι γὰρ κλειδοῦχος ἔφυ βασιληΐδος Ἥρης
Ἐν Λέρνῃ λέλαχεν*) μυστιπόλους δαΐδας.

Δ(α)δοῦχός με Κόρης βασιλᾶν (?) Διός**), ἱερὰ σηκῶν
Ἥρας κλεῖθρα φέρων βωμὸν ἔθηκε Ῥέῃ
Αρχέλειως, τελετῆς οὖν***) θήματα κρυπτὰ χαράξας
Ταυροβόλου πρῶτον δεῦρο τελειομένης.

II. Auf der *Rückseite* sind zwei diagonal gekreuzte brennende Fackeln angebracht; in dem dadurch gebildeten oberen dreieckigen Felde finden sich eine Oenochoe und eine Pfanne (Patella), im unteren ein Tympanon und ein Pedum. Rechts und links je ein Palmenbaum.

III. *Rechte Nebenseite.*

In der Mitte thronen die zwei Göttinnen *Demeter* und *Kybele*, in Vorderansicht: jene (links), in Schuhen gegürtetem Chiton und Mantel, der das Hinterhaupt verhüllt, hält die Rechte im Schooss und in der erhobenen Linken eine brennende Fackel, die auf dem linken Schenkel aufruht und um deren Schaft sich eine Schlange emporringelt; diese (rechts), in Schuhen gegürtetem Chiton und unterwärts bemäntelt, auf dem Haupt die Mauerkrone, auf der Brust zwei lange Haarlocken, hält die Rechte mit einer Schale auf dem Schooss und in der im Ellenbogen erhobenen Linken ein Tympanon (sic). Links

---

*) *δ' ἔλαχεν* Kumanudis; Keil.

**) Nach G. Wolff's gewiss richtiger Bemerkung (a. O.) ist zu lesen: *Κόρης, βασιληΐδος ἱερὰ κτλ.*

***) *συνθήματα* Kumanudis; Keil.

steht ein *Mann* (*Archeleos*)*), in Vorderansicht, mit rechtem Spielbein, das Gesicht n. r. gewandt, in kurzem Chiton und um den Hals geknüpftem Mantel, der lang über den Rücken herabfällt; er hält in jeder Hand eine brennende Fackel über der Brust n. r. empor. Rechts steht eine *Frau* (*Kore*), in Vorderansicht, mit rechtem Spielbein, in gegürtetem Chiton poderes und Mantel, der die rechte Schulter und Brust freilässt; sie hält in jeder Hand eine lange Fackel umgekehrt**) zur Erde. Oben eine Blumenschnur, von drei Bukranien gehalten, mit herabhängenden Tänienenden und je einem Hängeleuchter***), der mit drei Bändern befestigt ist.

IV. *Linke Nebenseite.*

Rechts und links je ein Palmenbaum mit Früchten: an dem Baum links hängt eine Syrinx und ist ein Tympanon angelehnt; am anderen hängen zwei Cymbeln. Zwischen beiden Bäumen ist oben baldachinartig eine Decke aufgespannt. Darunter sitzt auf einem Thron *Kybele*, in Vorderansicht, in gegürtetem Chiton und Mantel, der die linke Schulter und den Unterkörper bedeckt, auf dem Kopfe (das Gesicht ist weggestossen) die Mauerkrone, auf der Brust zwei herabfallende Haarlocken. Die Göttin hält in der im Ellenbogen erhobenen Linken ein Tympanon und legt die Rechte auf die linke Schulter des links neben ihr stehenden *Attis*, der die rechte Hand auf das umgekehrt zur Erde gesetzte Pedum stützt (und die Linke in die Seite gesetzt hat?); er ist†) in Schuhen kurzem langärmeligem Chiton und um den Hals geknüpftem Mantel, der über den Rücken und linken Arm herabfällt, und

---

*) Nach Jahn a. O. dagegen *Bacchos* ὁ τὴν Λέρνην κατέχων (Liban. Or. XIV. Reiske I p. 427); vgl. auch Orelli-Henzen Inscr. Lat. 2361; u. a. m.

**) Conze erinnert an die ganz ähnliche Figur auf athenischen Münzen (Beulé p. 198).

***) Vgl. dazu Conze Arch. Anz. 1867 S. 10 ff.

†) Gewiss auch behoset — doch lässt sich dies aus der verwaschenen Oberfläche des Reliefs nicht mehr mit Bestimmtheit behaupten.

hat auf dem Kopfe die phrygische Mütze. Rechts neben Kybele liegt n. r. ein Löwe, den Kopf zu ihr umwendend.

Gefunden „auf dem Wege von Athen nach dem Pentelikon *unweit Chalandri* gegen den Brilessos hin, eine Viertelstunde südlich von Marusi (Gerhard Arch. Ztg. 1852 S. 421)"; vgl. dazu Conze Arch. Anz. 1867 S. 11.

Abg. Arch. Ztg. 1852 Taf. 38, 2 (III) und 3 (II) [flüchtig und schlecht] und *gut alle vier Seiten* ebd. 1863 Taf. 176. 177.

Vgl. Gerhard Arch. Ztg. 1852 S. 421 f; Kumanudis Philistor III p. 454 s; Keil Philol. Suppl. II (1863) S. 588 ss; Conze Arch. Ztg. 1863 S. 73 ff und S. 104, 21; Gerhard ebd. S. 78 ff; Jahn ebd. 1864 S. 132 f; G. Wolff Rh. Mus. für Phil. XIX S. 301; Henzen Bull. dell' Inst. 1867 p. 175 s.

380 (108). Taurobolien-Altar des Musonios aus dem J. 387 n. Chr.

H. 0,37. B. 0,40. T. 0,36 Pent. Marmor. Sehr grobe Arbeit. Oberfläche hier und da bestossen. Attika.

Oben fehlen die vier an den Ecken liegenden 0,15 langen Löwen, die alle nach vornhin gerichtet waren: in der Mitte zwischen ihnen findet sich ein 0,07 tiefes Loch (Dm. 0,12) — zum Einlassen eines Weihgeschenks (vgl. no. 379)? oder zur Spende? Ringsum Ablauf und Gesims.

I. Auf der *Vorderseite* die folgende Inschrift:

ΜΕΤΑΤΗΝΥΠΑΤ[Ο]ΝΩΡΙΟΥΚΑΙ
ΕΥΟΔΙΟΥΠΡΟΕΞΚΑΛ'ΙΟΥΝΙΩΝ
ΑΡΧΕΡΜΟΓΕΝΟΥCΕΤΕΛΕCΘΗ
ΤΑΥΡΟΒΟΛΙΟΝΕΝΑΘΗΝΑΙCΟ
ΠΕΡΠΑΡΑΛΑΒΩΝΜΟΥCΩΝΙΟC
ΟΛΑΜΤΗCΤΕΛΕΤΗCΤΟCΥΝ
ΘΗΜΑΤΟΝΒΩΜΟΝΑΝΑΙ
ΘΗΚΑ

Μετὰ τὴν ὑπάτ(ειαν) Ὀνωρίου καὶ Εὐοδίου πρὸ ἕξ Καλ(ανδῶν) Ἰουνίων Ἄρχ(οντος) Ἑρμογένους ἐτελέσθη ταυροβόλιον ἐν Ἀθήναις, ὅπερ παραλαβὼν Μουσώνιος ὁ λαμ(πρότατος) τῆς τελετῆς τὸ σύνθημα τὸν βωμὸν ἀνέθηκα — 386 n. Chr.

II. Auf der *Hinterseite* sind zwei diagonal gekreuzte brennende Fackeln angebracht: in dem dadurch gebildeten oberen dreieckigen Felde finden sich eine geriffelte Oenochoe und eine Pfanne (Patella), im unteren ein Tympanon und ein Pedum. Rechts und links je ein Palmenbaum mit Früchten.

III. *Rechte Nebenseite.* Oben bestossen.

In der Mitte thronen die zwei Göttinnen *Demeter* und *Kybele*, in Vorderansicht: jene (links), in Schuhen Chiton und Mantel, der das Hinterhaupt verhüllt, hält die Rechte mit Aehren (?) auf dem Schooss und in der erhobenen Linken eine brennende Fackel, die auf dem linken Schenkel aufruht und um die sich eine Schlange emporringelt; diese (rechts), in Schuhen gegürtetem Chiton und unterwärts bemäntelt, auf dem Kopf die Mauerkrone, auf der Brust zwei herabfallende Haarlocken, hält die Rechte mit der Schale auf dem Schooss und in der im Ellenbogen gehobenen linken Hand*) das Tympanon. Zwischen beiden liegt der *Löwe*, in Vorderansicht. Links steht ein *Mann* (*Musonios*), in Vorderansicht, mit linkem Spielbein, das Gesicht n. r. gewandt, in kurzem gegürtetem Chiton Hosen und um den Hals geknüpfter Chlamys, die über den Rücken herabfällt; er hält in jeder Hand eine brennende Fackel über der Brust n. r. empor; sein Kopf ist weggestossen. Rechts steht auf einer Basis eine *Frau* (*Kore*), in Vorderansicht, in Schuhen gegürtetem Chiton und Mantel, der

*) Unter dieser Hand ist der Fuss des Throns sichtbar.

die rechte Schulter und Brust freilässt; sie neigt ein wenig den Kopf n. l. und hält in den gesenkten Händen je eine lange brennende Fackel umgekehrt zur Erde*). Oben eine Fruchtschnur, von drei Bukranien gehalten, mit zwei kleinen Hängeleuchtern**), die mit drei Bändern an je einem Feston herabhängen.

IV. *Linke Nebenseite.*

Rechts und links je ein Palmenbaum mit Früchten: an dem links hängt eine Syrinx, am anderen hängen Cymbeln. Zwischen beiden Bäumen ist oben baldachinartig eine Decke aufgespannt. Darunter sitzt auf einem Thron (mit Fussbank) *Kybele*, in Vorderansicht, in Aermelchiton und unterwärts bemäntelt, auf dem Kopf die Mauerkrone, auf der Brust zwei herabfallende Haarlocken; sie hält in der im Ellenbogen erhobenen Linken das Tympanon und legt die Rechte auf die linke Schulter des links neben ihr stehenden *Attis*, welcher, in Vorderansicht, mit rechtem Spielbein, den Kopf zur Göttin wendet und die Linke in die Seite setzt, während die gesenkte rechte Hand sich auf ein Tympanon und das umgekehrt auf die Erde aufgesetzte Pedum aufstützt. Er ist in Schuhen kurzem langärmeligem Chiton und um den Hals geknüpfter Chlamys, die über den Rücken und linken Arm herabfällt; auf dem Kopf hat er die phrygische Mütze. Rechts neben Kybele liegt n. r. am Boden der *Löwe*, zur Göttin umblickend

Gef. bei Chalandri; vgl. die Fundnotiz zu no. 379.

Vgl. Eustratiadis in der Palingenesia vom 27. August 1866; Heuzen Bull. dell' Inst. 1867 p. 174 ss; Conze Arch. Anz. 1867 p. 9 ff.

*) Vgl. dazu no. 379 S. 143***).

**) Vgl dazu Conze Arch. Anz. 1867 S. 10 f.

An den übrigen Wänden
(von *Osten* beginnend):

381 (109)*). Bruchstück eines Reliefs.

H. 0,31. B. 0,36. Pent. Marmor. Geringe Arbeit. Ringsum bestossen.

Erhalten ist noch der Oberkörper (vom Hals bis zum Nabel) eines *Jünglings*, in Vorderansicht, um den Hals die Chlamys geknüpft, welche um den linken Arm gewickelt herunterfällt; die Arme sind gesenkt.

382 (110)**). Bruchstück einer Büste.

H. 0,19. Pent. Marmor.

Es fehlen der Kopf und die Basis der Büste, die völlig mit einem Gewand bedeckt ist.

383 (111). Bruchstück eines männlichen Sturzes.

H. 0,40. Pent. Marmor. Leidlich gute Arbeit. Verwittert.

Erhalten sind noch die breite Brust, die rechte Schulter und der Halsansatz eines Mannes, mit Mantel, der über der linken Schulter und um den Unterleib liegt. Sehr realistisch gehalten (z. B. die Hautfalten am Halse).

384 (112). Grabrelief.

H. 0,82. B. unten 0,41; oben 0,38. Fig. 0,30. Geringe Arbeit. Oben weggebrochen; die Köpfe fehlen.

Erhalten ist der Schaft, auf dem in einem vertieften Raum die Darstellung angebracht ist; dieselbe ist rechts und links von je einer Ante begrenzt, die einen Bogen tragen, der durch

*) Mit verschiedenen Inschriftsteinen in einem Rahmen (I).
**) No 382 (110)—385 (113) in einem Rahmen (II).

Leisten rechtwinkelig eingefasst ist; in den Zwickeln je eine Rosette. — Eine *Frau*, in Chiton poderes und Mantel, der die rechte Schulter nebst Arm freilässt, das Haar in einen Zopf zusammengebunden, sitzt n. r. auf einem Stuhl (mit Kissen und Fussbank): auf ihrem Schooss sitzt ein *Kind* (wohl Knabe), in Vorderansicht, in Chiton und Mantel, das sie mit beiden um den Leib geschlungenen Armen festhält; das Kind senkt die linke Hand, während seine rechte zum Kinn der Mutter erhoben ist, nach der es auch den Kopf wendet; sie senkt das Haupt ein wenig. Oben Rest der Inschrift (die Buchstaben reich mit Häkchen verziert) erhalten:

ἡ δεῖνα τοῦ δεῖνα] ΜΙΛΗΣΙΑ

Vgl. Pervanoglu Grabst. S. 53, 24; Kum. 2260.

385 (113). Bruchstück eines Psephisma.

H. 0,26. B. 0,20. Pent. Marmor. Arbeit guter Zeit. Oben unten und rechts weggebrochen.

Erhalten ist noch ein Stückchen der linken Seite mit den Füssen eines n. r. gewandten *Mannes*, in Mantel, mit rechtem Spielbein. Darunter der Anfang der Inschrift:

Α Λ Ε [. . . . .
Π]ΟΛΥΠ[. . . . . .
. .]ΟΞ[. . . . .

386 (114)*). Bruchstück eines (Votiv?-)Reliefs.

H. 0,32. B. 0,54. Pent. Marmor. Vielfach bestossen

Erhalten ist die rechte untere Ecke (mit der Einfassung): links neben einem auf einer reichgegliederten Basis befindlichen Untertheil einer Seule sind die Beine einer n. l. gewandten (wohl männlichen) *Figur* vorhanden, in Mantel und hochgeschnürten Sandalen; der linke Fuss ist zurückgesetzt.

---

*) No. 386 (114) — 391 (119) in einem Rahmen (III). Im folgenden Rahmen (IV) sind nur Inschriftsteine enthalten.

Vor ihr ist die linke Seite eines auf dreistufiger Basis stehenden Altars (mit Ablauf und Gesims), um den sich eine Schlange ringelt (? oder eine Guirlande gewunden ist). Neben dem Altar ist der Untertheil eines Fackelschaftes sichtbar, den vielleicht die Figur hielt.

387 (115). Bruchstück eines Grabreliefs.

H. 0,41. B. 0,66. Pent. Marmor. Feine Arbeit archaischen Styls*). Oben und unten weggebrochen.

Nach innen ein wenig ausgehöhlt, um das Flachrelief dadurch zu heben. — Erhalten ist noch links der obere Theil (von den Brüsten bis zu den Knieen) einer n. r. sitzenden *Frau*, in feinem Leinenchiton (mit Aermeln), dessen Falten in zierlichen Wellenlinien herabgehen, und in Mantel, dessen einer Zipfel dicht unter den Brüsten über die rechte Schulter nach hinten geworfen ist, während die Frau den anderen Zipfel mit der im Ellenbogen erhobenen linken Hand emporhebt; um die Arme Armbänder. Der rechte Arm ist gleichfalls im Ellenbogen erhoben; seine Hand ist gezwungen — wenn nicht im Handgelenk falsch — gestellt, indem man das Innere sieht und der Zeigefinger auf den Daumen gedrückt ist, während die anderen weggebrochenen Finger erhoben gewesen sind: ob dies nur eine zierliche Bewegung der Hand ist oder ob die Hand etwas nehmen wollte, was die vor der Frau stehende weibliche *Figur* ihr in der (weggebrochenen) rechten Hand reichte, ist nicht zu bestimmen. Diese zweite Frau (vom Hals bis zu den Schenkeln erhalten) ist gleichfalls in feinem weitärmeligem Chiton und in enganliegendem Mantel, der die linke Brust bedeckt; sechs lange Locken fallen über die linke Schulter herab. Mit der im Ellenbogen erhobenen linken Hand zieht sie den Mantel empor und streckt den rechten Arm vor, ihn im Ellenbogen hebend.

Die Umrisse der Formen sind scharf charakterisirt (z. B. die spitzen Brüste und die spitzigen Ellenbogen).

---

*) Schöne erinnert mit Recht an das bekannte sog. Leukothearelief der Villa Albani.

Abg. Schöne Gr. Reliefs Taf. 29, 122.

Vgl. Bursian Ber. der Sächs. Ges. der Wiss. 1860 S. 196; Trendelenburg Bull. dell' Inst. 1872 p. 98; Schöne a. O. S. 60.

388 (116). Bruchstück eines sog. Todtenmahls (?).

H. 0,24. B. 0,08. Pent. Marmor. Verwittert. Ringsum weggebrochen.

Erhalten ist noch eine n. r. gewandte *Frau* (ohne Kopf), in Chiton und Mantel, welche die Rechte erhebt und die Linke senkt; neben ihr steht n. r. ein *Kind*, in Mantel, unter dem es die Rechte erhebt.

389 (117). Bruchstück eines Grabreliefs.

H. 0,32. B. 0,35. Pent. Marmor. Leidliche Arbeit. Oberfläche stark beschädigt. Ringsum weggebrochen.

Noch sichtbar sind die Spuren des Kopfes und die über der Brust n. r. erhobene rechte Hand*) einer *Figur*, in Vorderansicht: daneben rechts die Spuren des Kopfes und Halses einer zweiten *Figur*, auf deren linker Schulter die (um den Nacken gelegte) linke Hand der ersten Figur liegt; beide sind in Chiton.

390 (118). Bruchstück eines Grabreliefs.

H. 0,32. B. 0,19. Pent. Marmor. Ggeringe Arbeit. Verwaschen.

Erhalten ist noch ein Stück der oberen Bogeneinfassung mit dem Oberkörper einer n. l. stehenden männlichen *Figur*, in Chiton und Mantel, die rechte Hand auf der Brust, die Linke gesenkt.

---

*) Um die andere Figur zu umarmen.

391 (119). Bruchstück eines Reliefs.

H. 0,30. B. 0,27. Pent. Marmor. Geringe Arbeit. Oberfläche bestossen. Oben und an den beiden Seiten weggebrochen.

Erhalten sind noch die Füsse und Beine eines n. l. hineilenden *Knaben;* der rechte Fuss ist vorgesetzt; neben demselben ist noch der Rest eines Fusses von einer vor ihm befindlichen *Figur* sichtbar.

392 (120). Grabstele.

H. 0,54. B unten 0,26; oben 0,24. Pent. Marmor.

Oben ein Giebel (mit Akroterien), von dessen Bemalung ebenso wie von der rothen Farbe des Gesimses Spuren erhalten sind. Am Schaft die Inschrift:

ΦΙΛΑΓΡΟΣ
ΑΣΚΛΗΠΙΟΔΩΡΟΥ

Vgl. Kum. 3407.

393 (121). Grabrelief.

H. 1,19. B. unten 0,43; oben 0,39. Fig. 0,48. Pent. Marmor. Geringe Arbeit. Verwittert.

Oben Gesims und Giebel mit Akroterien. — Am Schaft (in einem vertieften oben gewölbten Raum) sitzt links auf einem Stuhl (mit Kissen und Fussbank) n. r. eine *Frau*, in Schuhen Chiton und Mantel, der das Hinterhaupt verhüllt: sie legt den rechten Arm über den Bauch und stützt den linken Ellenbogen auf die rechte Hand, mit der Linken ihren Mantel über der Schulter fassend. Vor ihr steht ein *Mann*, in Vorderansicht, mit linkem Spielbein, in Chiton und Mantel; die Rechte liegt auf der Brust, die Linke ist gesenkt. Darüber die Inschrift:

ЄΠЄΙ [weg-]
CVNBЄΙѠCЄΙC [ra-]
ZѠCΙΜΟV[sirt?]

Vgl. Pervanoglu Grabst. S. 26, 31.

394 (122). Grabrelief.

H. 1,20. B. unten 0,41; oben 0,36. Fig. 0,28. Pent. Marmor. Verwittert. Oben weggebrochen. Piraeus.

Oben eine Palmette. — Am Schaft die folgende Darstellung, rechts und links durch eine Ante begrenzt: auf einem Lehnstuhl (mit Decke und Fussbank) sitzt n. l. eine *Frau* (Λυσιστράτη), in Schuhen Chiton und Mantel, der das Hinterhaupt verhüllt: sie legt die Linke auf den Schooss und reicht die Rechte dem vor ihr stehenden bärtigen *Manne* (Φαιδωνίδης), welcher, das linke Bein über das rechte gekreuzt und auf einen Stab gestützt, den Kopf senkt und die dargebotene Hand ergreift; er ist in einen Mantel gekleidet, der die Brust freilässt. Ueber der Darstellung zwei Rosetten und die Inschriften:

ΦΑΙΔΩΝΙΔΗΣΣΠΟΥΔΑΙΟΥ
ΑΓΚΥΛΗΘΕΝ
(Hier die beiden Rosetten)
ΛΥΣΙΣΤΡΑΤΗ

Gef. den 17. Mai 1836 εἰς τὸ πρὸς τὸ βόρειον τοῦ Πειραιῶς Πολυάνδριον.

Vgl. Eph. Arch. I no. 1748 (fehlerhaft) und 2795; Rhang. 2372 (fehlerhaft); Bursian Ber. der Sächs. Ges. der Wiss. 1860 S. 195; Pervanoglu Grabst. S. 68, 76; Kum. 31.

Ein Abguss jetzt im Berl. Museum (no. 424 des Inventariums).

395 (128). Grabrelief.

H. 1,65. B. unten 0,99; oben 0,96. Pent. Marmor. Leidliche Arbeit. Die Oberfläche des starken Reliefs ist fast ganz zerstört. Gebrochen und unten bestossen. Salamis.

Rechts und links je eine Ante; oben Gesims und Dachantefixen. — Ein nackter *Mann* (Σιλανίων), in der Linken den Schild, neigt n. r. den linken Fuss — wie zum Angriff — vor. Oben die Inschrift:

ΣΙΛΑΝΙΩΝΑΡΙΣΤΟΔΗΜΟΚ[ΟΘ]ΩΚΙΔΗΣ

Gef. den 17. Januar 1846 εἰς τὴν Σαλαμῖνα, πλησίον τοῦ μέρους, ἔνθα εὑρέθησαν καὶ αἱ ἀνωτέρω ἐπιγραφαὶ ἀριθμ. 1642 — 1645 (i. e. πρὸς τὸ δυτικὸν μέρος τοῦ καλουμένου Μεγάλου Χωρίου παρὰ τὴν Ἐκκλησίαν Παναγία Ζώνη).

Vgl. Eph. Arch. I 1646; Bursian Ber. der Sächs. Ges. der Wiss. 1860 S. 196; Pervanoglu Grabst. 25, 30; Kum. 670.

396 (124). Grabrelief.

H. 1,64. B. unten 0,40; oben 0,36. Fig. 1,05. Pent. Marmor. Geringe Arbeit. Oben bestossen. Oberfläche hier und da ein wenig zerstört. Karystos.

Oben ein Gesims mit Palmette. — Am Schaft die folgende Darstellung, ringsum eingefasst, nach innen ausgehöhlt: ein *Jüngling* (Πρίκων), mit Flaum an den Backen, steht n. l. mit linkem Spielbein, in Mantel, der die linke Schulter und Seite nebst dem Oberkörper verhüllt und über dem linken im Ellenbogen erhobenen Arm herabfällt; in der Linken hat er an einem Bande ein rundes Salbfläschchen, in der im Ellenbogen erhobenen Rechten eine Strigilis. Neben ihm sitzt n. l. ein *Hund*, den Kopf zum Herrn umwendend; der Jüngling neigt betrübt das Haupt. Oben die Inschrift:

ΠΡΙΚΩΝ.

Gef. im Jahre 1848.

Vgl. Eph. Arch. I, 2271; Bursian Ber. der Sächs. Ges. der Wiss. 1860 S. 196 f; Pervanoglu Grabst. S. 36, 6.

397 (125). Sturz einer weiblichen Figur.

H. 0,45. Pent. Marmor. Geringe Arbeit.

Erhalten ist nur der Körper von der Brust bis zur Hüftengegend, in Chiton und Mantel; die Linke liegt über dem Bauch; die angeschmiegte und im Ellenbogen erhobene Rechte fasste den Mantel.

398 (126). Grabrelief.

H. 1,75. B. unten 1,04; oben 1,01. Figuren lebensgross. Pent. Marmor. Oberfläche sehr zerstört. Salamis.

Vom Krieger, dessen Reliefhöhe 0,16 ist, fehlen das ganze linke Bein, der (besonders angesetzte) Kopf und der ganze linke Arm; der rechte Unterarm und das rechte Bein sind bestossen. Vom Knaben sind nur noch die Umrisse erhalten. — Rechts steht n. l. ein *Krieger*, mit linkem Spielbein, in kurzem Chiton und Panzer (mit Lederriemen und Schulterüberschlag): er streckt die Rechte vor und legt sie auf das Haupt eines kleinen vor ihm stehenden *Knaben*, der in einen kurzen Mantel gekleidet ist; die Linke hielt der Krieger in die Seite gesetzt (wo der Ansatz erhalten ist). Neben und hinter dem Knaben steht n. r. in Flachrelief ein alter bärtiger *Mann*, in den Mantel gehüllt, aus dem die gehobene rechte Hand, die einen Knotenstock hält, hervorkommt; vor seinem Kopf ist ein ➢ eingekratzt.

399 (127). Sturz einer männlichen Figur.

H. 0,47. Pent. Marmor. Leidliche Arbeit. Theilweise verwittert.

Es fehlen der Kopf, der rechte Arm nebst Schulter, der linke Unterarm und beide Beine von den Schenkeln an. — Der fette volle Jüngling, mit rechtem Spielbein, ist mit einem Mantel versehen, der shawlartig von der linken Schulter über den Rücken und den Unterleib zum linken im Ellenbogen gehobenen Arm geht und über denselben zur Erde herabfällt.

400 (128). Bruchstück einer weiblichen Figur.

H. 0,39. Pent. Marmor. Leidliche Arbeit. Sehr zerstossen

Erhalten ist der Vordertheil (vom Hals bis zum Nabel) einer Figur in gegürtetem Chiton, welche die Rechte über der Brust zur linken Schulter hin gelegt hat.

401 (129).*) Bruchstück eines Reliefs.

H. 0,42. B. 0,35. Pent. Marmor. Rechts und unten weggebrochen.

Oben Gesims mit Astragalenschnur und lesbischem Kymation. — Von der Darstellung ist noch der n. l. gewandte Oberkörper (bis zum Nabel) eines wildbärtigen Mannes (*Kentaur*) erhalten, welcher, epheubekränzt, mit Spitzenohren, mit der rechten Hand einen langen Stab schultert; der Kopf ist zurückgewandt, der linke (vom Deltoides an verlorene) Arm nach hinten abwärts gestreckt.

402 (130). Bruchstück eines weiblichen Sturzes.

H. 0,51. Pent. Marmor. Leidliche Arbeit.

Erhalten ist der Unterkörper (von der Scham an) einer *Frau*, in Vorderansicht, den rechten Fuss zurückgesetzt, unterwärts mit einem Mantel bedeckt, den die (weggebrochene) rechte Hand vor die Scham hält, während er, neben der linken Seite — wohl vom linken Unterarm aus — zur Erde herabfallend, das linke Bein entblöst lässt. Etwa *Aphrodite?*

403 (131). Grabrelief.

H. 0,55. B. 0,37. Fig. 0,41. Pent. Marmor. Grobe Arbeit. Die Köpfe sowie links unten und rechts weggebrochen. Athen.

In einer Einfassung steht links ein *Mann*, in Vorderansicht, mit rechtem Spielbein, in Sandalen Chiton und Mantel, die Rechte auf der Brust, die linke Hand (über deren Arm die Mantelzipfel herabfallen) gesenkt. Neben ihm steht rechts ein zweiter *Mann* (der Bruder), in Vorderansicht, mit linkem Spielbein, in langärmeligem Chiton (der bis zu den Knöcheln reicht), in Schuhen mit dickem Besatz, um den Hals die Chlamys geknüpft: er hat die Rechte gesenkt; seine linke Seite ist weggebrochen. Unten die folgende Inschrift (neben der links noch die Füsse einer n. r. sitzenden Sphinx sichtbar sind):

---

*) Mit anderen Inschriftsteinen in einem Rahmen (V).

ΤΟΝΕΝΒΡΟΤΟΙΣΦΑΝΕΝΤΑΚΑΙΠΑΙΞΑΝ....
ΕΝΘΑΔΕΜΟΡΑΤΕΤΗΔΕΣΥΝΟΜΑΙ.....
ΛΙΠΟΝΤΑΤΟΝΜΟΧΘΗΡΟΝΑΝΘΡΩΠ......
ΧΩΡΟΝΔΕΕΧΟΝΤΑΖΩΣΙΜΟΝΘΕΟΙΣ.....
ΛΟΙΠΟΝΠΑΡΑΙΝΩΠΑΤΕΡΑΚΑΙΤΗΝΜ.....
ΦΕΡΕΙΝΤΑΜΟΙΡΩΝΠΛΟΥΤΕΩΣΚΕΛ......
ΠΟΛΛΑ ΧΑΙΡΕ ΚΑΙΣ.....

Τὸν ἐν βροτοῖς φανέντα καὶ παίξαν[τα (πρὶν?)
Ἐνθάδε μ᾽ὁρᾶτε τῇδε σὺν ὁμαί[μονι
λιπόντα τὸν μοχθηρὸν ἀνθρώπ[ων βίον,
χῶρον δ(ὲ) ἔχοντα ζώσιμον θεοῖς [ὅμου.
λοιπὸν παραινῶ πατέρα καὶ τὴν μ[ητέρα
φέρειν τὰ Μοιρῶν Πλουτέως κελ[εύσματα.
Πολλὰ χαῖρε καὶ σ[ύγε

Gef. im äusseren Keremeikos.
Vgl. Kum. 3507.

404 (132)*). Grabstele.

H. 0,68. B. unten 0,28; oben 0,27. Pent. Marmor.

Oben ein wenig ausladendes Gesims. — Am Schaft ist von der gemalten Darstellung noch das folgende erhalten: ein Lehnstuhl und ein Arbeitskorb; zwischen beiden steht wohl die Figur, eine *Frau*, welche aber jetzt nicht mehr zu erkennen ist Unten stand früher die Inschrift, jetzt wegrasirt.

405 (133). Grabstele.

H. 0,79. B. unten 0,30; oben 0,28. Pent. Marmor. Athen.

Oben ein wenig ausladendes Gesims. — Am Schaft fand sich ursprünglich eine gemalte Darstellung; darüber die Inschrift:

ΚΟΡΔΥΠΗ

---

*) No. 404 (132) und 405 (133) mit anderen Inschriftsteinen in einem Rahmen (VI).

Gef. εἰς τὸ δυτικὸν μέρος τῶν Ἀθηνῶν.
Vgl. Eph. Arch. I, 2270; Kum. 3067.

406 (134). Sturz eines Eros.

H. 0,45. Pent. Marmor. Leidlich gute Arbeit.

Es fehlen der Kopf, die Schultern, die rechte Brust, beide Beine von den Hüften an, der ganze rechte Arm und der linke Unterarm. Oben an der rechten Seite und auf dem linken Schulterblatt Ansätze von Stützen; auf dem Rücken Ansätze der Flügel. — Der Körper ist sehr voll, fast weiblich gebildet; der Gott stand auf dem rechten Bein und neigt sich ein wenig rechts über: der linke Arm liegt quer angedrückt über den Bauch, der rechte Arm war wohl hoch erhoben.

407 (135). Sturz einer männlichen Figur.

H. 0,32. Pent. Marmor. Recht gute Arbeit.

Erhalten ist der Oberkörper einer kräftigen männlichen Figur: es fehlen der Kopf (vom Kinn an), beide Arme von den Deltoides an und der Unterkörper vom Nabel an. Er liegt (schlafend?) auf Gestein, den Kopf, dessen langes lockiges Haar auf Hals und Nacksn herabfällt, n. l. hintenübersenkend; der linke Arm hing herab, der rechte lag über dem Kopf.

408 (136)*). Bruchstück eines Reliefs.

H. 0,12. B. 0,22. Pent. Marmor. Leidliche Arbeit. Verwittert. Ringsum weggebrochen.

Erhalten ist noch die Brust eines n. r. eilenden *Mannes*, um den Hals wohl die hinten flatternde Chlamys geknüpft; der rechte Oberarm ist nach hinterwärts gesenkt (als ob er ein Schwert in der Hand zücke).

---

*) No. 408 (136)—417 (145) in einem Rahmen (VII).

409 (137). Bruchstück eines weiblichen (?) Sturzes.
H. 0,34. Pent. Marmor. Geringe Arbeit.

Erhalten ist nur der vordere Theil vom Unterkörper (von den Oberschenkeln bis zu den Knöcheln) einer (weiblichen?) Figur, in Chiton und Mantel, dessen Zipfel rechts herabfallen; mit linkem Spielbein.

410 (138). Bruchstück eines Pferdes.
B. 0,24. Pent. Marmor.

Unten und an den Seiten weggebrochen: erhalten ist noch ein Theil des Kopfes mit den Augen und dem Geschirr.

411 (139). Bruchstück eines Reliefs.
H. 0,24 B. 0,18. Pent Marmor. Geringe Arbeit. Ringsum zerstossen. Oberfläche verwaschen.

Erhalten ist der Oberkörper vom Hals bis zum Bauch einer (sitzenden?) *Frau*, in Vorderansicht, in gegürtetem Chiton und Mantel, der wohl den Hinterkopf verhüllte; sie legt die Rechte auf die Brust und hat die Linke unter dem Mantel im Ellenbogen erhoben.

412 (140). Bruchstück des Reliefs einer Psephisma-Stele.
H. 0,19. B. 0,20. Pent. Marmor. Arbeit guter Zeit. Unten und an den Seiten weggebrochen. Oberfläche verwittert.

Oben durch Gesims bekrönt, das zerstossen ist. Von der Reliefdarstellung ist noch erhalten: der Oberkörper (bis zum Gürtel) der n. l. stehenden *Athena* (*Parthenos*), in Chiton und mit der schmalen Aegis (vorn das Gorgoneion) um den Hals; die gesenkte Linke (nur der Oberarm ist erhalten) stützte wohl den Schild zur Erde; die ausgestreckte Rechte (vom Handgelenk an fehlend) krönte wohl den vor ihr stehenden *Mann*, von dem noch der linke Unterarm mit Schildrund und Lanzenschaft vorhanden ist.

Abg. Schöne Gr. Reliefs Taf. 15, 74.
Vgl. ebd. S. 41, 74.

413 (141). Votivrelief an Kybele.

H. 0,17. B 0,23. Fig. (an den Einfassungsleisten) 0,13. Pent. Marmor. Geringe Arbeit.

Vom Gürtel aufwärts weggebrochen. — Die Göttin ist in Chiton und Mantel, in der Rechten die Schale und in der Linken das Tympanon haltend; links neben ihr in flachstem Relief sitzt der Löwe, in Vorderansicht. Jederseits eine 0,04 breite Einfassungsleiste mit einer Figur in Flachrelief: an derjenigen links steht n. r. ein *Knabe*, mit rechtem Spielbein, in kurzem Chiton, in der gesenkten Rechten eine Kanne; sein Kopf fehlt. An der Einfassungsleiste (rechts) steht n. l. ein *Mädchen*, mit rechtem Spielbein, in gegürtetem Doppelchiton, in der gesenkten Rechten eine (Schale?) haltend.

414 (142). Bruchstück (eines Reliefs?).

H. 0,25. B. 0,10. Pent. Marmor. Leidliche Arbeit. Sehr zerstossen.

Erhalten ist das Untertheil einer *Frau*, in Vorderansicht, mit zurückgesetztem rechtem Fuss, in Chiton poderes, der über das linke Stützbein in langen geraden Falten herabfällt.

415 (143). Votivrelief an die Heilgötter.

H. 0,43. B. 0,39. Fig. 0,25. Pent. Marmor. Geringe Arbeit. Flachrelief. Verwittert. Oben weggebrochen.

Rechts und links Anten, die einen Fries und ein ausladendes Gesims tragen; darüber noch ein (jetzt grösstentheils weggebrochener) Streifen. — Links steht der bärtige *Asklepios*, in Vorderansicht, mit rechtem Spielbein, in Mantel, der von der linken Schulter über den Rücken und unter der rechten Achsel über die Brust zum linken Oberarm zurückgeht; die linke Hand ist unter dem Mantel in die Seite gestemmt; in der gesenkten Rechten hält er den Schlangenstab zur Erde. Rechts neben ihm steht *Hygieia*, in Vorderansicht. mit linkem Spielbein, in Schuhen Chiton poderes und Mantel, der den Hinterkopf den Rücken den linken Arm und den Unterkörper bedeckt: sie setzt die Linke in die Seite und fasst mit der im Ellenbogen erhobenen Rechten (in Halshöhe) den Mantel; der Kopf ist ein wenig n. l. geneigt.

416 (144). Bruchstück eines Grabreliefs.

H. 0,26. B. 0,25. Pent. Marmor.

Erhalten ist noch die Mitte eines Giebels mit (weggebrochenem) Akroterion; im Giebelfelde ist eine geflochtene Cista (H. 0,12; Dm. 0,06) mit spitzem Deckel angebracht. Unter dem Gesims Rest der Inschrift:

. . . . ΛΚΑΙΛ . . . .

. . . . ΑΣ . . .

Vgl. Kum. 3637.

417 (145). Votivrelief.

H. 0,44. B. 0,33. Fig. 0,22. Pent. Marmor. Flachrelief Sehr verwittert. Rechte obere Ecke weggebrochen.

Rechts und links Anten, die ein Gesims mit Dachantefixen tragen. — Auf einem hohen Thron sitzt n. r. ein bärtiger *Mann*, in Mantel; die im Ellenbogen gehobene und vorgestreckte Linke (trug ein Skepter?). Die vorgestreckte Rechte hält einen Kranz einem vor ihm stehenden bärtigen *Manne* (um ihn zu bekränzen) hin, welcher, in kleinererem Verhältniss und in Mantel, die Rechte anbetend hebt.

418 (146)*). Bruchstück eines Reliefs.

H. 0,14. B. 0,29. Pent. Marmor. Verwittert. Rechts links und oben weggebrochen.

Erhalten sind die vier Füsse eines n. l. stehenden *Rosses;*

*) Mit anderen Inschriftsteinen in einem Rahmen (VIII)

vor demselben sind Reste des linken Fusses einer (männlichen) *Figur* sichtbar.

419 (147). Sturz einer weiblichen Figur.

H. 0,58. Pent. Marmor. Arbeit guter Zeit.

Es fehlen der Kopf, der linke Oberarm vom Deltoides an sowie der linke Unterarm, das rechte Bein von den Hüften an und der linke vordere Oberschenkel mit Knie und Fuss; mitten durchgebrochen und auf der Brust (beim Ensiformis) die Oberfläche beschädigt. — Eine jugendliche *Frau*, in voller Schönheit, kniet n. l. hin auf dem linken Knie*): sie ist in einen feinen gegürteten enganliegenden Chiton gekleidet, welcher auf der rechten Schulter genestelt ist, von der linken aber gelöst herabfällt und die linke Brust freilässt; auf dem Rücken hat sie den Mantel, dessen einer Zipfel um den Oberarm des nach hinten gesenkten rechten Arms liegt, während der andere Zipfel von der (in der Schulter) hocherhobenen linken Hand gehalten wird. Sie wandte den Kopf n. r. empor. Vorn im Gurt ein Loch (für irgend einen Bronzeschmuck).

Wohl eine *Amazone*.

420 (148). Kopf einer ägyptischen Statue.

H. (des Kopfes) 0,24; (des Modios) 0,25. Schwärzlichgrauer Marmor. Die Nase fehlt. Augen und Mund verwittert. Archaistisch.

Erhalten ist der Kopf einer männlichen ägyptischen Gottheit, die gegen einen Pfeiler gelehnt stand, der hinten mit jetzt ganz verwitterten Hieroglyphen beschrieben ist. Auf dem Kopf trägt er einen hohen modiosartigen Aufsatz, um das auf die Stirn herabfallende Haar eine breite Tänie, von der sich vorn über der Stirn ein Band am Modios gerade emporhebt, während hinten ein breites dickes Gewandstück über den Hinterkopf herabfällt.

---

*) Und wohl auch auf dem rechten Knie?!

421 (149). Bruchstück eines colossalen weiblichen Kopfes.

H. 0,40. Pent. Marmor. Leidliche Arbeit.

Erhalten ist Hals und Gesicht (bis zur Stirn) einer Frau, mit vollem Haar, das wellig nach hinten zurückgekämmt war; den Hinterkopf bedeckte ein Schleier, der auf die Schultern herabfällt. Vor dem rechten Ohr ist noch eine kleine (vertieft gegebene) Locke auf der Backe sichtbar. Der Kopf kann — nach Zuschnitt des Halses — entweder eine Büste sein oder war bestimmt, auf eine Statue aufgesetzt zu werden.

422 (150). Bruchstück der Büste eines römischen (Feldherrn oder Kaisers).

H. 0,35. Pent. Marmor. Leidlich gute saubere Arbeit.

Es fehlen der Kopf, die linke Schulter und Seite. — Die Brust ist mit einer Tunica bekleidet (die über dem rechten Deltoides sichtbar ist) und in Panzer, der auf der Brust im flachsten Relief ein Medusenhaupt (breites Gesicht mit grossen Kopfflügeln und herausgestreckter Zunge) hat. Auf der (unterwärts abgestossenen) rechten Schulterklappe des Panzers*) ist noch der Obertheil eines Mannes (n. l) erhalten, in langem Bart, um das Haar eine breite Tänie, die Rechte vorgestreckt und im Ellenbogen erhoben, die Linke gesenkt (der Unterarm fehlt): wohl *Zeus* (mit Skepter in der rechten und Blitz in der linken Hand).

---

*) Vgl. dazu Neapel. Vasens. no. 3097; u. a. m.

III.

Die antiken Marmor-Bildwerke

in und bei dem

Wärterhäuschen auf der Akropolis

no. 423 (1) — 719 (297).

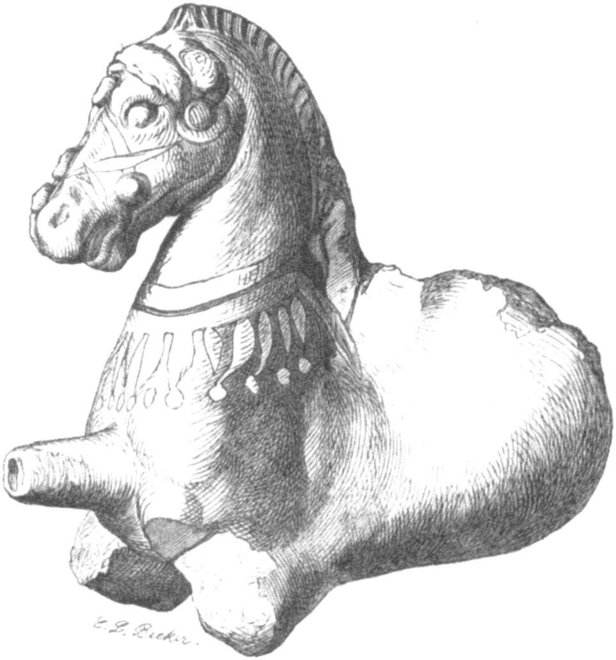

Im Häuschen.

Ostwand.

(Rechts vom Eingang beginnend.)

Untere Reihe:

423 (1). Kopf eines (Apollon?).

H. 0,19. Weisser Marmor. Völlig verwittert. Melos.

Der Kopf ist den Köpfen der ältesten Apollonstatuen sehr ähnlich gewesen. Die Haare fallen in dichten Locken in den

Nacken herab; über der Stirn eine (ursprünglich wohl bemalte) Tänie und ein Loch: ein zweites Loch am Hinterkopf — beide zum Einsetzen des Kranzes bestimmt.

424 (2). Votivrelief an Kybele.

H. 0,22. B. 0,13. Pent. Marmor. Fast Rundarbeit. Viel bestossen.

Es fehlen der Kopf, der rechte Arm und der linke Unterarm der Göttin; der Kopf des Löwen. — Sie ist in gegürtetem Chiton und Mantel, und hielt in der Rechten die Schale und in der Linken (wohl das Tympanon); die Haare fallen in zwei Locken auf die Brust herab. Der Löwe sitzt neben ihrer Rechten an der Erde.

Vgl. Stephani Ausr. Her. S. 69, 28.

425 (3). Sturz eines Knaben.

H. 0,36. Weisser Marmor. Sehr bestossen. Melos.

Es fehlen der Kopf, der Hals, der rechte Arm, der linke Unterarm, die beiden Füsse von den Knieen an und das Glied. — Der Knabe steht ruhig in Vorderansicht, mit linkem Spielbein, vor einem 0,10 breiten Pfeiler. Den rechten Arm legt er auf einen neben ihm befindlichen hohen Baumstamm (oder Fels?); über diesem Baumstamm fällt ein Gewandstück (?) herab. In der linken Hand hielt der Knabe einen breiten Gegenstand (vielleicht ein Theil der Chlamys?). Auf der Brust liegen die Enden zweier herabfallender Locken.

426 (4). Römischer Frauenkopf.

H. 0,27. Pent. (?) Marmor. Sehr rohe Arbeit später Zeit.

Die Haare sind in Flechten mehrfach rund um den Kopf übereinander gelegt; die Augensterne sind angegeben. Auffällig ist die sehr flache breite Bildung des (Portrait-)gesichts.

427 (5). Götteridol.

H. 0,18. Pent. Marmor. Grobe Arbeit. Archaistisch. Athen.

Es fehlen der Kopf, die Unterarme und der untere Theil von

den Hüften an. — Nachahmung eines hölzernen Xoanon: das Idol ist in gefaltetem Chiton mit glattem Ueberwurf; die Arme liegen bis zu den Ellenbogen eng am Körper, die Unterarme waren vorgestreckt. Die eng aneinandergeschlossenen Beine können in einen Hermenschaft ausgegangen sein.

428 (6). Frauenkopf.

H. 0,12. Pent. Marmor. Allzu zerstossen.

Hinten abgeplattet. Um das Haar eine Tänie.

429 (7). Bruchstück einer Statuette.

H. 0,08. B. 0,10. Pent. Marmor. Sehr flüchtige Arbeit.

Erhalten ist die Basis mit den Füssen und Waden einer (wohl männlichen) Figur, die mit rechtem Spielbein dastand, in Mantel. Hinten nicht ausgearbeitet. Rechts und links rundliche Einfassungen.

430 (8). Bruchstück von der Figur eines Satyrs.

H. 0,16. B. 0,28. Pent. Marmor.

Erhalten ist die linke obere Gesichtsseite — vom (beschädigten) Auge an — eines *Satyrs*, mit Spitzohr. Ob zu einem Relief gehörig?

Obere Reihe:

431 (9). Bruchstück einer Grabvase.

H. 0,34. B. 0,20. Fig. 0,14 Pent. Marmor. Verwittert.
Oben war das Gefäss ausgehöhlt.

Am Bauch die Darstellung, auf Basisstreifen, in Flachrelief: ein bärtiger *Mann* (n. r.), mit rechtem Spielbein, in Chiton und Mantel, steht vor einer auf einem Lehnstuhl (mit Decke und Fussbank) sitzenden *Frau*, welche in Chiton und Mantel ist und die Linke im Schooss hat: sie reichen sich gegenseitig die rechten Hände. Ueber den Köpfen sind wohl noch Spuren der Inschriften erhalten?

432 (10). Basis (mit den Resten einer Statue).

H. 0,32. Pent. Marmor.

Erhalten ist ein Basisstück mit Baumstamm, um den eine Weinrebe emporrankt: etwa als Stütze für eine bacchische Figur.

433 (11). Bruchstück eines Pferdes.

H. 0,28. Pent. Marmor. Gute Arbeit.

Erhalten ist ein Theil des rechten hinteren Unterschenkels von einem n. r. gewandten Rosse.

Nordwand.

Obere Reihe:

434 (12). Grabrelief.

H. 0,47. B. 0,27. Fig. 0,25. Pent. Marmor. Verwittert. Oben weggebrochen.

In einer ringsum eingefassten Vertiefung steht ein *Jüngling*, in Vorderansicht, mit rechtem Spielbein, in kurzem Chiton, über der linken Schulter und dem Rücken die Chlamys: er hat die Rechte gesenkt und hält in der (im Ellenbogen) erhobenen linken Hand ein Gefäss(? beschädigt); sein Kopf ist rechts oben bestossen.

435 (13). Statue eines Hundes.

H. 0,20. L. 0,32. Pent. Marmor. Leidliche Arbeit. Athen.

Kopf und Füsse sind weggebrochen; das Hintertheil ist bestossen; hinten weniger bearbeitet. — Das Thier sprang n. l. vorwärts. Ursprünglich bemalt.

436 (14). Bruchstück eines weiblichen Kopfes.

H. 0,20. Par. (?) Marmor. Allzusehr bestossen.

Der Ober- und Hinterkopf sind weggebrochen; über der Stirn sind drei Reihen von Löckchen vorhanden.

437 (15). Sturz eines Seilenos.

H. 0,17. Weisser Marmor. Viel bestossen. Delphi.

Es fehlen der Kopf (von der Nase an), beide Arme und der Unterkörper vom Nabel an; hinten nicht bearbeitet. — Der Seilenos neigte nach links hin (schlafend oder trunken) das Haupt, über dem der linke Arm lag; der starke Bart fällt in Löckchen auf die Brust herab.

438 (16). Kopf eines Pan.

H. 0,13. Pent. Marmor.

Allzusehr bestossen und verwittert.

439 (17). Bruchstücke vom Sturz eines Jünglings.

Par. Marmor. Gute Arbeit.

1. Die Brust (bis zum Ensiformis) nebst den beiden Schultern und den Armansätzen; H. 0,17.

2. Der Bauch vom Nabel bis zu den Hüften nebst dem linken Bein bis zum Knie; H. 0,18.

Der Jüngling stand mit rechtem Spielbein; der Kopf war n. l. geneigt, die linke Schulter höher erhoben (in ihrem Arm am Deltoides ein Loch — zum Befestigen etwa eines in der Hand gehaltenen Stabes).

440 (18). Votivrelief an Kybele.

H. 0,15. B. 0,15. Pent. Marmor.

Es fehlen der Kopf nebst Hals und Schultern der Göttin, sowie die obere Einfassung und die Obertheile der Seitenanten des Reliefs. — Die Göttin, bekleidet, hält in der Rechten eine Patera, in der Linken das Tympanon.

441 (19). Bruchstück eines Reliefs.

H. 0,19. B. 0,22. Pent. Marmor. Sehr bestossen.

Von einer in Vorderansicht stehenden weiblichen *Figur* ist der Oberkörper vom Hals bis zum Bauch erhalten, in Chiton; sie hielt den linken Arm quer über dem Körper und stützte den Ellenbogen der erhobenen rechten auf die linke Hand.

442 (20). Votivrelief an Kybele.

H. 0,19. B. 0,16. Pent. Marmor. Relief fast Rundarbeit. Sehr zerstossen.

Es fehlen der Kopf, die Schultern, der rechte Arm und der linke Unterarm. — Die Göttin, bekleidet, hielt in der Linken das Tympanon; zu ihrer Rechten sitzt sich anschmiegend der Löwe.

Vgl. Stephani Ausr. Her. S. 69, 29.

Untere Reihe:

443 (21). Grabrelief.

H. 0,51. B. 0,40. Fig. 0,30. Sandstein. Leidliche Arbeit. Verwittert.

Oben abgerundet; ringsum eingefasst. — Dargestellt sind Kopf und Schultern einer *Frau*, in Vorderansicht, in Chiton und Mantel, der den Hinterkopf verschleiert; um das Haupt liegt eine Tänienschnur.

444 (22). Relief.

H. 0,23. B. 0,48. Pent. Marmor. Leidliche Arbeit. Unten weggebrochen. Bestossen.

Vor einem n. r. laufenden *Hirsche*, unter dessen erhobenen

Vorderfüssen der Kopf eines Jagdhundes erhalten ist, flieht n. r. ein *Knabe* (*Eros?*), in Rückenansicht, den rechten Fuss vorgesetzt, um den Hals und über dem linken Arm die Chlamys: er blickt zurück und hebt in der Rechten einen Speer gegen das Thier; zwei andere Speere hält er in der linken Hand. Seine Beine fehlen von den Knieen an.

445 (23). Bruchstück einer Grabstele.

H. 0,47. B. 0,32. Pent. Marmor. Leidliche Arbeit. Piraeus.

Erhalten ist über dem schmalen Gesims die schöne Palmette und am Schaft von der Darstellung das Folgende: Köpfe und Obertheile der Brust von *zwei* n. l. gewandten *Männern*, beide bärtig und je mit dem Mantel über der linken Schulter; der vordere jüngere Mann ist auch mit dem Chiton bekleidet. Ihnen gegenüber sitzt ein *Mann* (Ἀριφράδης), von dem nur das Obertheil des Kopfes noch vorhanden ist. Ueber der Darstellung die Inschrift in schlechten Buchstaben:

ΑΡΙΦΡΑΔΗΣΛΕΩΜΑΧΟ
ΑΦΙΔΝΑΙΟΣ

Gef. 1841 κατὰ τὸ βόρειον τοῦ Περαιῶς.

Abg. Eph. Arch. I no. 528; Pervanoglu Grabst. I, 2 (klein und schlecht).

Vgl. Pittakis l. c; Rhang. 1393; Kum. 284; Bötticher Berl. Abg. no. 276.

446 (24). Grabrelief.

H. 0,39. B. 0,25. Pent. Marmor. Rheneia.

Dargestellt ist eine geschlossene Thür, die sich um 1½ Centimeter verjüngt, mit vorspringenden Seitenpforten und Gesims (mit Zahnschnitten): an den oberen Feldern der beiden Thürflügel hängen Ringe.

Abg. Exped. de Morée III, 16, 2.

Vgl. ebd. p. 8; Bötticher Berl. Abg. no. 249.

447 (25). (Grab?-)relief.

H. 0,31. B. 0,21. Pent. Marmor. Leidliche Arbeit. Verwittert. Links bestossen und mangelhaft.

Eine *Sphinx* sitzt n. r. auf einem Basisstreifen: sie hat die Brust und den Kopf eines schönen Weibes und trägt auf dem Haupte einen Modios; der glatte Flügel war wohl ursprünglich bemalt.

Abg. Schöll Arch. Mittheil. Taf. VI, 11.

Vgl. ebd. S. 100, 121; Stephani CR. 1865 S. 73, 2.

448 (26). Bruchstück einer Grabstele.

H. 0,47. B. 0,31 Pent. Marmor.

Erhalten ist noch über dem Gesims die ein wenig vornüber geneigte Palmette, aus Akanthos gebildet; darunter am Schaft die Inschrift:

HΔEIATIBEI[O]Y

Vgl. zur Inschrift Kum. 2943; ein Abguss im Berl. Museum: Bötticher Berl. Abg. no. 282.

449 (27). Relief.

H. 0,35. B. 0,36. Pent. Marmor. Leidliche Arbeit. Jederseits und oben bestossen.

Auf einem grossen n. r. gewandten Rosse, das den linken Vorderfuss hebt, sitzt eine kleine männliche *Figur*, in Chiton, mit beiden Händen die Zügel haltend; ihr Kopf ist zerstört.

450 (28). Widdertragender Jüngling.

H. 0,46. Pent. Marmor. Rohe Arbeit spätrömischer Zeit. Gefunden 1839 in Athen.

Es fehlen das Gesicht, der linke Arm und beide Beine (von den Knieen an) des Jünglings; Kopf und Vorderfüsse des Thiers; auch sonst bestossen, z. B. der rechte Arm des Jünglings. — An einen 0,10 breiten hinter ihm befindlichen Pfeiler lehnt sich ein Jüngling, in Vorderansicht, mit rechtem Spielbein, in kurzem gegürtetem Chiton: auf dem Nacken trägt er einen Widder, dessen rechtes Hinterbein die auf die Brust gelegte Rechte gefasst hält; die linke Hand war erhoben.

Etwa ein *Hermes Kriophoros* oder möglicherweise *der gute Hirte?**)

Vgl Schöll Arch. Mittheil. S. 96, 86; Hettner Griech. Reiseskizzen S. 52.

451 (29). Grabstele.

H. 0,55. B. 0,30. Fig. ungefähr 0,25. Pent. Marmor. Leidliche Arbeit. Unten weggebrochen. Piraeus.

Oben Gesims mit flachem Giebel und glatten Akroterien, die wohl ursprünglich bemalt waren. — Am Schaft die jederseits von einer Ante begrenzte Darstellung, von der noch das Folgende erhalten ist: Oberkörper und Theile der Beine einer auf einem Lehnstuhl (mit Decke) n. l. sitzenden *Frau* (Μίκα), in Chiton und Mantel, die Linke auf dem Schooss, welche die Rechte einer vor ihr stehenden *Frau* (Ἀρίστη) reicht, die, in Chiton und Mantel, ihr die Rechte gleichfalls darbietet und die linke Hand auf die linke Schulter legt, um das Gewand herüberzuziehen; von der letzteren Frau sind noch Kopf, Brust und beide Arme erhalten. Ueber der Darstellung die Inschriften:

Α]ΡΙΣΤΗ ΜΙΚΑ

Gef. 1836 εἰς τὰς πρὸς τὸ βόρειον τοῦ Πειραιῶς ἀνασκαφάς.

Abg. Eph. Arch. I no. 865 (schlecht).

Vgl. Pittakis l. c; Rhang. 1684; Pervanoglu Grabst S. 65, 54; Kum. 2619.

452 (30). Einhenkelige Grabvase.

H. 0,50. Dm. 0,24. Fig. 0,15. Pent. Marmor. Leidliche Arbeit.

Es fehlen der Fuss und die Mündung nebst dem Henkel. — Am Bauch die folgende Darstellung, in Flachrelief, auf

*) Vgl. dazu De Rossi Roma Sott. I p 346 s.

Basisstreifen: ein *Mann* (Εὐθύφρων), n. r., mit linkem Spielbein, in Mantel, steht da vornübergeneigt (er ist auf einen Stab sich lehnend zu denken) und reicht die Rechte einem gegenüberstehenden *Manne* (Ναυσίνικος), der ihm gleichfalls die rechte Hand giebt; derselbe ist in Mantel (mit entblösster rechter Brustseite), mit linkem Spielbein, die Linke auf der Brust. Ueber ihnen die Inschrift (in schlechten Buchstaben):

ΕΥΘΥΦΡΩΝ   ΝΑΥΣΙΝΙΚΟΣ

Vgl. Kum. 2878.

453 (31). Votivrelief.

H. 0,41. B. 0,32. Pent. Marmor. Leidliche Arbeit. Bestossen und links weggebrochen. Athen.

Rechts ist die Anteneinfassung erhalten; oben Gesims mit Dachantefixen. — Zur Linken ist noch Brust nebst linkem Arm und Kopf eines auf einem Lehnstuhl n. l. sitzenden *Mannes**) erhalten, der den linken Oberarm auf die Rücklehne gelegt hat und die linke Hand gegen die Schulter hält; auf dem Rücken Reste der Gewandung. Hinter ihm steht n. l. *Athena* (Ἀθηνᾶ), mit linkem Spielbein, in gegürtetem Doppelchiton und kleiner Aegis mit grossem Gorgoneion, behelmt, welche die Linke auf den neben ihr stehenden Schild gelegt hat und die Rechte im Ellenbogen erhoben vorstreckt. Rechts steht n. l. *Herakles* (Ἡρακλῆς), mit rechtem Spielbein, über dem linken Unterarm die Löwenhaut, in der Linken die Keule; er hebt die vorgestreckte rechte Hand. Im Gesims die Inschriften;

//////ΙΜΟΣ   ΑΘΗΝΑ   ΗΡΑΚΛΗΣ

*) Le Bas (l. c.; vgl. auch ebd. Inscr. I, 130) las noch: ⊣ΜΟΣ (-ημος), was zu *Δ*]*ῆμος* oder '*Ακάδ*]*ημος* ergänzt worden ist; jetzt steht *sicher* nur noch ΙΜΟΣ da (also seit Le Bas' Zeit mehr zerstört?) und könnte demnach auch z. B. *"Αλκ*]*ιμος* gelesen werden; vgl. auch Bull. dell' Inst. Inst. 1845 p. 13.

Gefunden den 12. Februar 1840 bei H. Dimitrios Bombadaris in der Stadtgegend Borgia (ἐνορία τοῦ Βοργία); vgl. dazu Mommsen Ath. christ. p. 52 ss.

Abg. Le Bas Voy. arch. Mon. d'ant. fig. pl. 37, 1; Arch. Ztg. 1845, 33, 1; Eph. arch. I no. 298.

Vgl. Schöll Arch. Mittheil. S. 63, 44 und S. 84 f; Curtius Arch. Ztg. a. O. S. 129 ff; Pittakis l. c. p. 268; Friederichs Berl. Ant. Bildw. I no. 403; Bötticher Berl. Abg. no. 298.

454 (32). Grabstele.

H. 0,51. B. unten 0,35; oben 0,34. Pent. Marmor. Oberfläche verwittert. Oben bestossen.

Am Schaft ist in Flachrelief eine 0,38 hohe Lekythos (n. l.) angebracht. Darüber die Inschrift:

etwa .....] ΟΣ[Π]ΑΝ[ΤΟ]ΚΥΔΟΛΑΜΠΤΡΕΥΣ

Vgl. Kum. 769 (der liest: (στ)ε(φ)ανος .... ἴδο Λαμπτρεύς).

455 (33). Basis (mit den Resten einer Gruppe).

H. 0,03. B. 0,12. T. 0,07. Par. Marmor.

Auf der kleinen Basis (mit Ablauf und Gesims) sind erhalten: die Füsse einer Figur, in Gewandung und mit linkem Spielbein, und rechts daneben die Fussspuren eines Kindes (mit vorgesetztem rechtem Fuss).

456 (34). Bruchstück einer Statuette.

H. 0,07. Par. Marmor. Melos.

Erhalten ist die Basis mit den Füssen (bis zu den Knieen) einer weiblichen Figur, in Chiton poderes, der vorn in einer Wulst herabfällt.

457 (35). Kopf eines Kindes.

H. 0,07. Weisser Marmor. Melos.

Erhalten, aber sehr verwittert, sind von einem lächelnden

Kinderkopfe (der oben und unten platt abgebrochen ist) Kinn Mund Nase und theilweise die Augen.

458 (36). Kopf eines Kindes.

H. 0,12. Weisser Marmor. Allzu verwittert. Die linke Backe ist weggebrochen. Melos.

459 (37). Bruchstück einer (männlichen?) Figur.

H. 0,12. Weisser Marmor. Gewöhnliche Arbeit. Bestossen. Melos.

Erhalten sind die Schultern und die Brust (bis zum Ensiformis) einer (männlichen?) jungen Figur, deren Kopf eingesetzt war; beide Arme waren gesenkt, der linke ein wenig zurückgesetzt.

460 (38). Sturz einer männlichen Statuette.

H. 0,13. Weisser Marmor. Melos.

Es fehlen der Kopf, der rechte Arm und der Unterkörper von den Schenkeln an. — Der Mann ist in Mantel, der die rechte Schulter und Brust freilässt; die linke Hand, welche den über ihren Arm herabfallenden Mantel gefasst hat, ist unter dem Mantel in die Seite gesetzt.

461 (39). Bruchstück eines Reliefs.

H. 0,14. B. 0,10. Weisser Marmor. Sehr bestossen. Melos

Erhalten sind der Kopf und die Brust eines *Mädchens* (?), n. l. gewandt, in Chiton, die in der (im Ellenbogen) gehobenen Linken eine Schale (oder einen Kasten) trägt.

462 (40). Basis mit Resten einer Statuette.

H. 0,04. B. 0,13. T. 0,07. Weisser Marmor. Melos.

Erhalten ist eine kleine Basis mit den Füssen einer Figur, in Vorderansicht, mit linkem Spielbein; neben derselben rechts sind Spuren eines hockenden Thieres (?) vorhanden.

463 (41). Weihgeschenk.

Weisser Marmor. Völlig erhalten. Geringe Arbeit. Melos.

Auf einer Basis (H. 0,05; B. 0,16; T. 0,08) liegt in mässig erhobenem Relief eine 0,15 lange Pfeil- oder Lanzenspitze.

464 (42). Basis mit Resten einer Statuette.

B. 0,07. T. 0,04. Weisser Marmor. Gewöhnliche Arbeit. Melos.

Erhalten ist eine länglichrunde Basis mit den Füssen einer Figur, in Chiton und Mantel, der zur Rechten, auf einer Stütze (Pfeiler? H. 0,06) liegend, auf die Erde herabfällt; unten an der Stütze ein kleines Gefäss.

465 (43). Bruchstück einer Figur.

B. 0,17. Weisser Marmor. Gewöhnliche Arbeit. Melos.

Erhalten ist ein Stück eines rechten Unterarms, mit dem umgewickelten Mantelzipfel.

466 (44). Bruchstück (einer Sirene?).

B. ungefähr 0,20. Dm. ungefähr 0,20. Weisser Marmor. Ringsum weggebrochen. Melos

Erhalten ist ein Stück einer Basis mit den beiden Füssen eines Vogels — wohl zu einer Sirene gehörig.

Vgl. dazu Theseion no. 75 (abg. Rev. archéol. 1864 pl. 12) und Schrader Sirenen S. 86, A ff.

467 (45). Bruchstück eines sog. Todtenmahls.

H. 0,18. B. 0,21. Pent. Marmor. Sehr mitgenommen.

Erhalten ist die linke untere Ecke mit der Einfassung: ein *Mann*, in Chiton, und hinter ihm *zwei Frauen*, in Chiton und Mantel, der den Hinterkopf verhüllt, nahen n. r., die rechte Hand betend erhoben. Neben den Frauen geht n. r.

ein kleines *Kind*, in Chiton, und neben dem Manne ein grösseres *Kind*, welches, gleichfalls bekleidet, in der erhobenen Linken eine Schale trägt und die rechte Hand, indem es sich bückt, auf das neben ihm gehende Schwein legt. Vor dem Thiere ist noch theilweise der Altar sichtbar und über demselben der Rücken und das Gesäss der bekleideten *Frau* (welche n. r. am Fussende der Kline sass)

468 (46). Bruchstück eines männlichen Kopfes.

H. 0,12. Pent. Marmor. Leidliche Arbeit römischer Zeit. Gefunden im Dion. Theater zu Athen.

Erhalten ist das Gesicht eines bärtigen Mannes: Nase, Kinn und rechtes Ohr fehlen.

469 (47). Kopf eines Kindes.

H. 0,07. Pent. Marmor. Gefunden im Dion. Theater zu Athen.

Erhalten ist das Gesicht (Nase und Kinn bestossen) und der Oberkopf eines Kindes, dessen Haar in einem Zopf von hintenher quer über dem Kopf liegt (vgl. dazu no. 232 Anm 2).

470 (48). Adler.

H. 0,11. B. 0,18. Pent. Marmor. Hinten nicht ausgearbeitet.

Es fehlen der Kopf, der Schwanz und die Füsse; der Vogel war n. l. gerichtet.

471 (49). Eule.

H. 0,15. Pent. Marmor. Gewöhnliche Arbeit.

Es fehlen der Kopf und die Füsse. — Der Vogel sitzt in Vorderansicht; hinten ist ein Theil des Baumstammes oder der Stütze erhalten, an der er sass.

Vgl. dazu Ross Arch. Aufsätze I S. 205

472 (50). Basis (mit dem Rest einer Figur).

H. 0,12. B. 0,22. Pent. Marmor.

Erhalten ist ein Theil einer Basis, auf der ein Schild liegt, auf welchem der linke beschuhte Fuss einer (das linke Bein vorsetzenden) Figur vorhanden ist.

473 (51). Votivrelief.

H. 0,34. B 0,18. Pent. Marmor. Sehr geringe Arbeit römischer Zeit. Links weggebrochen. Hier und da bestossen.

Erhalten ist die rechte Seite, mit hoher Einfassung: rechts steht *Athene*, in Vorderansicht, mit rechtem Spielbein, in dorischem Doppelchiton, unter dem am vorgesetzten rechten Bein ein wollenes Untergewand (vom Gürtel an) vorkommt, um die Brust eine kleine Aegis (mit verwittertem Gorgoneion); über der linken Schulter fällt ein Zipfel des auf dem Rücken liegenden Mantel herab. Die Göttin trägt in der im Ellenbogen erhobenen Linken den Schild und auf dem (zerstörten) Kopfe den Helm, dessen linker Busch noch erhalten ist; in der gesenkten rechten Hand, die nebst dem Unterarm fehlt, ist sie wohl die Lanze haltend zu denken. Links neben Athene sind Theile von dem Stamm und von den Zweigen eines Oelbaums erhalten, auf dem n. r. ein Vogel (Adler) sitzt.

474 (52). Grabrelief.

H. 0,57. B. unten 0,36; oben 0,33. Fig. 0,29. Pent. Marmor. Leidlich gute Arbeit. Oben weggebrochen.

Unten ist in Flachrelief eine 0,20 hohe Grabvase mit zwei Henkeln dargestellt. Darüber auf einem Basisstreifen (in einer Vertiefung, in Hochrelief) ein *Mann* in Vorderansicht, mit rechtem Spielbein, im Mantel, der — ein wenig auf der linken Schulter liegend — über den Rücken und Unterleib geht und von der in die Seite gestützten linken Hand gehalten wird; in der hoch erhobenen Rechten hält er eine Rolle. Sein Kopf fehlt.

475 (53). Grabstele.

H. 0,62. B. unten 0,32; oben 0,31. Fig. ungefähr 0,35. Pent. Marmor. Leidliche Arbeit. Unten weggebrochen. Athen.

Oben Gesims mit Palmette. Am Schaft in einer jederseits durch eine Ante eingefassten Vertiefung: ein bärtiger *Mann* (Σῖμος) steht n. r. gewandt, mit rechtem Spielbein, in lang herabwallendem Chiton mit kurzen Aermeln; die Hände sind gesenkt: in der Rechten hält er ein 0,07 langes ein wenig gebogenes Messer*). Die Beine unterhalb der Kniee fehlen. Oben die Inschrift:

ΣΙΜΟΣ
ΜΥΡΡΙΝΟΣΙΟΣ

Gef. den 15. September 1858 εἰς τὸ ἄνοιγμα τῶν θεμελίων τοῦ νέου Βουλευτηρίου (in der Nähe der Kirche des H. Georgios Karytsis: Mommsen Ath. christ p. 127 und 131***).

Vgl. Eph. Arch. I, 3287; Pervanoglu Grabst. S 25, 28; Kum. 882.

476 (54). Grabrelief.

H. 0,47. B. unten 0,38; oben 0,36. Fig. 0,32. Pent. Marmor. Geringe Arbeit römischer Zeit. Oben weggebrochen. Rheneia.

Unten Ablauf. — Auf einem Stuhl mit Kissen und Fussbank (mit Thierfüssen) sitzt n. l. eine *Frau* (Τερτία Αὐφιδία Ἀρίστιον), in Chiton und Mantel, der das Hinterhaupt verschleiert, die Linke auf dem Schooss: sie reicht die Rechte dem vor ihr stehenden *Manne*, der die dargebotene Hand mit der Rechten ergreift; er ist in Mantel, der die rechte Schulter nebst Arm freilässt, mit rechtem Spielbein. Die Köpfe beider Figuren fehlen. Hinter der Frau steht noch n. l. ein *Mädchen*, in Doppelchiton, die zur Frau emporblickt und in der erhobenen linken Hand ein Kästchen trägt. Unten die Inschrift:

---

*) Nach Pittakis l. c. dagegen ein Oelblatt.

ΤΕΡΤΙΑ ΑΥΦΙΔΙΑ
ΑΡΙΣΤΙΟΝ ΧΡΗΣΤΗ
ΧΑΙΡΕ

1837 aus dem Museum zu Aegina mitgebracht.

Vgl. Pervanoglu Grabst. S. 64, 52.

Die Inschrift auch CJGr. 2322 b[50]; Exp. de Morée III Inscr. p. 40, 57; Le Bas Voy. arch. Inscr. IV, 2031.

477 (55). Grabrelief.

H. 0,59. B. 0,61. Pent. Marmor. Verwittert. Unten weggebrochen. Rheneia.

Oben über Gesims ein flacher Giebel mit Akroterien, von denen jedoch nur das auf der linken Ecke erhalten ist; im Giebelfeld ein Schildrund. — Rechts und links eine Anteneinfassung. Links steht ein bärtiger *Mann* (Ὀνησᾶς), in Vorderansicht, mit linkem Spielbein, in Toga und Tunica, die Rechte auf der Brust, die Linke gesenkt. Rechts neben ihm steht eine *Frau* (Ἀφροδώ), in Vorderansicht, in Tunica und Mantel, dessen einen Zipfel sie mit der quer über der Brust liegenden Rechten auf die linke Schulter zu legen im Begriff ist; die linke Hand ist gesenkt; auf dem Kopfe liegt kranzartig die Haarflechte. Der Unterkörper der Figuren vom Bauch an ist weggebrochen. Im Gesims die Inschrift:

ΟΝΗCΑCΕΒΛΦΡΔΙΤΟΥ ΑΦΡΟΔΩΖΩΠΥΡΟLΥ

1837 aus dem Museum zu Aegina mitgebracht.

Vgl. Pervanoglu Grabst. S. 24, 18.

Die Inschriften auch CJGr. 2322 b[85]; Exp. de Morée III Inscr. p. 39, 48; Le Bas Voy. arch. Inscr. IV, 1984.

478 (56). Psephismarelief.

H. 0,59. B. unten 0,33; oben 0,31. Fig. 0,14. Pent. Marmor Unten ein wenig bestossen. Oberfläche verwaschen.

Oben über einem Gesims die Reliefdarstellung, jederseits von Anten eingefasst, die ein Gesims mit Dachantefixen tragen: rechts sitzt n. l. auf Felsstücken eine *Frau* (*Demeter*)*). in Chiton und Mantel, in jeder Hand eine grosse Fackel haltend; neben ihr zur Rechten sitzt n. l. ein *Hund*, der den Kopf zu ihr um- und emporrichtet Der Göttin naht ein *Mann*, mit rechtem Spielbein, in kurzem Chiton und Mantel, auf dem Kopf den Petasos, die Rechte betend erhoben; hinter ihm steht ein *Pferd*, dessen Zügel vielleicht die Linke des Mannes hält. Darunter stand einst eine mehrzeilige Inschrift, die jetzt *ganz* verwittert ist.

Abg. Expd. de Morée III pl. 43, 1; Schöne Griech. Reliefs Taf. 26, 108.

Vgl. Schöne a. O. S. 54.

Ein Abguss jetzt im Berl. Museum (no. 429 des Inventariums).

Westwand.

Obere Reihe:

479 (57). Kopf des bärtigen Bacchos.

H. 0,26. Pent. Marmor. Geringe archaistische Arbeit.

Nase und Brust sind weggebrochen; hinten abgeplattet (als architectonischer Träger verwandt?). — Ueber der Stirn drei Reihen von Löchern, um den Kopf liegt der Mantel geschlagen.

480 (58). Bruchstück eines Reliefs.

H. 0,24. B. 0,22. Pent. Marmor. Ringsum weggebrochen und verwittert.

Erhalten sind noch die rechte Brust (nebst Arm) und die

*) Nach Schöne vielmehr Artemis oder Hekate.

Schenkel eines *Mannes*, in Vorderansicht, mit rechtem Spielbein, der in der gesenkten Rechten einen langen dünnen Stab trägt; von der um den Hals geknüpften Chlamys ist ein Rest vorhanden. Neben ihm ist noch das Hintertheil eines n. r. gewandten Pferdes (?) sichtbar.

481 (59). Basis (mit Resten einer Meerfigur).

H. 0,21. Pent. Marmor. Geringe Arbeit. Ringsum sehr bestossen. Phaleros.

Erhalten ist ein Theil einer Basis mit Wellen, in denen ein Delphin n. r. schwimmt: auf und an dem Thier sind die Spuren einer bekleideten Figur (*Nereide*) vorhanden.

482 (60). Kopf eines Mädchens.

H. 0,11. Pent. Marmor. Geringe Arbeit. Phaleros.

Der untere Theil ist beschädigt; das Haar liegt kranzartig um den Kopf.

483 (61). Kopf eines Mädchens.

H. (mit dem Halse) 0,40. Weisser Marmor. Gute Arbeit.

Wie der Marmorzapfen zeigt zum Einsetzen auf eine Statue bestimmt; es fehlt die Nase; Lippen und Kinn sind ein wenig angestossen. — Das Gesicht ist sehr oval und nach unten zugespitzt gebildet. Die Haare sind aus der Stirn gestrichen und auf dem Kopfe in eine Schleife zusammengebunden; in den Ohren Löcher für Schmucksachen. Auf dem Halse ist hinten der Saum eines Gewandes angebracht; der Hinterkopf ist unbearbeitet.

484 (62). Bruchstück einer Basis.

H. 0,14. B. 0,15. Pent. Marmor.

Erhalten ist ein Stück einer Basis mit einem kleinen Tiger (Kopf und Schwanz fehlen), der die Vorderpfoten auf die Erde legt und sich auf den Hinterbeinen erhebt gegen ein Thier (?), von dem noch Spuren sichtbar sind: wohl Parergon zu einer Statuette des Bacchos.

485 (63). Adler.

H. 0,16. Pent. Marmor. Hinten nicht bearbeitet.

Es fehlen Kopf Füsse und Schwanz des n. r. gewandten Vogels, an dem Ansatzspuren einer Figur sichtbar sind.

486 (64). Bruchstück eines Reliefs.

H. 0,13. B. 0,19. Pent. Marmor. Ringsum bestossen. Phaleros.

Erhalten ist noch ein Eberkopf (n. l.), in Flachrelief.

487 (65). Maske in Relief.

H. 0,19. B. 0,26. Pent. Marmor. Wirkungsvolle Arbeit.

Von einer Maske in Relief, ein wenig n. r. gewandt, sind die Stirn mit dem Nasenansatz und das rechte (am unteren Rand verletzte) Auge sowie die über der Stirn sich theilenden langen Haare erhalten; Augensterne und Brauen sind angegeben.

488 (66). Kopf eines (Seilenos?).

H. 0,16. Pent. Marmor. Allzu verwaschen und verwittert.

Der bärtige Kopf, vielleicht eines Seilenos (?), war — wie der Eisenstift zeigt — auf einer Statue eingesetzt.

Untere Reihe:

489 (67). Grabrelief.

H. 0,54. B. unten 0,38; oben 0,36. Gute Arbeit. Unten weggebrochen. Attika.

Oben ursprünglich bemaltes Gesims mit kleinen (zerstörten) Seitenakroterien. — Am Schaft (in einer Vertiefung, rechts und links durch Anten eingefasst) ein *Löwe**) (ungefähr 0,30 hoch), der n. r. auf den Hinterfüssen sitzt; sein Untertheil ist weggebrochen. Darüber zwei Rosetten und die Inschrift:

ΛΕΩΝ*)
ΣΙΝΩΠΕΥΣ

Gefunden 1826 „εἰς τὸ μέρος τῆς Ἀττικῆς" und 1837 aus dem Museum zu Aegina mitgebracht.

Abg. Eph. Arch. I no. 394; Stephani Tit. graec. part. III (Dorpat. 1849) Tab. I; Le Bas Voy. arch. Mon. d'ant. fig. pl. 78, 2.

Vgl. Stephani l. c. p. 23, 6; Rhang. 1985; Pervanoglu Grabst. S. 83, 4; Welcker Alte Denkm. V S. 72, 21; Kum. 2402; Friederichs Berl. Ant. Bildw. I no. 377; Bötticher Berl. Abg. no. 250.

490 (68). Grabrelief.

H. 0,66. B. unten 0,29; oben 0,27. Fig. 0,18. Pent. Marmor. Gefunden 1826 in Rheneia.

Unten Ablauf und ein Stück des 0,16 breiten Zapfens (vgl. no. 95 Anm.); oben ein flacher Giebel mit Akroterien. — In einer

*) Zu der Anspielung der bildlichen Darstellung auf die Bedeutung des Namens vgl. Fabretti Inscr. ant. p. 186 ss; Stephani l. c. p. 18 ss; Michaelis Arch. Ztg. 1859 S. 24; Schöne Gr. Rel. S. 32 zu no. 58; u. a. m.

ringsum eingefassten Vertiefung die Darstellung: n. r. sitzt auf einem Felsen ein nackter *Jüngling*, das linke Bein höher aufgesetzt, die Rechte auf dem Sitz; er legt den Kopf traurig in die linke Hand, die mit dem Ellenbogen auf das linke Knie aufgestützt ist. Vor ihm ist das Vordertheil seines*) Nachens nebst Wasser sichtbar. Ueber der Darstellung ist (um die Vorder- und die Nebenseiten des Reliefs) eine vorn geknotete Tänie gebunden, die ursprünglich bemalt war; unter der Darstellung die Inschrift:

ΓΛΥΚΩΝ
ΠΡΩΤΟΓΕΝΟΥ
ΧΡΗΣΤΕΧΑΙΡΕ

1837 aus dem Museum in Aegina mitgebracht.

Abg. Exped. de Morée III, 20, 1; Eph. Arch. I no. 393; Pervanoglu Grabst. I, 11 (schlecht); Arch. Ztg. 1871 Taf. 53*a*, 1.

Vgl. — ausser Stephani Ausr. Her. S. 25, 5; Pervanoglu a. O. S. 71, 6; Friederichs Berl. Ant. Bildw. I no. 376; Bötticher Berl. Abg. no. 226 — Michaelis Arch. Ztg. NF. IV (1871) S. 142 ff. und S. 147 f.

Die Inschrift auch CJGr. 2322*b*.[61]; Exp. de Morée III Inscr. p. 38, 44; Le Bas Voy. arch. Inscr. II p. 452, 2001; Rhang. 1988.

491 (69). Grabrelief.

H. 0,63. B. unten 0, 49; oben 0,43. Fig. 0,42. Pent. Marmor. Leidlich gute Arbeit. Oben die Bekrönung ist weggebrochen; die Gesichter der Figuren verwittert Rheneia.

Rechts und links Halbseulen, auf vielgliederigen Basen; die Canelluren beginnen nicht gleich von unten an. Zwischen diesen Seulen auf einer rundlichen Basis die Darstellung: rechts steht ein (bärtiger?) *Mann*, in Vorderansicht, mit rechtem

---

*) Von Krüger Charon und Thanatos (Charlottenb. Gymnas. Progr. 1866) S. 9 f. dagegen irrthümlich auf das *Fahrzeug des Charon* gedeutet; vgl. Heydemann Bull. dell' Inst. 1868 p. 38; Michaelis a. O. S. 144.

Spielbein, in Chiton und Mantel, der die rechte Schulter nebst Arm freilässt; die Linke fasst den Mantel und liegt an der Brust; die Rechte reicht er, sich ein wenig n. l. wendend, einer auf einem Stuhl (mit Fussbrett) n. r. sitzenden *Frau* (Δημητρία), welche die dargebotene Hand mit der Rechten ergreift. Sie ist in Schuhen Chiton und Mantel, der das Hinterhaupt verhüllt, und hält die Linke auf dem Schooss. Neben dem Stuhl steht n. l. ein kleines *Mädchen*, mit rechtem Spielbein, in Doppelchiton, die Rechte gesenkt; es hält in der vorgestreckten Linken einen Kasten und blickt zum Manne empor. An der Basis die Inschrift:

ΔΗΜΗΤΡΙΑ
ΝΕΙΚΑΙΟΥ
ΧΡΗΣΤΗ
ΧΑΙΡΕ

Abg. Exp. de Morée III pl. 20, 2.
Vgl. Pervanoglu Grabst. S. 65, 57.
Die Inschrift auch CJGr. 2322*b*.[61]); Exp. de Morée III Inscr. p. 38, 46; Le Bas Voy. arch. Inscr. IV, 2034.

492 (70). Bruchstück eines Reliefs.

H. 0,35. B. 0,13. Pent. Marmor. Geringe Arbeit.

Erhalten ist noch die rechte Einfassung und daneben die linke Seite einer *Frau*, in Doppelchiton und Mantel, der auf dem Rücken herabfällt und dessen Zipfel sie in der gesenkten Linken gefasst hält; mit linkem Spielbein. Kopf und Füsse fehlen.

493 (71). Grabrelief.

H. 0,60. B. unten 0,53; oben 0,45. Fig. 0,41. Pent. Marmor. Saubere Arbeit. Oben dicht über der Darstellung weggebrochen. Rheneia

Unten ist der 0,17 breite Zapfen erhalten (vgl. no. 95 Anm.). — Rechts und links Anten, deren Canelluren nicht gleich von der

Basis an beginnen; dazwischen die Darstellung, deren Gesichter beschädigt sind: auf einem Stuhl (mit Kissen Fussbank und gedrechselten Beinen) sitzt n. l. eine *Frau* (᾿Αγελαΐς), in Sandalen Chiton und Mantel, der das Hinterhaupt verhüllt; sie hat das rechte Bein übergeschlagen, den linken Arm über den Bauch gelegt, die rechte Hand, deren Ellenbogen auf dem rechten Schenkel ruht, erhoben und mit der äusseren Fläche an das Kinn gelegt. Vor ihr steht n. r. ein kleines *Mädchen*, in Doppelchiton, den rechten Arm über dem Bauch; sie stützt den linken Ellenbogen in die Rechte und hält die Linke, zur Frau emporblickend, unter das Kinn. Unten die Inschrift:

ΑΓΕΛΑΙΣΙΣΙΔΟΤΟΥ
ΑΛΥΠΕΧΡΗΣΤΗ
ΧΑΙΡΕ

1837 aus dem Museum zu Aegina mitgebracht.

Vgl. Pervanoglu Grabst. S. 31, 13.

Die Inschrift auch CJGr. 2322 *b*.[44]; Exp. de Morée III Inscr p. 40, 56; Le Bas Voy. arch. Inscr. IV, 2027.

494 (72). Grabrelief.

H. 0,86. B. 0,66. Pent. Marmor. Geringe Arbeit. Sehr bestossen. Rheneia.

Oben Gesims und flacher Giebel, in dessen Feld ein Schildrund angebracht ist; die Akroterien sind weggebrochen. — Rechts und links Anten, welche die Darstellung einfassen: links steht ein bärtiger *Mann*, in Vorderansicht, mit linkem Spielbein, in Sandalen Tunica und Toga, die Recht auf der Brust, in der gesenkten Linken eine Rolle haltend. Neben ihm steht seine *Frau* (Σατορνεῖνα), in Vorderansicht, mit rechtem Spielbein, in Schuhen Chiton und Mantel, dessen einen Zipfel sie mit der (über der Brust liegenden) Rechten über die Schulter zu legen im Begriff ist; die Linke ist gesenkt. Neben ihr rechts auf der Erde ein Scrinium und in der Ante ein Stylos (um die Frau als Schriftstellerin zu bezeichnen). Im Fries die Inschrift (in schlechten Buchstaben):

ὁ δεῖνα τοῦ πρ

]ΟΞΕΝΟΥ*) CΑΤΟΡΝΕΙΝΑΓΥΝΗΑΥΤΟΥ
ΡΩ]ΜΑΙΑ

Vgl. Le Bas Voy. arch. Inscr. IV, 1964; Pervanoglu Grabst. S. 24, 19.

495 (78). Grabrelief.

H. 0,75. B. unten 0,41; oben 0,38. Fig. 0,33. Pent. Marmor. Oberfläche sehr angegriffen. Rheneia.

Unten ist der Ansatz eines 0,11 breiten Zapfens erhalten (vgl. no. 95 Anm.). — Rechts und links Anten, die einen Bogen tragen; darüber Gesims und Giebel mit Akroterien: im Giebelfeld in der Mitte ein Schildrund, in den Ecken Löcher (zu Bronzestiften; vgl. no. 47 Anm.). In den Zwickeln neben dem Bogen je eine Rosette. — Ein ältlicher *Mann*, in Chiton und Mantel, der die rechte Schulter nebst Brust freilässt, steht n. l. mit linkem Spielbein vor einer auf einem Stuhl (mit Fussbrett) sitzenden *Frau* (Καλλινίκη), in Schuhen Chiton und Mantel, der den Hinterkopf verhüllt: sie reichen sich die rechten Hände; seine Linke ist gesenkt. Neben der Frau steht n. r. ein kleines *Mädchen*, in Doppelchiton, die Rechte gesenkt, in der erhobenen Linken einen Kasten haltend. Unten die (sehr verwischte) Inschrift:

ΚΑΛΛΙΝΙΚΗΠΟΛΕ
ΜΑΡΧΟΥΝΕΑΠΟΛΙ
ΤΙΧΡΗΣΤΗΧΑΙΡΕ

Trotz aller Verschiedenheit wohl identisch mit der Inschrift CJGr. 2322*b*. [73] (aus Pittakis' Scheden abgedruckt) und Le Bas Voy. arch. Inscr. IV, 1976.

---

*) Le Bas . . . . ΟΛΕΝΙΟΥ

496 (74). Grabstele.

H. 0,93. B. unten 0,45; oben 4,02. Fig. oben 0,42; unten 0,38. Pent. Marmor. Leidliche Arbeit später Zeit. Oben zerstossen. Rheneia.

Oben ein flacher Giebel mit (zerstossenen) Akroterien. — Am Schaft sind zwei eingefasste Reliefs, durch einen Streifen getrennt, übereinander angebracht. Im *oberen* Relief: links steht ein *Mann* (Εὔτυχος), in Vorderansicht, mit rechtem Spielbein, ein wenig n. r. gewandt, in Sandalen kurzem Chiton und Mantel, der, um den Hals geknüpft, vorn und hinten gleichmässig herabfällt; er hat in der gesenkten Rechten eine Säge (deren am unteren Ende befindlicher Riemen in der Einfassung angebracht ist) und in der im Ellenbogen erhobenen Linken ein breites Messer (das in der Scheide steckt und dessen Griff in einen Vogelkopf ausgeht). Neben ihm steht seine *Frau* (Ροδώ), in Vorderansicht, mit linkem Spielbein, in Schuhen Chiton poderes und Mantel, die Rechte auf der Brust, die Linke gesenkt. Im *unteren* Relieffeld sind die beiden Töchter des Eutychos und der Rhodo dargestellt: rechts sitzt n. l. auf einem Stuhl (mit Löwenfüssen und Fussbrett) ein *Mädchen*, in Schuhen und kurzärmeligem Chiton, der dicht unter den Brüsten gegürtet ist; sie legt die Linke nach hinten an den Sitz, neigt sich hintenüber und hält in der vorgestreckten Rechten einen blattförmigen Fächer. Vor ihr steht eine *Frau*, in Vorderansicht, mit rechtem Spielbein, in Schuhen (ebenso hoch gegürtetem) Chiton und Mantel, der die rechte Schulter nebst Brust freilässt; sie hält in der gesenkten Rechten gleichfalls einen blattförmigen Fächer (?) und in der ein wenig gehobenen linken Hand, über deren Unterarm ein Mantelzipfel liegt, einen Ball (oder Knäuel?). Ueber dem oberen Felde die Inschrift:

ΕΥ Τ V Χ Ο Σ Κ Α Ι ΡΟΔΩΜΕΝΕ

ΣΑΡΟΣΙΠΠΙΑΤΡΟΣ ΚΡΑΤΙΔΟΣΜΙ
ΛΗΣΙΑ

über dem unteren Relieffelde die Inschrift:

ΕΑΥΤΩΚΑΙΤΟΙΣΤΕ
ΚΝΟΙΣ

Abg. Eph. Arch. I no. 602; Le Bas Voy. arch. Mon. d'ant. fig. pl. 73, 2.

Vgl. Pervanoglu Grabst. S. 23, 17; Friederichs Berl. Ant. Bildw. I no. 380; Bötticher Berl. Abg. no. 228.

497 (75). Grabstele.

H. 0,96. B. unten 35; oben 0,32. Fig. 0,26. Pent. Marmor. Sehr flüchtige Arbeit. Oben und rechts unten weggebrochen. Gefunden 1833 im Piraeus.

Oben Gesims und Palmette, die fast ganz fehlt. — Am Schaft in einer jederseits durch eine Ante eingefassten Vertiefung die Darstellung: eine *Frau* (Γλυκέρα), n. l. mit linkem Spielbein, in gegürtetem Doppelchiton mit kurzen genestelten Aermeln und Brustkreuzbändern, auf dem Rücken den Mantel, dessen einen Zipfel sie in der gesenkten Linken hält; sie streckt die gesenkte Rechte vor im Gespräch mit dem vor ihr stehenden kleinen *Mädchen*, welches die Linke hebt und den Kopf aufmerksam emporrichtet; das Mädchen ist in gegürtetem Doppelchiton, mit linkem Spielbein, die Rechte gesenkt. Darüber steht die Inschrift:

ΓΛΥΚΕΡΑ

Vgl. Pervanoglu Grabst. S. 30, 12; Kum. 2720.

498 (76). Grabseule.

H. 0,66. B. 0,57. Fig. 0,48. Pent. Marmor. Verwittert. Rechts und oben dicht über den Köpfen der Figuren weggebrochen. Rheneia.

Links ist noch die Einfassung erhalten: eine Halbseule mit Canelluren, die nicht gleich von der Basis an beginnen. Auf einem Stuhl (mit Kissen und gedrechselten Füssen) sitzt n. r. eine *Frau*, in Schuhen Chiton und Mantel, der das Hinterhaupt verhüllt und den sie mit der erhobenen Linken über die Schulter zieht: sie reicht die Rechte der vor ihr stehenden *Frau* hin, welche, in Vorderansicht, mit linkem Spielbein, das Gesicht zu ihr wendet; dieselbe, in Schuhen und Chiton, ist ganz in den Mantel gehüllt, der auch den Hinterkopf verschleiert, hat die Linke über den Bauch gelegt und mit der (über der Brust erhobenen) Rechten den Mantel in der Halsgegend gefasst. Rechts neben der letzteren Frau ist noch der rechte beschuhte Fuss einer in Vorderansicht stehenden *Figur* erhalten. Nehen dem Stuhl der erstbeschriebenen Frau — der ein wenig tiefer steht, als die Basisfläche ist, auf der die Frauen sich finden — steht ein kleines *Mädchen*, in Vorderansicht, mit rechtem Spielbein, in gegürtetem Doppelchiton mit kurzen Aermeln: es wendet den Kopf ein wenig n. r. zu den Frauen und hat beide Hände übereinander auf den Bauch gelegt. Darunter steht die Inschrift (die wohl der sitzenden Frau gehört, aber auch der stehenden gehören könnte):

ΜΑΑΡΟΝ[ΕΙΑ*) *τοῦ δεῖνα γυνὴ*
ΝΑΞΙΑΧΡΗΣΤΗΧΑΙΡΕ

1837 aus dem Museum zu Aegina mitgebracht.
Vgl. Pervanoglu Grabst. S. 65, 55.
Die Inschrift auch CJGr. 2322*b*.[29]; Exp. de Morée III Inscr. p. 33, 14; Le Bas Voy. arch. Inscr. IV, 1957.

499 (77). Grabrelief.

H. 0,77. B. unten 0,50: oben 0,46. Fig. 0,35. Pent. Marmor. Geringe Arbeit. Verwittert. Rheneia.

Oben Gesims mit (zerstörten) Antefixen; unten Ablauf. — Die Darstellung ist ringsum eingefasst: auf einer Kline (mit Kissen und herabhängender Decke) liegt n. r. hin ein *Mann* (Δημήτριος), auf den linken Ellenbogen sich stützend, in Chiton und Mantel, der die rechte Schulter nebst Brust freilässt; in der vorgestreckten Rechten hält er libirend eine Schale. Zu seinen Füssen sitzt eine *Frau*, in Vorderansicht, in Schuhen Chiton und Mantel, der das Hinterhaupt verhüllt; sie legt die Linke unter dem Mantel auf den Schooss, stützt den rechten Ellenbogen auf das Handgelenk des linken Arms und fasst mit der Rechten den Mantel in der Halsgegend, den Kopf zum

*) Böckh liest *Μα[κ]ρώ N* (e. c. *Νικίου*) *κτλ*; Le Bas *Μααρων* ...

Manne wendend; ihre Füsse ruhen auf einer Fussbank (mit Thierfüssen). Im Hintergrunde zwischen Beiden ist in Flachrelief der Oberkörper einer n. r. gewandten *Frau* sichtbar, in Chiton und Mantel, der auch den Hinterkopf verhüllt: sie hat die Linke gesenkt und die Rechte unter dem Mantel auf die Brust gelegt. Rechts neben dem Manne steht n. l. ein kleiner *Knabe*, in kurzem Chiton, mit rechtem Spielbein, der in der gesenkten Linken einen Schöpflöffel und in der erhobenen Rechten eine Kanne hält. Links hinter der Frau steht ein runder Tisch (mit drei Löwenfüssen), auf dem drei Becher und ein Trinkhorn stehen, das in einen Vogelkopf endet; hinter dem Tisch steht ein zweiter *Knabe*, in Vorderansicht, das Gesicht ein wenig n. r. wendend; er ist in einen Chiton gekleidet und giesst mit beiden Händen aus einer Spitzamphora Wein in einen Becher (der auf dem Tisch steht, auf dem noch zwei andere Becher umgekehrt stehen). Unten die Inschrift:

Rasur.	ΔΗΜΗΤΡΙΕΛΝΤΙ ΟΧΕΥΛΡΧΙΞΛΦΦΗ*) ΧΡΗΣΤΕΧΛΙΡΕ

Vgl. Stephani Ausr. Her. S. 50, 20; Pervanoglu Grabst. S. 41, 17 und Familienmahl S. 18, 17; Dumont Rev. Arch. NS. XX (1869, 2) p. 425 ss.

Die Inschrift auch CJGr. 2322*b*.[13]; Exp. de Morée III Inscr. p. 34, 21; Le Bas Voy. arch. Inscr. IV, 1938.

500 (78). Herme des Zeus Meilichios.

H. 0,56. B. 0,11. Weisser Marmor. Arg verwittert. Tripolitza.

Der Kopf ist allzusehr verwittert, um noch den Typus genauer erkennen zu können: das Haar fällt in einem dichten

*) Sic! Dumont l. c. liest ἀρχιζαφφ A; cf. auch Keil Epigr. Excurse (Jahrb. für class. Philol. II Supplementb. 1856 und 1857) p. 375.

Kranz um das Gesicht herab; der Bart war stark. Am Schaft die Inschrift (in schlechten Buchstaben):

ΚΛΕΟΝ	Κλέων
ΚΑΛΛΙΑ	Καλλία
ΔΙΙ	Διί
ΜΙΛΙΧ	Μ(ε)ιλιχ-
ΙΩΙ	ίῳ

Eine zweite Weihinschrift aus Tegea an den Ζεὺς Μελίχιος (sic) vgl. Le Bas Voy. arch. Inscr. II, 337.

501 (79). Grabgruppe.

H. 0,24. B. 0,39. T. 0,12. Weisser Marmor. Gewöhnliche Arbeit. Bestossen. Tripolitza.

Es fehlen die Köpfe, die besonders eingesetzt waren; hinten ist die Gruppe weniger bearbeitet. — Auf einer 0,12 hohen Kline (mit Kissen und herabhängender Decke) liegt auf dem linken Arm gestützt ein *Mann*, unterwärts bemäntelt, die Rechte auf dem Schooss, in der Linken eine Schale haltend. Zu seinen Füssen sitzt eine *Frau*, in Vorderansicht, in Chiton und Mantel; sie hat die Linke auf das linke Knie, die Rechte auf die Brust gelegt — beides unter dem Mantel; unter ihren Füssen eine Fussbank. Auf der Vorderseite der Kline ist in Flachrelief ein länglicher Tisch dargestellt, mit zwei Spitzkuchen und (zwischen denselben) einem Brod.

502 (80). Relief eines sog. Todtenmahls.

H. 0,16. B. 0,26. T. 0,15. Weisser Marmor. Grobe Arbeit. Hochrelief. Bestossen und verwittert. Tripolitza.

Auf einer Kline liegt auf den linken Ellenbogen gestützt ein bärtiger *Mann*, unterwärts und die linke Schulter nebst Arm bemäntelt, in der linken Hand eine Schale haltend und die Rechte zu dem vor ihm befindlichen länglichen Tisch neigend, auf dem zwei runde und zwei spitze Kuchen nebst einem kleineren Gebäck stehen. Am Fussende der Kline sitzt in Vorderansicht eine *Frau*, in Chiton und Mantel, der den Hinterkopf verschleiert; sie hat beide Hände in den Schooss gelegt, in der Rechten eine Schale haltend.

503 (81). Bruchstück eines Knabensturzes.

H. 0,22. Weisser Marmor. Ganz verwaschen. Tripolitza.

Erhalten sind die rechte Schulter, die obere Brust, der Hals und der Kopf eines Knaben, welcher den Kopf (schlafend?) n. l. auf seine rechte Hand stützte, deren Finger an der Wange vorhanden sind.

504 (82). Votivrelief an Kybele.

H. 0,26. B. 0,15. Weisser Marmor. Sehr gewöhnliche Arbeit. Sehr bestossen. Tripolitza.

Es fehlt der Kopf der Göttin. Sie ist in gegürtetem Chiton und Mantel, der das Hinterhaupt verhüllte; in der Rechten hat sie eine Schale, in der Linken das Tympanon. Zu ihrer Rechten sitzt unten der Löwe.

505 (83). Bruchstück eines Reliefs.

H. 0,20. B. 0,32. Weisser Marmor. Grobe Arbeit. Sehr bestossen. Tripolitza.

Erhalten ist noch ein Stück der linken Einfassung und daneben die Brust die Oberarme und der Kopf eines *Jünglings*, in Vorderansicht, in Chiton und Chlamys, die, auf der rechten Schulter geknüpft, über den linken Arm herabfällt; beide Arme waren gesenkt; hinter ihm ist ein n. r. gewandtes *Pferd* sichtbar.

506 (84). Votivrelief an Kybele.

H. 0,26. B. 0,20. Weisser Marmor. Grobe Arbeit. Sehr bestossen. Tripolitza.

Es fehlen der Kopf, der linke Arm und die rechte Hand

der Göttin; hinten ist die dicke (0,23) Reliefplatte ausgehöhlt. Die Göttin, in Chiton und Mantel, hielt in der Rechten eine Schale (und in der Linken wohl das Tympanon).

507 (85). Bruchstück eines Reliefs.

H. 0,28. B. 0,25. Weisser Marmor. Rohe Arbeit. Unten und rechts weggebrochen. Tripolitza.

Erhalten ist links ein *Jüngling*, in Vorderansicht, mit rechtem Spielbein, über dem rechten Unterarm die Chlamys, welcher in der (im Ellenbogen) vorgestreckten Linken die Zügel des hinter ihm stehenden n. r. gewandten *Pferdes* hält. Rechts vor ihm noch Reste eines Altars mit Feuer (?).

508 (86). Kinderkopf.

H. 0,10. Weisser Marmor. Allzusehr verwaschen. Tripolitza.

509 (87). Bruchstück eines Widders.

H. 0,23. Weisser Marmor. Rohe Arbeit. Sehr bestossen. Tripolitza.

Erhalten ist der vordere Theil eines Widders (die Füsse fehlen): ob ein Werk spätester griechisch-römischer oder schon byzantinischer Kunst, ist schwerlich zu entscheiden.

510 (88). Votivrelief.

H. 0,37. B. 0,41. Fig. 0,28. Weisser Marmor. Grobe Arbeit. Sehr verwittert und bestossen. Links weggebrochen. Tripolitza.

Ringsum eingefasst. Oben ein flacher Giebel mit der Inschrift:

etwa *ἰφ*]ΙΚΛΗΣ ΑΝΕΘΗΚΕ

In der Mitte steht ein Altar mit Gesims und Ablauf.

Hinter demselben steht ein *Mann*, in Vorderansicht, in Chlamys, die auf der rechten Schulter geknüpft ist, die Rechte senkend. Rechts neben dem Altar steht zuerst eine *Frau* (*Hera?*), in Chiton und Mantel, der das Hinterhaupt verhüllt, in Vorderansicht; die Linke ist unter dem Mantel gesenkt, während die erhobene Rechte denselben über die rechte Schulter zieht. Neben ihr steht n. l. *Athene*, in gegürtetem Doppelchiton, mit Aegis und Helm; die gesenkte Linke hält den Schild auf der Erde, die Rechte liegt auf der linken Schulter der ebenbeschriebenen Göttin. Links neben dem Altar steht n. r. ein *Mann*, in kleinerem Verhältniss, mit linkem Spielbein, in Chiton und Mantel, in der vorgestreckten Linken eine Schale mit Früchten (?) tragend. Hinter ihm ist noch der Fuss nebst Gewandung einer n. r. gewandten *Figur* vorhanden.

511 (89). Sturz einer weiblichen Figur.

H. 0,30. Weisser Marmor. Grobe Arbeit. Tripolitza.

Es fehlen der Kopf (der eingesetzt war), der rechte Unterarm, der linke Arm und beide Beine von den Knieen an. — Die Figur, deren Leib allzuschlank gebildet ist, ist nackt und stand auf dem rechten Bein; der rechte Arm ist gesenkt, die linke Schulter ein wenig erhoben. Am linken Schenkel ist der Ansatz (einer Stütze?) vorhanden.

Südwand.

Untere Reihe:

512 (90). (Tischfuss oder architectonischer Träger?) mit der Figur des Bellerophon.

H. des Baumes 0,76; der Figur 0,59. Pent. Marmor. Grobe Arbeit später Zeit. Unten weggebrochen.

Es fehlen am *Bellerophon* der rechte Arm vom Deltoides

an, das rechte Bein von der Mitte des Oberschenkels an, die Nasenspitze, die Lanze, die Haarlocken über der Stirn und Theile der Chlamys; am *Pferde* beide Vorderfüsse, der rechte Hinterfuss, der Schwanz und Theile des Zügels; die Schnauze ist bestossen. — Die reliefartig gehaltene Darstellung zeigt vor einem Baumstamm *Bellerophon* n. r. auf dem geflügelten *Pegasos* (mit Löwenfell als Sattel) sitzend, mit dichtem langem Haar, in Schuhen kurzem Chiton und Chlamys, die auf der rechten Schulter geknüpft ist; die Linke fasst die Zügel des laufenden Rosses dicht bei der Schnauze; die Rechte war erhoben und zückte die Lanze*) (gegen die hinzuzudenkende Chimaera, nach welcher der Held lächelnd zurückblickt und den Oberkörper umwendet). Der Baumstamm ist hinten abgeplattet, das Ross und der Reiter dagegen ausgearbeitet. Das Gesicht zeigt ein Portrait; die Augensterne sind angegeben. Oben im Baum ist ein Loch zum Einsetzen (einer Tischplatte oder eines Gebälks) vorhanden.

Vgl. Pervanoglu Grabst. S. 78, a (der gewiss mit Unrecht einen „Grabstein" in der Darstellung erkennt).

518 (91). Grabstele.

H. 0,80. B. unten 0,29; oben 0,27. Fig. 0,28. Pent. Marmor. Arbeit guter Zeit.

Ueber dem Gesims ein kleiner Giebel mit glatten (ursprünglich bemalten) Akroterien. — Am Schaft die Darstellung, oben und unten begrenzt: auf einem Lehnstuhl (mit Thierfüssen und Fussbank) sitzt n. r. eine *Frau* (Εὐταμία), in Schuhen Chiton und Mantel, den sie mit der erhobenen Linken über die linke Schulter zu ziehen im Begriff ist; sie trägt eine Haube und grosse runde Ohrringe. Ihre auf dem Schooss liegende Rechte ist ein wenig erhoben, um ein Alabastron zu nehmen, das ihr ein mit rechtem Spielbein vor ihr stehendes kleines *Mädchen* in der vorgestreckten Rechten hinhält; dasselbe ist in Haube und langem Chiton und trägt in der ge-

*) Von ihr ist an den Falten der flatternden Chlamys noch ein Ansatz erhalten.

senkten Linken einen Korb (oder eine Schachtel) am Griff des Deckels. Ueber dieser Darstellung ist eine n. l. stehende *Hündin**) angebracht, die aufhorcht. Darüber die Inschrift:

EYTAMIA

Abg. Le Bas Voy. arch. Mon. d'ant. fig. pl. 73, 1.

Vgl. Pervanoglu Grabst. S. 52, 17; Friederichs Berl. Ant. Bildw. I no. 373; Bötticher Berl. Abg. no. 227.

Die Inschrift auch Kum. 2906.

514 (92). Grabstele.

H. 0,70. B. unten 0,35; oben 0,33. Fig. 0,26. Pent. Marmor. Leidlich gute Arbeit. Unten und oben bestossen.

Oben ein Gesims und ein kleiner Giebel mit Akroterien, von denen noch dasjenige auf der linken Ecke erhalten ist. Die Darstellung ist ringsum eingefasst, und zwar rechts und links durch Anten: auf einem Lehnstuhl (mit Decke und Fussbank) sitzt n. r. eine *Frau* (Τιμαγόρα), in Schuhen Chiton und Mantel, unter dem die Linke auf dem Schooss liegt. Vor ihr steht mit linkem Spielbein eine ältliche *Frau*, in kurzärmeligem Chiton und Mantel, der den Hinterkopf verhüllt, die Linke gesenkt: sie reichen sich die rechten Hände. Zwischen beiden Frauen steht n. l. mit linkem Spielbein ein bärtiger *Mann* (Δημόκριτος), um das Haar eine Tänie, in Mantel, der die rechte Schulter nebst Arm und Brust freilässt; die Linke ist unter dem Mantel gesenkt, die Rechte gegen die Wange erhoben. Darüber die Inschrift:

---

*) Als Symbol der Treue nnd Wachsamkeit (vgl. z. B. Columella de R. R. VII, 12, 1; Plin. Nat. Hist. 8, 142; u. a. m.), die der Eutamia nachgerühmt wurden: vielleicht zugleich auch eine Anspielung — vgl. Welcker Syllog. epigr. p. 134 ss — auf den Namen der Verstorbenen („Wohl-Schaffnerin")? Nach Curtius dagegen wäre der Hund Symbol der Wanderschaft und des Weges (Wegebau S. 216 [Berl. Akad. Abh. 1854]); nach Friederichs „scheint der Hund zum Gedächtniss eines treuen, neben seinem Herrn begrabenen Thieres angebracht zu sein".

ΤΙΜΑΓΟΡΑ ΔΗΜΟΚΡΙΤΟΥ
ΔΕΛΦΙΣ

Gefunden den 15. September 1858 zusammen mit no. 475. Vgl. Eph. Arch. I, 3288; Pervanoglu Grabst. S. 66, 60; Kum. 1641.

Obere Reihe:

515 (93). Frauenkopf.

H. 0,23. Pent. Marmor. Geringe Arbeit.

Nase und Kinn sind weggestossen. Das Haar liegt kranzartig um den Kopf; hinter dem Ohr je eine Locke. Löcher zu Ohrringen.

516 (94). Frauenkopf.

H. 0,21. Pent. Marmor. Ganz verwaschen.

Am Hinterkopf ein grosser Haarwulst.

517 (95). Frauenkopf.

H. 0,18. Pent. Marmor. Arbeit guter Zeit.

Aus einem *Grabrelief*: Nase und Stirn sind beschädigt; um das Haar liegt eine Tänie, am Hinterkopf ein Theil des Schleiers; ein wenig n. l. geneigt.

518 (96). Mädchenkopf.

H. 0,13. Pent. Marmor.

Das Gesicht ist ganz zerstört; nach links geneigt.

519 (97). Mädchenkopf.

H. 0,20. Pent. Marmor.

Ueberall arg bestossen.

520 (98). Männerkopf.

H. 0,14. Weisser Marmor. Zerstossen. Olympia.

Wohl aus einem *Grabrelief:* Nase und Lippen sind bestossen; der bärtige Kopf, mit einer Tänie geschmückt, ist n. l. geneigt.

521 (99). Kopf eines Knaben.

H. 0,16. Pent. Marmor. Arbeit römischer Zeit.

Nase und Mund sind bestossen. Das Gesicht ist rund und voll gebildet; mit langen Locken.

522 (100). Kinderkopf.

H. 0,09. Pent. Marmor. Gewöhnliche Arbeit.

Stirn und Nase sind weggebrochen. Von hinten quer über dem Kopf liegt eine Haarflechte (vgl. dazu no. 232 Anm. 2).

523 (101). Bruchstück eines Grabreliefs.

H. 0,23. B. 0,16. Pent. Marmor. Arbeit guter Zeit.

Erhalten ist der Kopf einer n. l. gewandten *Frau*; die Nasenspitze und die Lippen sind beschädigt.

524 (102). Bruchstücke von Frauenköpfen.

Vier Stücke von Vordertheilen verschiedener weiblicher Gesichter. Pent. Marmor. Leidlich gute Arbeit. Ohne weiteren Werth.

525 (103). Bruchstück eines Reliefs.

H. 0,17. B. 0,12. Pent. Marmor. Arbeit guter Zeit.

Erhalten ist der Helm (mit Busch) einer n. l. gewandten *Figur*.

526 (104). Bruchstück eines Grabreliefs.

H. 0,11. B. 0,09. Pent. Marmor.

Erhalten ist der Kopf eines *Kindes*, in Vorderansicht; über dem Kopf liegt quer von hinten eine Haarflechte (vgl. dazu no. 232 Anm. 2). Die Nase fehlt.

527 (105). Basis (mit Resten einer Figur).

H. 0,02. B. 0,10. Pent. Marmor.

Erhalten ist eine Basis mit den Füssen einer Frau, in Sandalen und Chiton poderes, mit linkem Spielbein.

528 (106). Bruchstück eines Grabreliefs.

H. 0,08. Pent. Marmor. Arbeit guter Zeit.

Erhalten ist der behaubete Kopf einer *Frau*, in Vorderansicht; die Nase ist bestossen.

529 (107). Bruchstück eines sog. Todtenmahls.

H. 0,25. B. 0,18. Pent. Marmor. Völlig zerstossen.

Erhalten sind die rechte obere Ecke (mit Anteneinfassung Gesims und Dachkrönung) und der Oberkörper des (auf einer Kline gelagerten) bärtigen *Mannes* ('Ακάμας), der sich auf den linken Unterarm stützt und die rechte Hand mit einem Trinkhorn erhebt. Am Gesims die Inschrift:

[ἡ δεῖνα] AKAMAΣ

580 (108). Votivrelief an Kybele.

H. 0,30. B. 0,19. Pent. Marmor. Oberfläche ganz zerstossen.

Oben ein kleiner Giebel. Die Göttin, in Chiton und Mantel, mit Locken und Modios, hat in der Linken das Tympanon (und in der Rechten wohl die Schale).

581 (109). Bruchstück eines (Grab-?)reliefs.

H. 0,21. B. 0,14. Pent. Marmor.

Erhalten ist neben der linken Einfassung der Oberkörper eines bärtigen *Mannes* (n. r.), in Mantel, der die rechte Schulter nebst Brust entblösst lässt; die Rechte liegt auf der Brust, der linke Arm war vorgestreckt.

582 (110). Sturz eines Eros.

H. 0,26. Pent. Marmor. Geringe Arbeit.

Es fehlen der Kopf, beide Arme von den Deltoides an und beide Beine von den Hüften an; die Flügel sind abgebrochen. — Der Gott stand auf dem rechten Bein; er trägt auf dem Rücken den Köcker, dessen Band quer über der Brust und der rechten Schulter liegt; die linke Hand lag in der Seite (wo Reste vorhanden sind).

583 (111). Bruchstück eines Votivreliefs an Pan und die Nymphen.

H. 0,30. B. 0,23. Pent. Marmor. Die Oberfläche ist sehr mitgenommen. Athen.

Erhalten ist die linke Seite des Nymphenreliefs: die nach oben sich abrundende Einfassung stellt eine Höhle dar, in der links auf einem Felsstück *Pan* (n. r.) sitzt, gehörnt und mit Thierfüssen versehen, die Syrinx blasend. Vor ihm naht ein *Jüngling* (*Hermes*), in kurzem Chiton, die Rechte erhebend und den Kopf zurückwendend nach den (weggebrochenen) *Nymphen*, von denen er die *vorderste* mit der Linken an ihrer rechten Hand gefasst hatte.

Gefunden nach Pittakis Eph. arch. I p. 322, 389 „τῷ 1829 ὑπὸ τὸ σπήλαιον τοῦ Πανός“.

Abg. Eph. arch. I no. 389 (schlecht).

Vgl. Schöll Arch. Mittheil. S. 95, 82; Michaelis Annali 1863 p. 312, c.

584 (112). Bruchstück eines weiblichen Sturzes.

H. 0,10. Pent. Marmor. Leidliche Arbeit.

Erhalten sind Bauch und Schenkel einer vorwärtsgehenden Frau, in gegürtetem Chiton und Mantel, der, um den Unterkörper liegend, von den gesenkten Händen gehalten wird: die erhaltene rechte Hand liegt in der Schamgegend; die (weggebrochene) Linke lag ein wenig höher in der linken Seite.

585 (113). Bruchstück eines (Grab-?)reliefs.

H. 0,12. B. 0,10. Pent. Marmor. Geringe Arbeit. Ringsum weggebrochen.

Erhalten sind die Beine eines *Mannes* (n. r.), in kurzem Chiton, mit rechtem Spielbein. Vor ihm ist der Gewandrest einer (sitzenden) Figur vorhanden.

586 (114). Weiblicher Sturz.

H. 0,36. Pent. Marmor. Geringe Arbeit.

Es fehlen der Kopf, der rechte Arm vom Deltoides bis zum Handgelenk, die linke Seite von der Schulter an bis zur Hüfte und beide Beine von den Knieen an. Die rechte Hand liegt auf der Brust.

587 (115). Bruchstück eines Reliefs.

H. 0,09. B. 0,08. Pent. Marmor. Leidliche Arbeit.

Erhalten sind neben der linken Seite die Brust und der rechte Arm eines n. r. gewandten *Mannes*, in Mantel (der die rechte Schulter und Brust freilässt).

588 (116). Bruchstück eines Reliefs.

H. 0,37. B. 0,28. Arbeit guter Zeit. Theilweise verwittert. Oben unten und links weggebrochen.

Erhalten sind das Gesäss und die beiden Beine (bis unterhalb der Kniee) einer n. l. tanzenden *Frau*, in dünnem kurzem flatterndem Chiton (oben verwittert).

589 (117). Statuette des Herakles.

H. 0,16. Pent. Marmor. Leidlich gute Arbeit.

Es fehlen der Kopf, der rechte Arm und die beiden Beine von den Knieen an. — Der Held hält in der ein wenig vom Körper abstehenden*) Linken die Keule; die Rechte war erhoben (und lag auf dem Kopfe?); mit linkem Spielbein.

540 (118). Gruppe eines Kindes und eines Hundes.

H. 0,11. Pent. Marmor. Sehr grobe flüchtige Arbeit. Athen.

Die reliefartige Darstellung ist hinten nicht ausgearbeitet. — Ein *Kind* sitzt n. r. auf den Knieen: vor ihm steht auf den Hinterfüssen ein kleiner *Hund*, nach dem er die Linke ausstreckt, während die Rechte (mit Frucht oder Spielzeug?) auf der Brust liegt.

Gefunden 1861 auf 1862 beim Olympieion.

Vgl. Eph. arch. II p. 50, 7.

541 (119). Bruchstück eines Reliefs.

H. 0,07. B. 0,08. Pent. Marmor. Verwittert und ringsum weggebrochen.

Erhalten ist der Oberkörper einer n. r. gewandten *Frau*, in gegürtetem Chiton; der hoch erhobene rechte Arm hält ein (Horn?); der Kopf ist ein wenig gesenkt.

---

*) Der Marmor zwischen dem Körper und dem linken Arm ist noch nicht weggemeisselt — oder sollte als Stütze stehen bleiben?

542 (120). Bruchstück einer weiblichen Statuette.

H. 0,08. Hym. Marmor. Geringe Arbeit.

Erhalten sind der Bauch, die Hüften und ein Theil der Brust einer nackten Frau, die auf dem rechten Bein stand und das linke hoch hob (vgl. dazu no. 555).

543 (121). Bruchstück eines männlichen Sturzes.

H. 0,21. Pent. Marmor.

Es fehlen der Kopf, beide Arme von den Schultern an und der Unterkörper vom Bauch an — Der rechte Arm war erhoben; der Kopf ein wenig n. l. geneigt.

544 (122). Sturz einer Statuette des Pan.

H. 0,22. Pent. Marmor. Leidlich gute Arbeit.

Es fehlen der Kopf, der rechte Unterarm, der ganze linke Arm, das rechte Bein vom Knie an und das linke vom Schenkel an. — Der Gott hat um den Hals ein Thierfell geknüpft; die gesenkte Rechte hielt ein Pedum (dessen Ende am rechten [Thier-]schenkel erhalten ist).

545 (123). Bruchstück einer weiblichen Figur.

H. 0,15. Pent. Marmor. Archaistische Arbeit.

Erhalten sind der Bauch und die Hüften einer Frau, welche ganz in Vorderansicht mit eng aneinander geschlossenen Beinen dasteht; sie ist in wollenem Chiton (von dem der rechte weite Aermel noch vorhanden ist) und eng anliegendem Mantel, der die rechte Schulter nebst Brust und Arm freilässt und über der linken Schulter lag: die gesenkte (halb weggebrochene) Linke liegt an der Hüfte (und hob wohl den Mantel nach Art der sog. *Spesfiguren*).

546 (124). Bruchstück von einer Statuette der Athene.

H. 0,16. Pent. Marmor. Arbeit guter Zeit.

Wohl von einem Relief? Erhalten sind Brust und Bauch einer *Athene*, in Chiton und Aegis (die aus zwei durch das Gorgoneion zusammengehaltenen gleichgrossen Brustlappen besteht; vgl. dazu no. 780).

547 (125). Bruchstück eines Reliefs.

H. 0,15. B. 0,10. Pent. Marmor. Arbeit guter Zeit.

Erhalten ist der Oberkörper (vom Hals bis zum Bauch) einer (wohl männlichen) *Figur*, n. r. gewandt, in den Mantel gewickelt, unter dem die rechte Hand erhoben ist.

548 (126). Bruchstück einer weiblichen Statuette (Aphrodite?)

H. 0,10. Pent. Marmor.

Erhalten sind nur der Bauch und die Beine — das rechte bis zum Knie, das linke bis zum Oberschenkel — einer nackten Frau, die auf dem rechten Fuss stand: von der vor der Scham liegenden Rechten sind noch Ansätze am Bauch und am inneren linken Schenkel vorhanden. Am äusseren linken Schenkel ist der Ansatz (einer Stütze?) erhalten.

549 (127). Bruchstück von einer Statuette der Aphrodite.

H. 0,14. Pent. Marmor. Geringe Arbeit.

Es fehlen der Oberkörper vom Nabel an und die Beine von den Knieen abwärts. — Die Göttin steht mit rechtem Spielbein; um den Unterkörper ist der Mantel gewickelt, mit einem Knoten vor der Scham.

550 (128). Basis mit Resten einer Figur.

B. 0,33. Ringsum bestossen. Weisser Marmor.

Erhalten ist eine Basis mit den Füssen einer Figur, in

Sandalen: der rechte Fuss ist vorgesetzt; neben dem linken findet sich der Rest eines Scrinium.

551 (129). Basis mit Resten einer Figur.

H. 0,05. B. 0,15. T. 0,11. Weisser Marmor.

Erhalten ist eine Basis mit den Resten der beiden Füsse einer Figur: der rechte Fuss ist vorgesetzt; neben dem linken sind die Spuren eines viereckigen (0,04 □) Pfeilers vorhanden, vor dem ein Gefäss stand.

552 (130). Bruchstück einer kleinen Figur.

H. 0,08. Pent. Marmor. Flüchtige Arbeit.

Erhalten ist ein Stück einer Basis mit dem linken Fuss einer (wohl weiblichen) Figur, in Chiton poderes und Mantel; neben ihr der Rest (einer runden Stütze oder grossen Schlange?)

553 (131). Basis mit Resten einer bacchischen Gruppe.

H. 0,03. B. 0,21. T. 0,14. Pent. Marmor. Gewöhnliche Arbeit.

Auf einer länglichrunden Basis (mit Hohlkehle) sind die beiden Füsse einer auf dem linken Bein stehenden *Figur* erhalten, die den rechten Fuss vorsetzte. Daneben stand rechts eine kleinere *Figur*, von der nur die Fusspuren erhalten sind, und lag links ein Tiger, von dem noch die Füsse und der Schwanz vorhanden sind. Etwa *Dionysos*, der sich auf einen *Satyr* stützte?

554 (132). Pan und Nymphen (oder Horen).

H. 0,21. Dm. 0,13. Pent. Marmor. Sehr geringe Arbeit. Sehr verwaschen beschädigt und zerbrochen.

Alle Köpfe fehlen; unten ist ein Loch mit dem Rest des Zapfens (vgl. no. 95 Anm.) vorhanden. — *Drei Frauen* (*Nymphen oder Horen*), in Chiton und Mantel, die sich gegenseitig anfassen, tanzen n. r. um einen Baumstamm herum; zwei von ihnen sind in Vorderansicht, die vorderste in Rückenansicht dargestellt: diese fasst — wie es scheint — mit der Rechten den ihr vorangehenden *Pan* an, der sich umwendet.

Vgl. dazu Michaelis Annali 1863 p. 292 ss.

555 (183). Bruchstück einer Statuette der Aphrodite.

H. 0,10. Pent. Marmor. Grobe Arbeit.

Erhalten sind der Bauch und die Hüften nebst dem linken Schenkel einer Aphrodite: sie stand auf dem rechten Fuss, hob das linke Bein nach vorn empor und neigte den Oberkörper herab (um sich die Sandalen an- oder abzulegen)*); unter dem linken Oberschenkel ist der Ansatz der Stütze vorhanden.

Vgl. no. 542.

556 (184). Bruchstück einer kleinen (Karyatide?).

H. 0,17. Pent. Marmor. Grobe Arbeit.

Es fehlen der Kopf, beide Arme (von denen der rechte eingesetzt war) und Beine von den Knieen an. — Die Frau, in Doppelchiton mit Aermeln und Ueberwurf, auf dem Rücken einen langen Mantel, hat beide Hände gesenkt; die Linke berührte den Saum des Ueberwurfs. Die gerade Haltung mit dem geringen Spiel des linken Beins weisen auf eine kleine Karyatide hin.

557 (185). Basis mit Resten einer Figur.

H. 0,03. B. 0,10. T. 0,06. Pent. Marmor. Grobe Arbeit.

Auf einer Basis sind noch erhalten die beiden Füsse (mit Sandalen) einer Figur, und daneben eine 0,17 hohe Seule (oder Felsstück?), über der ein Gewandstück ausgebreitet ist.

---

*) Aehnliche Figuren z. B. Friederichs Berl. Ant. Bildw. I no. 598 ss; u. a. m.

558 (186). Entwurf zu einer weiblichen Statuette.

H. 0,28. Weisser Marmor.

Eine Frau, in Chiton und Mantel, setzt den linken Fuss vor und zieht den Körper ein wenig ein; die Rechte mit dem einen Mantelzipfel liegt auf dem linken Knie, während die Linke mit dem anderen Ende des Mantels erhoben ist: die Stellung erinnert äusserlich ein wenig an Niobe.

559 (187). Bruchstück eines Reliefs.

H. 0,12. B. 0,20. Weisser Marmor.

Erhalten ist noch die untere Einfassung und diejenige links nebst den beiden Füssen einer in Vorderansicht stehenden *Figur*, mit vorgesetztem linkem Fuss.

560 (188). Bruchstück eines Grabreliefs.

H. 0,10. B. 0,15. Pent. Marmor. Leidliche Arbeit.

Erhalten sind die Füsse und Beine (bis über den Knieen) einer auf einem Stuhl (mit Fussbank) n. l. sitzenden männlichen *Figur*, in Mantel, vor der eine *Frau* steht, in Vorderansicht, mit linkem Spielbein, in Chiton und Mantel; sie ist von den Knieen aufwärts weggebrochen.

561 (189). Bruchstück einer weiblichen Statuette.

H. 0,14. Pent. Marmor. Gewöhnliche Arbeit.

Erhalten sind die Beine (von den Hüften an) einer Frau, in Chiton und Mantel, der an der linken Seite herunterfiel; mit linkem Spielbein.

562 (140). Bruchstück eines Reliefs.

H. 0,23. B. 0,12. Pent. Marmor. Geringe Arbeit.

Erhalten ist die rechte untere Ecke mit dem rechten Fuss (bis zum Knie) eines *Mannes*, der sich auf seinen Stab vornüberlehnte, mit linkem Spielbein.

563 (141). Entwurf zu einer Hermesfigur.

H. 0,31. Pent. Marmor. Es fehlen die Beine von den Knieen abwärts.

Hermes, auf der linken Schulter die Chlamys, auf dem Kopf den Flügelhut, hält in der Linken das Kerykeion. Ob antik??

564 (142). Kleiner männlicher Sturz.

H. 0,22. Pent. Marmor. Leidliche Arbeit.

Es fehlen der Kopf, der rechte Ellenbogen nebst Unterarm, der linke Arm und die Beine von den Knieen an. — Der Mann stand auf dem linken Bein, legte die Linke in die Seite (wo Ansatzspuren vorhanden sind), neigte den Oberkörper sehr n. r. hin und senkte die rechte Hand (von der am rechten Schenkel gleichfalls Ansatzspuren erhalten sind); auf den Schultern liegen Reste von langen Locken. Am linken Schenkel der Ansatz einer Stütze.

565 (143). Kleiner weiblicher Sturz.

H. 0,13. Pent. Marmor. Sehr gewöhnliche Arbeit.

Erhalten ist der Unterkörper (vom Nabel bis zu den Knieen) einer Frau, in Chiton und Mantel, der vom linken Unterarm um den Unterkörper herumgeht und von der erhaltenen linken Hand vor der Schamgegend gehalten wird.

566 (144). Kleiner männlicher Sturz.

H. 0,10. Pent. Marmor. Leidliche Arbeit.

Erhalten ist die Brust mit den beiden Oberarmen eines Jünglings; der Kopf und der rechte Unteram waren angesetzt.

567 (145). Bruchstück eines Grabreliefs.

H. 0,22. B. 0,10. Pent. Marmor. Rohe Arbeit.

Erhalten ist die rechte untere Ecke mit den Gewandfalten

einer (neben der rechten Einfassung stehenden) *Figur*; an dieser Einfassung steht, in flachstem Relief, ein junges *Mädchen* (H. 0,13), welches, in Vorderansicht, mit linkem Spielbein, in gegürtetem Doppelchiton, den Kopf n. l. wendet.

568 (146). Bruchstück eines Reliefs.

H. 0,12. B. 0,17. Pent. Marmor. Verwaschen.

Erhalten ist ein Stück der linken Einfassung: daneben ist noch der Kopf eines *Mädchens* (n. r.) vorhanden, welche auf dem Kopf (H. 0,02) eine grosse Kiste (H. 0,04; B. 0,06) trägt, die sie mit der erhobenen Rechten hält. Vor ihr steht n. l. eine *Frau,* in Chiton und Mantel, der den Hinterkopf verhüllt, mit vorgestrecktem rechtem Arm; dieselbe ist von der Brust abwärts verloren.

569 (147). Knabe mit Vogel.

H. 0,23. Pent. Marmor. Grobe Arbeit.

Es fehlen der Kopf, die linke Seite nebst dem ganzen linken Bein und das rechte Bein vom Schenkel an; die Arme sind zerstossen, ebenso der Vogel. — Der kleine Knabe steht mit linkem Spielbein da und drückt mit beiden Händen einen Vogel an die Brust.

570 (148). Bruchstück eines sog. Todtenmahls.

H. 0,14. B. 0,15. Pent. Marmor. Grobe Arbeit.

Erhalten ist ein Stück der rechten Einfassung: in ihr ist der rechte erhobene Arm (mit Kanne) des *Mundschenkknaben*, in flachem Relief, erhalten; daneben sind die Brust und der linke Arm des gelagerten *Mannes* vorhanden, welcher, unterwärts bemäntelt, die rechte Hand vorstreckt und in der Linken eine Schale hält; der linke Ellenbogen ist auf das Kissen gestützt.

Wohl identisch mit dem bei Stephani Ausr. Her. S. 49, 10 (= Pervanoglu Grabst. S. 42, 24 und Familienmahl S. 19, 23) angeführtem Bruchstück?

571 (149). Bruchstück einer Grabstele.

H, 0,25. B. 0,18. Pent. Marmor. Leidlich gute Arbeit.

Erhalten ist das obere Stück der linken Ante mit Fries

und Dachantefixen: darunter sind die Brust und der Kopf eines bärtigen *Mannes* (n. r.) erhalten, in Mantel, der die rechte Schulter nebst dem über der Brust liegenden Arm freilässt; vor ihm ist der Rest einer zweiten *Figur* vorhanden.

572 (150). Männlicher Sturz.

H. 0,26. Pent. Marmor. Sehr gewöhnliche Arbeit.

Erhalten sind Bauch und Gesäss nebst dem linken Bein (bis über das Knie): der Mann stand auf dem linken Bein, an dem der Ansatz einer Stütze vorhanden ist.

573 (151). Bruchstück eines Grabreliefs.

H. 0,20. B. 0,17. Pent. Marmor. Arbeit guter Zeit. Ringsum bestossen.

Erhalten ist die rechte Schulter nebst Oberarm und Brust eines n. r. gewandten *Jünglings*, mit um den Hals geknüpfter Chlamys.

574 (152). Bruchstück eines Grabreliefs.

H. 0,27. B. 0,30. Pent. Marmor. Geringe Arbeit römischer Zeit.

Erhalten ist der linke Arm einer n. l. gewandten *Frau*, die ein *Kind* hält, welches den linken Arm hochhebt, den rechten senkt und den Kopf emporrichtet. Ausserdem sind Gewandfalten einer zweiten *Frau* vorhanden.

575 (153). Bruchstück eines Grabreliefs.

H. 0,14. B. 0,20. Pent. Marmor. Grobe Arbeit. Ringsum bestossen.

Erhalten sind die Vorderfüsse eines n. r. gewandten *Rosses* mit dem rechten Fuss des *Reiters*.

576 (154). Bruchstück eines Reliefs.

H. 0,11. B. 0,23. Pent. Marmor. Leidliche Arbeit.

Erhalten sind der Kopf (mit Pilos) und der Rücken eines bärtigen *Jünglings*, der eilig n. l. vorwärts stürmt und in der vorgestreckten Linken den Schild (der obere Theil rechts ist noch erhalten) hält.

577 (155). Bruchstück eines Grabreliefs.

H. 0,21. B. 0,16. Pent. Marmor. Oberfläche abgeblättert.

Erhalten ist die untere linke Ecke mit der Einfassung und dem linken Bein (bis zum Oberschenkel) eines *Mannes*, der n. r. gewandt auf dem rechten Bein stand und mit einem kurzen Chiton bekleidet war.

578 (156). Bruchstück eines Votivreliefs.

H. 0,16. B. 0,26. Pent. Marmor. Leidliche Arbeit. Rechts links und oben weggebrochen.

Unten Ablauf. — Erhalten ist rechts ein Altar mit Spuren von Früchten und Opfergaben; vor demselben links ein *Pferd* und ein *Jüngling*, welcher, in Chlamys, mit rechtem Spielbein dastand: beide n. r. gewandt. Vom Thier sind noch die beiden Vorderfüsse, vom Jüngling die Füsse (bis zu den Schenkeln) erhalten.

579 (157). Bruchstück eines Reliefs.

H. 0,24. B. 0,12. Pent. Marmor. Leidliche Arbeit. Oberfläche theilweise mitgenommen.

Erhalten ist eine *Figur* (*Artemis*), n. l. mit rechtem Spielbein; der Kopf, die rechte Seite und die Beine von den Knieen an sind weggebrochen. Sie ist in kurzem gegürtetem Doppelchiton mit kurzen Aermeln, über dem ein Thierfell liegt (der Kopf auf der Brust deutlich erhalten), und in Mantel, dessen eines Ende über die linke Schulter geworfen und das andere um den linken Unterarm geschlungen ist; über der Brust und der rechten Schulter liegt ein (Köcher-)band; in der (im Ellenbogen) wenig erhobenen linken Hand hält sie einen Stab (Lanze).

580 (158). Kleiner weiblicher Sturz.

H. 0,19. Pent. Marmor. Sehr geringe Arbeit.

Erhalten ist der Unterkörper (vom Nabel bis zu den Knieen) einer nackten Frau: sie steht mit linkem Spielbein da und bedeckte mit der rechten Hand (Ansatzspuren vorhanden) die Scham; am linken äusseren Schenkel der Ansatz einer Stütze.

581 (159). Bruchstück eines sog. Todtenmahls.

H. 0,15. B. 0,14. Pent. Marmor. Oberfläche sehr mitgenommen.

Erhalten ist ein Stück der oberen Einfassung (Fries und Dachantefixen): darunter der Kopf und die Brust der n. r. sitzenden *Frau*, in Chiton und Mantel, mit Haarzopf. Hinter ihr ist der Kopf und die erhobene Hand eines kleineren bärtigen *Mannes* erhalten, der n. r. nahte.

582 (160). Bruchstück eines sog. Todtenmahls.

H. 0,16. B. 0,13. Pent. Marmor. Sehr verdorben. Ringsum bestossen.

Erhalten sind noch die kleineren adorirenden Figuren, alle n. r. gewandt: zuerst ein bärtiger *Mann*, in Mantel, der die rechte Schulter und Brust freilässt; dann eine *Frau*, in Chiton und Mantel, der den Hinterkopf verhüllt, und noch ein *Mann*, in Mantel. Vor ihnen steht ein *Knäblein*, bekleidet und in der Linken einen Kasten tragend (neben demselben ist das Schwein zu denken, nach dem der Knabe den rechten Arm senkt)*).

---

*) Vgl. dazu z. B. no. 800; Stephani Ausr. Herakles Taf. III, 1: u. a. m.

Auf den Tischen in der Mitte
(unter vielen Inschriftsteinen):

583 (161). Votivgeschenk (an Aphrodite).

Grauer Marmor. Sehr gewöhnliche Arbeit. Unten abgebrochen.

Auf einem dreieckigen Pfeiler, dessen eine Seite mit einer Rosette geschmückt ist, liegt ein *Apfel* (oder Granate?). Der Pfeiler, der von der Mitte der Rosette abwärts fehlt, ist noch 0,16 hoch; die Frucht im Umfang 0,28.

584 (162). Votivgeschenk (an Heilgötter).

Pent. Marmor. Flüchtige Arbeit.

Auf einer Platte (0,09 □) ist ein linkes *Ohr* dargestellt, das 0,07 gross ist; unten ein kleiner Marmorzapfen (vgl. dazu no. 95 Anm.).

Diese und die folgenden No. stammen vielleicht vom *Altar des Zeus Hypsistos* her, dessen ähnliche Votivreliefs freilich meistens mit *Inschriften* versehen sind; vgl. CJGr. 497—506; Ross Ann. 1843 p. 322 ss; Welcker Felsaltar des höchsten Zeus (Berl. Akad. 1852) S. 273 ff; u. a. m.

585 (163). Votivgeschenk (an Heilgötter).

Pent. Marmor. Flüchtige Arbeit.

Auf einer Platte (ungefähr 0,08 □), der ringsum nicht behauen ist, ist ein rechtes *Ohr* (H. 0,04) dargestellt.

586 (164). Bruchstück eines Votivgeschenks (an Heilgötter).

Auf einer Marmorplatte (oben mit Gesims; H. noch 0,15; B. 0,10) ist ein linkes *Ohr* (H. 0,08) dargestellt, ganz erhalten; vom gegenüber befindlichen rechten *Ohr* ist noch ein Rest vorhanden.

587 (165). Votivgeschenk (an Heilgötter).

Pent. Marmor. Gewöhnliche Arbeit.

Auf einer Platte (H. 0,09; B. 0,07) sind eine 0,04 lange *Nase* und — wenig angedeutet — die *Augen* darüber dargestellt.

588 (166). Votivgeschenk (an Heilgötter).

Pent. Marmor. Grobe Arbeit.

Auf einer Basis (H. 0,06; B. 0,17; T. 0,08), die unten zerstossen ist, sind *zwei Brüste* dargestellt.

589 (167). Bruchstück eines Votivreliefs an Kybele.

H. 0,08. B. 0,11. Pent. Marmor.

Erhalten sind noch die Brust und die Oberarme der Göttin, in Chiton, mit Lockenenden; die Rechte gesenkt.

590 (168). Votivgeschenk.

Auf einer ringsum eingefassten Platte (Hym. Marmor; oben weggebrochen; H. 0,17; B. 0,19) ist ein *Pilos* (? H. 0,12) dargestellt.

591 (169). Bruchstück eines Grabreliefs.

H. 0,21. B. 0,14. Pent. Marmor. Leidliche Arbeit.

Erhalten ist die untere linke Ecke mit den Einfassungen: daneben die Beine eines *Mannes*, in Schuhen und langem Mantel, n. r. gewandt, den rechten Fuss vorgesetzt. Vor ihm ist der linke Fuss einer beschuhten und bekleideten *Figur* vorhanden, welche auf dem rechten Fuss stand. Unten ist der Anfang der Inschrift erhalten:

ΑΒΔ (. . . . .*) *τοῦ δεῖνα κτλ.*)

---

*) z. B. Ἀβδ]αῖος, Ἀβδ]άστρατος, Ἀβδ]ελώνυμος, Ἀβδ]ήλεμος oder Ἀβδ]ήμων — lauter *phönicische* Namen, wie die Nachweisungen bei Pape-Benseler ergeben.

592 (170). Bruchstück eines Psephisma aus Ol. 104, 4 (361 v. Chr.).

H. 0,18. B. 0,13. Pent. Marmor. Leidliche Arbeit.

Erhalten ist ein Theil des einfassenden Gesims mit einem Dachantefix und dem Anfang der Inschrift:

Ε]ΠΙΝΙΚΟΦΗΜΟΑΡΧΟΝ[ΤΟΣ..........

Darunter ist der rechte erhobene nackte Arm einer n. l. gewandten *Figur* und Reste des Oberkopfes nebst einem Rest (der Gewandung?) einer zweiten n. r. gewandten *Figur* erhalten.

Bei dem Häuschen.

Nordseite:

593 (171). Grabstele.

H. 0,59. B. unten 0,36; oben 0,35. Pent. Marmor. Leidliche Arbeit. Unten weggebrochen. An den Kanten beschädigt.

Oben Gesims und Palmette. Auf dem Schaft — an dem wohl ursprünglich eine gemalte Darstellung angebracht war — die Inschrift:

ΣΩΣΙΑΣ

Vgl. Kum. 3342.

594 (172). Bruchstück einer Karyatide.

H. 0,32. Pent. Marmor. Ganz verwaschen.

Erhalten sind Brust und Kopf eines Mädchens, in Vorderansicht, auf deren Kopf (reiches Lockenhaar) ein Capitell ruht. Hinten abgeplattet.

595 (173). Männlicher Kopf.

H. (mit Hals) 0,34.

Erhalten sind Kopf und Hals eines bärtigen Römers, mit Tänie; das Gesicht zerstört.

596 (174). Frauenkopf.

H. 0,25. Pent. Marmor. Römische Zeit.

Die Nase fehlt; der Mund und das Gesicht überhaupt sehr bestossen; am Hinterkopf gebrochen. — Die Frau, die einen Kropf hat, trägt ein Haarnetz; die Augensterne sind angegeben.

597 (175). Männlicher Kopf.

H. 0,26 Pent. Marmor. Römische Zeit. Athen.

Das Gesicht ist ganz verdorben; er ist bartlos und mit lockigem Haar.

Gefunden 1861 auf 1862 beim Olympieion.

Abg. Eph. arch. II Taf. 13, 3.

Vgl. ebd. p. 49, 3; Arch. Anz. 1862 S. 296, 2 (aus dem Bericht in der Γενικὴ ἐφημερὶς τῆς Ἑλλάδος πολιτικὴ καὶ φιλολογική December 1861 und Januar 1862).

598 (176). Bruchstück eines kolossalen Frauenkopfes.

H. 0,28. Pent. Marmor.

Erhalten sind die Stirn (mit dem Haaransatz) und die Augen eines etwas n. l. gewandten Frauenkopfes.

599 (177). Bruchstück einer weiblichen Büste.

H. 0,18. Pent. Marmor.

Erhalten ist eine weibliche Brust in Chiton und mit Brustkreuzbändern (?); der Kopf war besonders eingesetzt.

600 (178). Männliche Büste.

H. 0,37. Pent. Marmor.

Auf einer runden Basis (mit Ablauf und Gesims) steht die Büste eines Mannes, in Tunica und Toga; der Kopf fehlt.

601 (179). Weiblicher Sturz.

H. 0,33. Pent. Marmor. Geringe römische Arbeit.

Erhalten sind der Hals, die rechte Brust und Seite (bis zum Bauch) nebst dem Oberarm einer Frau, in Chiton und Mantel, der auf dem Rücken liegt und quer über den Bauch gezogen ist.

602 (180). Bruchstück eines Reliefs.

H. 0,38. B. 0,21. Pent. Marmor. Ringsum bestossen.

Erhalten ist noch ein *Jüngling,* in Vorderansicht, mit rechtem Spielbein, dem Kopf Arme und Beine (von den Knieen an) fehlen.

603 (181). Bruchstück (eines Reliefs?).

H. 0,37. B. 0,21. Pent. Marmor. Sehr geringe Arbeit römischer Zeit.

Erhalten sind Brust, Bauch und Oberschenkel einer *Frau,* die in den Mantel gehüllt ist und die Rechte auf die Brust legt.

604 (182). Männlicher Kopf.

H. 0,30. Pent. Marmor.

Der bärtige Kopf (eines Römers) ist allzusehr verwittert und beschädigt.

605 (183). Bruchstück eines Reliefs.

H. 0,28. B. 0,23. Pent. Marmor. Fast Rundarbeit.

Erhalten ist der Körper (vom Nabel bis zum Hals) eines

in Vorderansicht stehenden *Jünglings*, ein wenig n. r. gewandt: er hat die Chlamys um den Hals auf der rechten Schulter geknüpft und den rechten Oberarm gesenkt.

606 (184). Sturz eines Herakles.

H. 0,35. Pent. Marmor. Sehr mitgenommen.

Es fehlen der Kopf, der rechte Arm, das rechte Bein von der Hüfte an, das linke vom Oberschenkel an, das Gesäss und der Untertheil des Rückens; der linke Arm ist bestossen. — Der Held stützt sich unter der linken Achsel auf seine Keule, die er auf ein Felsstück gesetzt hat und an der die gesenkte linke Hand ruht; über der Keule liegt das Löwenfell; sein Oberkörper ist müde n. l. geneigt.

Vgl. dazu die sehr ähnliche Stellung des Herakles Farnese in Neapel (abg. z. B. Müller-Wieseler I no. 38, 152); u. a. m.

607 (185). Bruchstück eines Reliefs.

H. 0,31. B. 0,13. Pent. Marmor. Leidliche Arbeit. Ringsum weggebrochen.

Ein *Mann* — ihm fehlen der Kopf, der rechte Arm, der linke Unterarm und die Beine — läuft eilig n. r. hin: auf dem Rücken liegt die Chlamys; in der Linken hält er den Schild.

608 (186). Bruchstück einer römischen Panzerfigur.

H. 0,29. Pent. Marmor.

Erhalten ist ein Stück eines Chitons nebst fünf Lederenden eines Panzers, auf denen ein Löwenkopf, ein Widderkopf, eine Palmette, eine n. r. gewandte Büste und ein laufender Tiger (?) als Verzierungen angebracht sind.

609 (187). Bruchstück eines Reliefs.

H. 0,27. B. 0,16. Pent. Marmor. Oben unten und rechts weggebrochen.

Erhalten ist das Hintertheil eines n. r. gewandten *Rosses* mit den Resten von einem Kranz oberhalb und einem Kranz unterhalb des Thieres.

610 (188). Bruchstück eines Reliefs.

H. 0,23. B. 0,50. Pent. Marmor. Sehr bestossen.

Erhalten ist das Untertheil einer n. l. sitzenden *Frau*, in Schuhen Chiton und Mantel; neben ihr sitzt n. l. am Boden ein *Reh*.

611 (189). Bruchstück eines Grabreliefs.

H. 0,25. B. 0,33. Pent. Marmor. Oberfläche abgeblättert.

Erhalten ist die rechte untere Ecke mit der Einfassung: daneben die Füsse einer *Frau*, in Vorderansicht, in Chiton poderes und Mantel.

612 (190). Entwurf eines (Grab-?)reliefs.

H. 0,30. B. 0,19. Pent. Marmor. Rechts weggebrochen.

Eine *Frau*, welche die rechte Hand gegen das rechte Ohr hebt, um ihre Haarflechten zu fassen.

613 (191). Entwurf zur Statue einer Hygieia.

H. 0,66. Pent. Marmor.

Die Göttin ist in Chiton und Mantel: in der gesenkten Rechten hält sie eine Schale, aus der die Schlange säuft, welche sich von der linken Schulter quer über die Brust herabringelt.

614 (192). Bruchstück eines (Grab-?)reliefs.

H. 0,28. B. 0,35. Pent Marmor. Sehr verdorben.

Erhalten ist das Untertheil einer *Frau*, in Chiton und Mantel, n. r. gewandt.

615 (193). Sturz einer weiblichen Figur.

H. 0,70. Pent. Marmor. Leidliche Arbeit. Bestossen.

Erhalten sind nur die Beine von den Schenkeln bis über die Kniee; in Chiton und Mantel, mit linkem Spielbein.

616 (194). Grabrelief.

H. 0,71. B. 0,48. Pent. Marmor. Links weggebrochen. Oberfläche sehr mitgenommen. Athen.

Oben Gesims. — Von der durch Anten (die einen Bogen tragen) eingefassten Darstellung ist noch das Obertheil eines n. l. gewandten *Mannes* (Λεύκιος Στράτων) erhalten, in Mantel, der die rechte Schulter nebst Brust freilässt; er reicht die Rechte seiner vor ihm stehenden *Frau* (Ἀρτεμεισία Αὐφιδία), von der noch Spuren des Gesichts und die linke Schulter nebst Gewandung vorhanden sind. Oben die Inschrift:

ΑΡ]ΤΕΜΕΙΣΙ ΛΕΥΚΙοΣ
ΑΑ]ΥΦΙΔΙΑ ΣΤΡΑΤΩΝ
////////////////////////// ΜΕΛΙΤΕΥΣ

d. i. Ἀρ]τεμεισί- Λεύκιος
α Α]ὐφιδία Στράτων
. . . . Μελιτεύς.

Gefunden 1862 im Theater des Dionysos.
Vgl. Philistor IV p. 466, 8; Kum. 866.

617 (195). Bruchstück einer Grabstele.

H. 0,40. B. 0,29. Pent. Marmor. Unten weggebrochen. Bestossen und sehr mitgenommen. Athen.

Oben Gesims und darüber in flachstem Relief eine Palmette. Auf dem Schaft die sehr angegriffene Inschrift:

Γ[Λ]ΥΚΕΡΑ
ΚΟΡΙΝΘΙΑ

Gefunden 1862 im Theater des Dionysos.
Vgl. Philistor IV p. 465, 3; Kum. 1900.

618 (196). Herme des Archon Eponymos C. Helpidius Secundus.

H. 0,44. B. 0,32. Pent. Marmor. Oben und unten weggebrochen. Athen.

Der erhaltene Theil des Schaftes — der Kopf fehlt — zeigt die Zapfenlöcher und die folgende Inschrift:

ΓΑ ΕΛΒΙΔΙΟΝCΕΚΟΥΝ
ΔΟΝΠΑΛΛΗΝΕΑ
ΑΡΧΟΝΤΑ
ΕΠΩΝΥΜΟΝ

Gefunden 1862 im Theater des Dionysos.
Abg. Eph. Arch. II Taf. 18, 3.
Vgl. Philistor III p. 463, 3; Eph. Arch. l. c. p. 145, 119.

619 (197). Bruchstück der Herme eines Archon Eponymos.

H. 0,40. Pent. Marmor. Athen.

Es fehlt der Kopf; der Schaft ist unten und hinten weggebrochen; die Zapfenlöcher sind noch theilweise erhalten, sowie die Inschrift:

ΟΙΣΥΝΑΡΧΟΝΤΕΣ
ΑΙΤΗΣΑΜΕΝΟΙΠΑΡΑΤΗΣ
Ε]ΞΑΡΕΙΟΥΠΑΓΟΥΒΟΥΛΗ[Σ
Τ[ΟΝ]ΑΥΤΩΝΑΡΧΟΝΤ[Α
ΑΝΕΘΕΣΑΝ
. . . .]ΟΝΕΠΩΝΥΜ[ΟΝ

Gefunden 1862 im Theater des Dionysos.
Vgl. Philistor IV p. 466, 9.

Ostseite:

620 (198). Statue eines Pferdes.

H. 1,18. B. 0,82. Weisser Marmor. Grobe Arbeit. Bestossen. Athen.

Es fehlen das Hintertheil, die Vorderfüsse und die Schnauze der Kopf ist jetzt abgebrochen; die Mähne ist kurz beschnitten. Gefunden beim Anakeion an der Nordseite der Akropolis. Vgl. Welcker A. D. I S. 123*); Newton Transact. of the R. Soc. of Litt. Sec. Ser. V p. 73, 2.

621 (199). Bruchstück eines Reliefs.

H. 0,25. B. 0,37. Weisser Marmor. Feine Arbeit alter Kunst. Oben und an beiden Seiten weggebrochen. Die Oberfläche sehr mitgenommen und bestossen.

Erhalten sind der rechte Fuss und ein Stück der Wade einer *Figur*, in einem wolligen Chiton poderes, der zierlich in viele kleine feine Falten gelegt ist.

622 (200). Grabrelief.

H. 0,89. B. unten 0,42; oben 0,39. Fig. 0,66. Pent. Marmor. Leidlich gute Arbeit guter Zeit. Sehr bestossen.

Rechts und links Anten, die ein Gesims und ein Giebelchen mit Akroterien tragen; die linke Ante sehr bestossen, die Giebelspitze weggebrochen — Eine *Frau*, in Schuhen Chiton und Mantel, der die rechte Schulter nebst Brust freilässt, steht n. r. mit rechtem Spielbein, den Kopf gesenkt; sie hebt die Linke (im Ellenbogen) und ist im Begriff, sie gegen die linke Schulter zu legen, während sie die rechte Hand im Ellenbogen vorstreckt (dergestalt, dass die innere Fläche nach unten geöffnet ist). Vor ihr steht — zum Theil in der rechten Ante — n. l. mit rechtem Spielbein ein nackter *Knabe*, der die Rechte zur Mutter erhebt und zu ihr emporblickt; seine gesenkte Linke ruht am Schenkel Von der Frau sind der Mund, die rechte

Hand und der rechte Fuss bestossen; vom Kinde ist die linke Schulter nebst Oberarm weggebrochen.

623 (201). Grabrelief.

H. 1,37. B. 0,72. Pent. Marmor. Gewöhnliche Arbeit. Oben und die linke untere Ecke weggebrochen. Mitten durchgebrochen.

Rechts und links (von Anten?) eingefasst: eine *Frau*, in Schuhen und Chiton, in den Mantel gehüllt — dessen einen Zipfel die gesenkte Linke gefasst hält, während die auf der Brust liegende Rechte den anderen Zipfel auf die linke Schulter zu legen im Begriff ist — steht in Vorderansicht mit rechtem Spielbein da; der Kopf ist weggebrochen. Links neben ihr steht n. r. ein *Mädchen*, in Doppelchiton, welche in beiden Händen der Herrin einen Kasten hinhält.

Vgl. Pervanoglu Grabst. S. 51, 14.

624 (202). Sitzende Athena.

H. 1,45. Pent. Marmor. Saubere gute Arbeit alter Kunst. Die Oberfläche sehr mitgenommen und abgeblättert. Athen.

Es fehlen der Kopf, die beiden Unterarme und der linke vordere Fuss; vom Stuhl sind das linke Vorderbein nebst Basis und die rechte Seite des Sitzes (welche, wie das Zapfenloch zeigt, besonders angesetzt war) nebst dem Bein weggebrochen. Hinten ist die Figur nicht ausgearbeitet.

Die Göttin sitzt gerade auf einem Stuhl (mit Decke), die Beine dicht aneinander gelegt, den rechten Fuss ein wenig nach hinten gesetzt; die Arme liegen bis den Ellenbogen am Körper: die Unterarme waren frei vorgestreckt. Das Haar fällt in dichten langen Locken auf den Rücken, je vier lange Locken auch symmetrisch über die Brüste herab. Sie trägt einen wollenen langen Aermelchiton, der in zierlichen gleichmässigen Falten bis auf die Füsse herabfällt; über der Brust liegt die Aegis, welche eng anschliesst und auf dem Rücken bis zum Sitz herabgeht: ringsum war sie mit Schlangen aus Bronze besetzt, die verloren sind (nur die Löcher zum Einsetzen sind noch vorhanden). Mitten auf der Brust ist an der Aegis das (ganz zerstörte) Gorgoneion angebracht. An den Füssen Sandalen.

Die Schulterbreite ist sehr bedeutend, während die Hüften eng aneinanderstehen*); die Brust ist mässig ausgebildet, die Füsse gross.

Gefunden an der Akropolis (von der sie wohl herabgeworfen worden ist?).

Abg. — nach weniger guten Publicationen bei Gerhard Akad. Abh. Taf. 22, 4 (= Minervenidole I, 4) nach einer Skizze von Gell; Schöll Arch. Mittheil. I, 1; Le Bas Voy. arch. Mon. d'ant. fig. pl. 2, 1; Beulé Sculpt. avant Phid. p. 100; Lenormant Chefs d'oeuvre de l'art antique II Serie. IV Tome. p. 77 — am besten bei Scharf Mus. of class. ant. I p. 190; Jahn de Minervae sim. ant. I, 2, 3; Overbeck Gesch. der Plastik (2. Aufl.) no. 19.

Vgl. Gerhard Annali 1837, 2. p. 106 s; Scharf l. c. p. 190 ss; Newton Transact. of the R. Soc. of Litt. Sec. Ser. V p. 73; Jahn l. c. p. 3 ss.

625 (203). Grabrelief.

H. 1,80. B. 1,16. Fig. (der Frau) 1,18; (des Kindes) ungefähr 0,85; (des Mädchens) ungefähr 1,30. Pent. Marmor. Herrliche Arbeit bester Zeit. Vielfach gebrochen. Athen

Es fehlt die rechte obere Ecke mit dem grössten Theil des Kopfes und mit der linken Schulter nebst Brust des Mädchens; in der Mitte fehlt ein viereckiges (rautenartiges) Stück mit dem Kopf des Kindes und mit Gewandfalten nebst der linken Schulter der Frau, an der das Gesicht, der rechte Unterarm, die rechte Wade und der rechte Fuss sehr bestossen sind.

Rechts und links von Anten eingefasst, die Gesims und flachen Giebel mit glatten Akroterien tragen. Darunter sitzt n. r. auf einem Stuhl mit gedrechselten Beinen eine *Frau* (Φρασίκλεια): sie lehnt die rechte Schulter gegen die Einfassungsante und wendet den Oberkörper fast in Vorderansicht; die

*) Vgl. dazu Otfr. Müller Hdb. § 368, 6.

Füsse ruhen auf einer Fussbank mit (beschädigten) Thierbeinen; der rechte Fuss, welcher über den linken gelegt ist, ist nicht sichtbar. Sie ist in einen Chiton poderes (mit genestelten kurzen Aermeln) und Mantel gekleidet, der vom Hinterkopf über den Rücken herabfällt und den Unterkörper bedeckt; der rechte Arm liegt auf dem Schooss: der gesenkte linke Arm ist wohl ebenda liegend zu denken. Das Haupt, um dessen Haar dreimal eine schmale Tänie gewickelt ist, neigt sie schmerzvoll. Neben ihr steht — von ihren Beinen zum Theil verdeckt — ein *Kind* (n. l.), in Chiton und Mantel: es legt die linke Hand auf das linke Knie der Mutter und streckt den rechten Arm vor, so dass die Rechte auf dem rechten Handgelenk der Mutter ruht. Rechts steht noch, in Vorderansicht mit linkem Spielbein, ein *Mädchen*, in Schuhen und Chiton, in der linken Hand ein Körbchen haltend, dessen Deckel es mit der (über die Brust gelegten) Rechten öffnet (?). Oben am Gesims die Inschrift:

ΦΡΑΣΙΚΛΕΙΑ

Das ziemlich erhabene Relief überragt meistentheils die Antenfläche.

Gefunden 1819 bei der Hagia Triada.

Abg. Stackelberg Gr. der Hell. I, 2.

Vgl. Stackelberg a. O. S. 36, 2; Fr. Lenormant Mon. de la Voie sacrée Eleusienne p. 35, 18; Pervanoglu Grabst. S. 51, 13; Kum. 3451.

626 (204). Bruchstück eines Reliefs.

H. 0,33. B. 0,32. Pent. Marmor. Archaistische Arbeit. Oberfläche sehr verwaschen und abgescheuert. Unten und links weggebrochen.

Erhalten ist ein nackter *Jüngling*, über dem Rücken und den beiden Armen shawlartig die Chlamys, deren Zipfel in schwalbenschwanzförmiger Faltengebung herabfallen; er wendet — n. r. tanzend — den Kopf, um den eine Tänie mit langen flatternden Enden liegt, zurück und hebt den linken Arm mit einem Thyrsos empor, während er die vorgestreckte Rechte senkt.

627 (205). Bruchstück eines Votivreliefs.

H. 0,82. B. 0,97. D. 0,20. Pent. Marmor. Leichte flüchtige Arbeit. Völlig abgescheuert. Rechts weggebrochen.

Unten ein Ablauf. — Links steht auf einem Basisstreifen in Vorderansicht mit linkem Spielbein ein *Mann*, in den Mantel gehüllt, die Linke gesenkt und die Rechte in die Seite gesetzt. Auf demselben Basisstreifen steht rechts ein bärtiger n. r. gewandter *Satyr*, welcher auf eine Basis von zwei Stufen einen (fast ganz weggebrochenen) Dreifuss setzt, dessen einen Fuss er mit der Linken unten (dicht über dem Thierfuss des Dreifusses) und mit der über den Kopf gehobenen (weggebrochenen) Rechten oben festhält: er setzt seinen linken Fuss vor und den rechten Fuss nach hinten (auf eine kleine Erhöhung des Bodens), während der Oberkörper eifrig weit vorgebeugt ist. Ob nicht auf dem weggebrochenen Theil der Platte ein zweiter Satyr in symmetrischem Gegensatz vorauszusetzen ist?

Abg. Arch. Ztg. 1867 Taf. 226, 2.

Vgl. Gerhard Annali 1837, 2. p. 116 s; Schöll Arch. Mitth. S. 96, 85; Curtius Arch. Ztg. a. O. S. 94.

628 (206). Weiblicher Sturz.

H. 0,95. Pent. Marmor. Leidlich gute Arbeit.

Es fehlen der Kopf, der rechte Arm von der Schulter an, der linke Unterarme nebst Ellenbogen und die beiden Beine von der Mitte der Schenkel an. — Die Frau ist in gegürtetem Chiton und Mantel, der auf der rechten Schulter und dem Rücken liegt: sie hat ihn mit der Linken erfasst und zieht ihn über die linke Schulter (um sich zu verhüllen?); der Bauch ist eingezogen, der Kopf war n. l. geneigt und emporgerichtet. — Die Figur, welche bestimmt ist, von links gesehen zu werden, da die äussere rechte Seite unbearbeitet geblieben ist, erinnert in der Stellung an die Haltung der *Niobiden*.

629 (207). Bruchstück einer männlichen Figur.

B. 0,48. Pent. Marmor.

Erhalten ist die linke Schulter mit dem Oberarm und Ellenbogen, mit Chlamysfalten.

630 (208). Basis.

H. 1,70. Dm. 0,26. Hym. Marmor. Gewöhnliche Arbeit. Aus zwei Stücken gebildet.

Ein Baumstamm, oben mit Wulst, ist ringsum mit sechs Reihen symmetrisch geordneter Astansätze versehen: er diente, wie das Loch oben zeigt, als Basis für ein Weihgeschenk oder als Tischfuss.

631 (209). Grabseule.

H. 0,53. Dm. 0,41. Pent. Marmor. Sehr geringe Arbeit. Verwaschen. Athen.

Unten weggebrochen mit der Hälfte der Darstellung; oben Wulst. — Vorn (in einer Vertiefung) ist der Oberkörper einer n. r. gewandten bekleideten *Frau* (Φαῖδρον) erhalten, welche in den Händen etwas hält. Oben steht auf einer weggemeisselten Inschrift jetzt die folgende:

ΦΑΙΔΡΟΝ
ΕΥΦΡΟΝΙΟΥ
ΘΥΓΑΤΗΡ
ΕΥΡΥΜΗΔΟΥ
ΟΙ Η Θ Ε Ν
Γ Υ Ν Η

Gefunden den 2. October 1856 εἰς τὸ νότιον μέρος τοῦ Ὠδείου Ἡρώδου τοῦ Ἀττικοῦ.

Vgl. Eph. Arch. I, 3091; Kum. 921.

632 (210). Grabseule.

H. 0,76. Dm. 0,32. Hym. Marmor.

Oben Wulst. Vorn — in einer Vertiefung, in Flachrelief — steht auf einer Basis eine zweihenkelige *Grabvase* (H. 0,28) mit breiter Mündung, auf der ein Deckel liegt. Oben die Inschrift:

ΔΙΟΝΥΣΙΟΣ
ΑΣΚΛΗΠΙΑΔΟΥ
Χ]ΟΛΑΡΓΕΥΣ

Gefunden den 27. April 1857 im Odeum des Herodes Attikos.

Vgl. Eph. arch. I, 3153; Kum. 1290.

633 (211). Grabseule.

H. 0,85. Dm. 0,35. Hym. Mermor.

Oben Wulst. Vorn — in flachstem Relief — eine zweihenkelige *Grabvase* (H. 0,22) mit grossem Deckel. Darüber:

ΔΙΟΝΥΣΙΟΣ
ΖΗΝΟΒΙΟΥ
ΟΑΘΕΝ

Gefunden den 28. Februar 1857 im Odeum des Herodes Attikos.

Vgl. Eph. Arch. I, 3126; Kum. 908.

An der Umfassungsmauer der Akropolis (nördlich vom Häuschen).

Ostwand (links vom Eingang zur Akropolis):

634 (212). Votivgeschenk.

H. 0,20. Pent. Marmor. Athen.

Ein Löwe legt die linke Vordertatze auf einen Stierkopf; es fehlt der Kopf des Löwen, die Schnauze des Stierkopfes, das Untertheil der Basis.

Gefunden 1861 auf 1862 beim Olympieion.

Vgl. Eph. Arch. II p. 51, 13 (Sphinx!).

635 (213). Bruchstück eines Reliefs.

H. 0,25. B. 0,13. Pent. Marmor. Schlechte Arbeit.

Erhalten ist die linke Seite (vom Hals bis unterhalb der Kniee) einer *Frau*, in gegürtetem Chiton (mit Achselband, um ihn festzuhalten) und unterwärts bemäntelt; sie legt den linken Ellenbogen auf einen (Pfeiler?), mit der Linken ein Ende des Mantels haltend; das rechte Bein war Stützbein.

636 (214). Stütze zu einer Statue.

H. 0,80. Hym. Marmor. Leidliche Arbeit. Viel gebrochen. Athen.

Um einen Baumstamm windet sich eine Schlange: rechts davon stand die Statue.

Gefunden 1861 auf 1862 beim Olympieion.

Abg. Eph. Arch. II Taf. 13, 6.

Vgl. ebd. p. 50, 6.

637 (215). Fliehendes Mädchen.

H. 0,62. Pent. Marmor. Gute leichte Arbeit.

Es fehlen der Kopf, der ganze linke Arm, der rechte

Unterarm nebst Ellenbogen, der rechte Fuss und das linke Bein vom Schenkel an. Hinten nicht ausgearbeitet; ein Zapfenloch zur Befestigung. — Ein Mädchen, in gegürtetem dorischem Doppelchiton und Mantel, eilt n. l. hastig vorwärts, den rechten Fuss vorsetzend; der rechte Arm war gesenkt: um ihn ist der eine Zipfel des Mantels gewickelt, dessen anderen Zipfel die Frau in der lang ausgestreckten Linken hält und ihn hinter sich bogenförmig flattern lässt. Der Kopf war umgewendet, das linke Bein ganz entblösst.

688 (216). Bruchstück einer Grabstele.

H. 0,40. B. 0,36. Pent. Marmor. Rechts die obere Ecke und unten weggebrochen.

Erhalten ist die Mündung einer zweihenkeligen Grabvase mit den oberen Voluten der Henkel, in Relief: auf der Vase steht in Vorderansicht eine *Sirene* (Frau, in Vogelleib ausgehend) mit grossen geöffneten zur Erde gesenkten Flügeln; die linke Seite bis zur Hüfte ist weggebrochen; die Rechte über der Brust griff in die Seiten einer Kithara, welche die Linke trug.

639 (217). Pan.

H. 0,38. Pent. Marmor. Leidliche Arbeit. Athen.

Es fehlen der Kopf, die rechte Hand, der linke Unterarm und der rechte Ziegenfuss. — Auf einer felsigen runden Basis sitzt Pan mit übereinandergelegten Thierfüssen, die Ellenbogen auf die Kniee gesetzt; um den Hals hat er ein Thierfell geknüpft, das er zugleich als Unterlage benutzt.

Gefunden 1861 auf 1862 beim Olympieion.

Vgl. Eph. Arch. II Taf. 13, 1.

Vgl. ebd. p. 49, 1; Bull. dell' Inst. 1862 p. 86; Arch. Anz. 1862 S. 296, 4 (aus dem Bericht in der Γενικὴ ἐφημερὶς τῆς Ἑλλάδος πολιτικὴ καὶ φιλολογική December 1861 und Januar 1862).

640 (218). Bruchstück eines Reliefs.

H. 0,40. B. 0,30. Pent. Marmor. Geringe Arbeit.

Erhalten ist der Oberkörper eines *Seilenos* (dessen Gesicht bis auf das linke Auge weggebrochen ist), welcher trunken n. r. hintenübersinkt, beide (weggebrochenen) Arme über den Kopf haltend; um den Leib hat er die Chlamys gewickelt. Seine Haare zeigen Spuren der Bemalung.

641 (219). Bruchstück eines Friesreliefs.

H. 0,28. B. 0,32. Pent Marmor. Arbeit nicht allzu gut. Sehr verwaschen und ringsum bestossen (mit Ausnahme der linken Seite, wo die Stossfläche erhalten ist).

Erhalten ist links der Oberkörper (vom Hals bis zu den Schenkeln) einer weiblichen *Figur*, in gegürtetem kurzem Chiton, in Vorderansicht, ein wenig n. l. gewandt. Daneben ist rechts der hintere Oberkörper einer n. r. gewandten *Figur* vorhanden, die auf dem Rücken einen Mantel und in der Linken einen grossen runden Schild hat.

Dies Bruchstück gehört mit *grösster* Wahrscheinlichkeit zum Fries des Niketempels: es ist unterhalb desselben am Fuss der Akropolis gefunden.

Wohl das von Köhler Arch. Anz. 1866 S. 167* erwähnte Bruchstück; vgl. dazu Kekulé Balustr. des Tempels der Athena-Nike S. 20, 2.

642 (220). Bruchstück eines Grabreliefs.

H. 0,35. B. 0,31. Pent. Marmor. Oben und rechts weggebrochen.

Unten ein Zapfen (vgl. no. 95 Anm.). — Erhalten ist ein Stuhl und eine Fussbank mit dem Untertheil einer n. r. sitzenden männlichen *Figur*, in Mantel, der die Brust freiliess und von der linken Schulter herabfiel; die Linke liegt auf den Knieen. Daneben steht noch — in flacherem Relief — der Unterkörper einer *Frau*, in Vorderansicht, in Chiton und Mantel. Eine dritte *Figur* ist rechts weggebrochen.

643 (221). Relief.

H. 0,50. B. 0,26. Pent. Marmor. Grobe Arbeit.

Ein *Papposeilenos* liegt n. l. hin, mit untergeschlagenem rechtem Bein, indem er sich mit dem rechten Unterarm auf einen Schlauch stützt, dessen Mündung die Rechte gefasst hält und aus der Wein in das Trinkhorn fliesst, welches die über den Schoss gelegte linke Hand hält; der linke Fuss war vorgestreckt. Unten eine breite Einfassung. Es fehlen der Kopf die Brust und der linke Fuss.

Brunnenschmuck (doch fehlt das Loch für die Wasserröhre)?

644 (222). Bruchstück eines (Votiv-?)reliefs.

H. 0,36. B. 0,46. Pent. Marmor. Strenge archaische*) Arbeit. Unten und links weggebrochen. Oberfläche verwaschen.

Oben durch ein Gesims bekrönt; am oberen Rand eine Vertiefung (zum Einsetzen eines Weihgeschenks?). — Erhalten ist rechts das Obertheil eines n. l. gewandten *Mannes* (*Zeus*), der in der gesenkten Linken ein Skepter (die Bekrönung — wohl eine Blume — ist zerstossen) hält und die rechte (weggebrochene) Hand (im Ellenbogen) vorstreckt**): er hat um das zierlich gekämmte Haar eine Tänie und hinten einen Krobylosputz, ist spitzbärtig und in einen Mantel gekleidet, der die rechte Schulter nebst Brust freilässt und quer über der Brust einen zierlich gefalteten Ueberwurf bildet.

Abg. Memorie dell' Inst. II tav. 13, B.

Vgl. Conze ebd. p. 470 s.

645 (223). Basis.

H. 0,41. Dm. 0,12. Pent. Marmor. Gewöhnliche Arbeit.

Ein Olivenbaum, mit Blättern und Früchten, hat vorn einen Auswuchs, zu dem sich rechts eine Schlange emporringelt:

*) Nach Conze dagegen *archaistisch*.

**) Wohl libirend.

oben ein Loch zum Einsetzen des Weihgeschenks oder der (Tisch-)platte. Hinten abgeplattet (also gegen eine Wand zu stellen).

646 (224). Sturz einer Athene.

H. 0,49. Pent. Marmor. Gute Arbeit. Sehr bestossen.

Es fehlen der Kopf, beide Arme (der rechte war eingesetzt) und beide Beine von den Schenkeln an — Die Göttin, in Vorderansicht, mit linkem Spielbein, ist in gegürtetem Doppelchiton und Mantel, der lang über den Rücken herabfällt; die schmale Aegis liegt quer über der Brust und der rechten Schulter; die Haare fielen in Locken in den Nacken herab. Vorn über dem Gürtel ist ein Loch zum Einsetzen von Bronzeschmuck vorhanden.

647 (225). Bruchstück eines Reliefs.

H. 0,32. B. 0,24. Pent. Marmor. Geringe Arbeit. Ringsum bestossen.

Erhalten ist rechts eine Höhleneinfassung, in der eine grosse Schilfstaude sichtbar ist; daneben links die Reste einer bekleideten Figur. Etwa zu einem Relief des Pan und der Nymphen gehörig? (vgl. no. 533; u. a. m.).

648 (226). Basis.

H. 0,18. Dm. 0,12. Pent. Marmor. Unten weggebrochen.

Eine Seule, an deren Schaft ringsum acht aufrechtstehende Skepterstäbe (?) mit Lotosbekränzung angebracht sind (ein Stab ist weggebrochen). Oben ein Loch zum Einsetzen des Weihgeschenks oder der (Tisch-)platte; hinten abgeplattet (vgl. no. 645).

649 (227). Weiblicher Sturz.

H. 0,48. Pent. Marmor. Feine zierliche Arbeit. Sehr bestossen und zerstört.

Es fehlen der Kopf, der rechte Unterarm nebst Ellenbogen, die linke Hand und der Unterkörper vom Nabel an. — Die Frau ist in feingefalteten Chiton und Mantel gekleidet, welcher, von der linken Schulter über den Rücken und Unterkörper zum linken Arm gehend, die rechte Schulter nebst Brust freilässt. Der rechte Arm ist gesenkt; die linke (im Ellenbogen erhobene) Hand fasst in Brusthöhe nach dem Saum*) des von der linken Schulter herabfallenden Mantels.

650 (228). Entwurf eines Kopfes.

H. 0,32. Eleusin. Marmor. Phaleron.

Kopf und Hals sind erst entworfen; unter dem Kinn eine Marmorstütze.

651 (229). Bruchstück einer Thiergruppe.

H. 0,45. L. 0,75. Pent. Marmor. Sehr geringe Arbeit. Hinten abgeplattet und nicht vollendet. Athen.

Ein Löwe springt n. l. auf ein fliehendes Thier und packt es mit seinen Zähnen und Tatzen; sein Gesicht ist in Vorderansicht. — Von dem Löwen fehlt das Hintertheil, vom angegriffenen Thier alles mit Ausnahme eines Stückes des Rücken (wohl ein Stier; vgl. dazu Kekulé Theseion no. 1; Schöne Arch. Ztg. 1871 S. 134).

Gefunden 1861 auf 1862 beim Olympieion.

Abg. Eph. arch. II Taf. 13, 4.

Vgl. ebd. S. 49, 4.

*) Derselbe zeigt die sog. Sahlkante der attischen Kunstepoche des Phidias; vgl. dazu z. B. Michaelis Parthenon S. 227, 25.

Südwand (gegenüber der Nordseite des Häuschens):

652 (230). Bruchstück eines Reliefs.

H. 0,36. B. 0,26. Pent. Marmor. Geringe Arbeit. Ringsum weggebrochen und bestossen. Athen.

Erhalten ist der rechte Fuss nebst Wade einer n. l. gewandten *Figur*, in hohen Stiefeln: der Fuss scheint auf einem Thierfell zu stehen?

Gefunden 1861 auf 1862 beim Olympieion.

Vgl. Eph. arch. II p. 50, 10.

653 (231). Männlicher Sturz.

H. 0,32. Pent. Marmor. Leidliche Arbeit. Gefunden 1862 im Theater des Dionysos zu Athen.

Es fehlen der Kopf, beide Arme und der Unterkörper vom Nabel an. — Die Figur stand auf dem rechten Bein, die linke Schulter stark hebend und die rechte senkend; den linken Arm streckte sie aus, den rechten senkte sie ein wenig nach hinten. Das Haupthaar fällt in dichten geordneten Locken in den Nacken und in je zwei losen Locken auf die Schultern und die weiblich gebildeten Brüste herab.

Wohl *Dionysos* (der in der Rechten einen Thyrsos hielt, von dem an der rechten Schulter eine Ansatzspur vorhanden?).

654 (232). Weiblicher Sturz.

H. 0,28. Pent. Marmor. Sehr zerstört und bestossen. Gefunden 1862 im Theater des Dionysos zu Athen.

Erhalten ist der Oberkörper (vom Hals bis zum Bauch) einer Frau, in Chiton und Mantel, der um den Körper gewickelt ist. Etwa *Artemis* (?).

655 (233). Jugendlicher männlicher Sturz.

H. 0,57. Pent. Marmor. Leidlich gute Arbeit. Gefunden 1862 im Theater des Dionysos zu Athen.

Es fehlen der Kopf, der ganze linke Arm, der rechte vom Deltoides an, beide Beine von den Knieen abwärts und das Glied; hinten weniger ausgearbeitet; an der rechten Hüfte gebrochen. — Der Jüngling steht mit rechtem Spielbein ein wenig n. l. gewandt, die rechte Schulter hebend; das Haar fällt hinten in einen Zopf, vorn in zwei Locken herab. Am äusseren rechten Schenkel ist der Ansatz einer Stütze vorhanden, ein kleiner Stützenansatz auch an der Seite unterhalb der linken Brust.

656 (234). Dreigestaltige Hekate mit drei Horen.

H. 0,40. U. 0,52. Pent. Marmor. Sehr geringe Arbeit. Sehr bestossen und zerstört. Gefunden 1862 im Theater des Dionysos zu Athen.

Es fehlen die Köpfe der drei Hekatefiguren, von denen die dritte grösstentheils weggebrochen ist; ebenso fehlt eine Hore ganz. — An eine Seule lehnen sich mit den Rücken die drei Frauengestalten der Hekate, je in gegürtetem Doppelchiton, in Vorderansicht ruhig dastehend und (wohl gegenseitig sich anfassend). Um sie eilen tanzend drei Horen (H. 0,27) herum, je in Doppelchiton, die sich gegenseitig an den Händen anfassen.

657 (235). Sturz einer Statue des Herakles.

H. 0,38. Pent. Marmor. Leidlich gute Arbeit. Gefunden 1862 im Theater des Dionysos zu Athen.

Es fehlen der Kopf (der angesetzt war), der ganze rechte Arm mit Ausnahme der rechten Hand, der linke Arm vom Deltoides an, das linke Bein von der Hüfte an und das rechte vom Knie an. — Herakles, als Kind aufgefasst, stand mit rechtem Stützbein da, die Rechte mit der äusseren Fläche gegen den Rücken legend; um den Hals ist das Löwenfell geknüpft, das um den linken Arm gewickelt war und dessen Tatzen auf die Brust herabfallen.

658 (236). Sturz einer Statue des Dionysos.

H. 0,56. Pent. Marmor. Leidliche Arbeit. Oben theilweise verkalkt. Gefunden 1862 im Theater des Dionysos zu Athen.

Es fehlen der Kopf (der besonders angesetzt war)*), beide Arme, das rechte Bein von der Hüfte an, das linke vom Knie an und das Glied; an der linken Hüfte gebrochen. — Der jugendliche Gott stand mit rechtem Spielbein da, die rechte Schulter hebend; die rechte Hand lag in der Seite. Das Haar des ein wenig n. r. geneigten Kopfes fällt in langen Locken auf den Nacken und die Schultern herab. An der linken Seite ist der Ansatz einer Stütze vorhanden.

Abg. Eph. Arch. II Taf. 26, 1.

Vgl. ebd. p. 137, 7.

659 (237). Männlicher Sturz.

H. 0,30. Pent. Marmor. Geringe Arbeit. Gefunden 1862 im Theater des Dionysos zu Athen.

Es fehlen der Kopf (der besonders angesetzt war), der rechte Arm vom Deltoides an bis zum Handgelenk, der linke Unterarm und beide Beine von den Schenkeln an. — Die Figur stand mit linkem Spielbein da, die Rechte in die Seite setzend und n. l. sich stützend (wohl auf einen Stab in der linken Hand); ein weiter Mantel geht von der linken Schulter über den Rücken und um den Unterkörper zum linken Arm. Etwa *Asklepios?*

660 (238). Bruchstück eines (Grab?-)reliefs.

H. 0,13. B. 0,11. Pent. Marmor. Gefunden 1862 im Theater des Dionysos zu Athen.

Erhalten ist das Untertheil einer auf einem Stuhl n. l.

*) Wenigstens konnte ich denselben nicht mehr finden (Frühjahr 1869).

sitzenden *Frau*, in Chiton und Mantel. Unten der Ansatz eines Zapfens (vgl. no. 95 Anm.).

661 (239). Votivrelief an Kybele.

H. 0,18. B. 0,21. Oben weggebrochen. Sehr beschädigt. Gefunden 1862 im Theater des Dionysos zu Athen.

Die Göttin, in Chiton und Mantel, hielt in der gesenkten Rechten die Schale und in der Linken das Tympanon.

662 (240). Bruchstück eines Reliefs.

H. 0,24. B. 0,12 Pent. Marmor. Ringsum bestossen und sehr mitgenommen. Gefunden 1862 im Theater des Dionysos zu Athen.

Erhalten ist eine (weibliche?) n. r. gerichtete *Figur*, in Doppelchiton und Mantel, der den Hinterkopf zu verhüllen scheint und quer über die Brust herabfällt; die Rechte ist gesenkt. Vor ihr rechts Reste einer *Figur*, in Gewandung.

663 (241). Bruchstück einer Figur vor einem Pfeiler.

Pent. Marmor. Völlig verwittert. Unten weggebrochen. Gefunden 1862 im Theater des Dionysos zu Athen.

Vor einem Pfeiler (H. 0,29; B. 0,12) stand eine Figur, von der noch Kopf und Hals (H. 0,15) erhalten sind; sie war, wie es scheint, mit Kranz und Tänie geschmückt. Oben im Capitell des Pfeilers ein Loch (zum Einsetzen einer Platte).

664 (242). Bruchstück eines Reliefs.

H. 0,24. B. 0,15. Pent. Marmor. Ringsum weggebrochen. Sehr mitgenommen. Gefunden 1862 im Theater des Dionysos zu Athen.

Erhalten ist der Körper einer bekleidten *Figur* (n. r.) vor ihr ist der Obertheil eines bekleideten *Kindes* sichtbar, sowie auch Spuren einer zweiten erwachsenen *Figur*.

665 (243). Bruchstück einer kolossalen Figur.

H. 0,44. Pent. Marmor. Geringe Arbeit römischer Zeit. Gefunden 1862 im Theater des Dionysos zu Athen.

Von einer kolossalen Figur, in Tunica und Toga, ist der rechte Arm erhalten, in den Mantel gewickelt, auf der Brust liegend. Der Ellenbogen ist weggebrochen.

666 (244). Bruchstück einer männlichen Figur.

H. 0,50. Pent. Marmor. Geringe Arbeit römischer Zeit. Gefunden 1862 im Theater des Dionysos zu Athen.

Erhalten ist von der männlichen Figur die rechte Brustseite (vom Hals bis zum Bauch) nebst Schulter und Oberarm; sie ist in langärmeliger Tunica und Toga, welche die rechte Seite freilässt.

667 (245). Bruchstück eines Reliefs.

H. 0,18. B. 0,30 Pent. Marmor. Gefunden 1862 im Theater des Dionysos zu Athen.

Erhalten ist noch die untere Einfassung mit den Beinen einer n. r. vorwärts schreitenden männlichen *Figur*, welche den rechten Fuss vorsetzt und den linken hebt; zwischen den Beinen ist ein Stab sichtbar.

668 (246). Bruchstück eines Reliefs.

H. 0,30. B. 0,21. Pent. Marmor. Theilweise verwittert. Ringsum bestossen. Gefunden 1862 im Theater des Dionysos zu Athen.

Erhalten ist der Körper (von der Brust bis zu den Knieen) einer männlichen *Figur*, in Chiton und Mantel, dessen einen Zipfel die gesenkte Linke fasst; die rechte Seite der Figur fehlt meistens.

669 (247). Bruchstück eines (Grab?-)reliefs.

H. 0,23. B. 0,29. Pent. Marmor. Leidliche Arbeit. Ringsum weggebrochen. Gefunden 1862 im Theater des Dionysos zu Athen.

Erhalten ist noch der Sitz eines Stuhls nebst Theil der sitzenden *Figur* in Mantel.

670 (248). Bruchstück der Basis (eines Pan).

H. 0,34. Pent. Marmor. Decorative Arbeit. Gefunden 1862 im Theater des Dionysos zu Athen.

Erhalten ist ein Theil einer hohen als Fels gebildeten Basis mit den beiden übereinander gesetzten Ziegenbeinen (eines Pan; vgl. no 639).

671 (249). Kopf eines Jünglings.

H. 0,26. Pent. Marmor. Arbeit guter Zeit. Gefunden 1862 im Theater des Dionysos zu Athen.

Es fehlt die Nase; Mund und Kinn bestossen. — Der Kopf ist ein wenig n. l. geneigt; das Gesicht voll und rund, das Haar dicht und kurz.

Abg. Eph. Arch. II Taf. 33, 5.

Vgl. ebd. p. 248, 2.

672 (250). Bacchoskopf.

H. 0,25. Pent. Marmor. Archaistische Arbeit. Gefunden 1862 im Theater des Dyonysos zu Athen.

Die Nase und das Haar über der Stirn sind weggebrochen. — Der Gott hat einen lockigen wohlgeordneten Bart und eine Tänie um die Haare, welche (über der Stirn in Löckchenreihen lagen und) nach hinten zierlich in langen Locken herabfallen.

Vgl. Eph. arch. II p. 138, 10.

673 (251). Kopf eines Jünglings.

H. 0,18. Pent. Marmor. Gefunden 1862 im Theater des Dionysos zu Athen.

Es fehlen der Untertheil des (sehr langgestreckten) Hinterkopfes und die Nase; Mund und Kinn sind bestossen. — Der Kopf, ein römisches Portrait, zeigt bei den Ohren ein wenig Flaum; die Augensterne sind angegeben.

674 (252). Männlicher Kopf.

H. 0,25. Pent. Marmor. Leidliche Arbeit. Gefunden 1862 im Theate des Dionysos zu Athen.

Es fehlen die Nase, das Kinn, die rechte Wange und der Oberkopf. — Der Kopf, in vollem Bart- und Haarwuchs, ist n. r. hintenüber geneigt, die Augen schmerzvoll erhoben, die Stirn gerunzelt. Haltung und Ausdruck erinnern an Laokoon.

675 (253). Weiblicher Kopf.

H. 0,19. Pent. Marmor. Allzusehr zerstört. Gefunden 1862 im Theater des Dionysos zu Athen.

Der Kopf, mit vollem Kranz, ist ein wenig n. r. geneigt; hinter den Ohren fallen Locken herab. Hinten abgeplattet (decorativ verwandt).

676 (254). Weiblicher Kopf.

H. 0,23. Pent. Marmor. Gefunden 1862 im Theater des Dionysos zu Athen.

Das Gesicht ist völlig zerstört; die Nase war angesetzt (Rest des Bronzestifts erhalten). Um das Haar, welches in langen Locken auf den Rücken herabfällt, liegt ein breites Band.

677 (255). Kopf eines komischen Schauspielers.

H. 0,29. Pent. Marmor. Leidliche Arbeit. Gefunden 1862 im Theater des Dionysos zu Athen.

Es fehlt der ganze Hinterkopf; Nase und Brust sind bestossen. — Der Kopf trägt eine Maske, wie die grossen umränderten Augen und der geöffnete Mund zeigen: er trägt einen dicken langen Schnauzbart und einen langen Kinnbart; auf der Stirn hat er Runzeln; die Wangen sind eingefallen, die Nase breit, die Ohren gross. Um das Haar, welches über die Schläfen herabfällt, aber über der Stirn einen Kahlkopf zeigt, liegt eine Tänie.

Abg. Eph. arch. II Taf. 29. 2.

Vgl. ebd. p. 137, 5.

678 (256). Weiblicher Kopf.

H. (mit Hals) 0,36. Pent. Marmor. Leidliche Arbeit. Gefunden 1862 im Theater des Dionysos zu Athen.

Nase Mund und Kind sind bestossen, auch die Haare beschädigt. Der weibliche Portraitkopf gehörte wohl zu einer Statue, von deren Gewandung noch ein Mantelrest am Hals erhalten ist; der Kopf ist ein wenig n. r. geneigt, die Augen länglich gebildet (mit dicken Thränendrüsen)

679 (257). Bruchstück eines männlichen Kopfes.

H. 0,33. Pent. Marmor. Gefunden 1862 im Theater des Dionysos zu Athen.

Erhalten ist nur der Hinterkopf eines bärtigen Mannes, mit Tänie; der Oberkopf ist behauen.

680 (258). Bruchstück eines männlichen Kopfes.

H. 0,29. Pent. Marmor. Sehr zerstört Gefunden 1862 im Theater des Dionysos zu Athen.

Von einem Relief? Erhalten sind von einem n. r. gerichteten bärtigen Kopfe eines Mannes noch Theile des rechten Ohres und das rechte Auge.

681 (259). Bruchstück einer Basis mit Resten einer Figur.

Pent. Marmor. Gefunden 1862 im Theater des Dionysos zu Athen.

Erhalten ist ein Stück einer 0,09 hohen Basis mit dem (bestossenen) linken Fuss einer kolossalen Figur, in Sandale; die Entfernung von der Spitze der grossen Zehe bis zum Spann beträgt 0,26.

682 (260). Bruchstück einer Basis mit Resten einer Figur.

Pent. Marmor. Gefunden 1862 im Theater des Dionysos zu Athen.

Erhalten ist ein Stück (H. 0,11; L. 0,70) einer Basis mit dem linken 0,38 langen Fuss einer n. l. gewandten kolossalen männlichen Figur, in Schuhen.

683 (261). Bruchstück eines Reliefs.

H. 0,41. B. 0,19. Pent. Marmor. Ringsum weggebrochen und bestossen. Gefunden 1862 im Theater des Dionysos zu Athen.

Erhalten ist in Flachrelief ein Bukranion mit (Astragalen-) vitta um die (verlorenen) Hörner.

684 (262). Weiblicher Kopf.

H. 0,38. Pent. Marmor. Leidlich gute Arbeit. Gefunden 1862 im Theater des Dionysos zu Athen.

Es fehlen die Nase und das Kinn; der Mund und das rechte Auge sind bestossen; hinten abgeplattet. Das wellige einfach gekämmte Haar dieses jugendlichen Kopfes, das hinten in einen Zopf zusammengenommen ist, ziert eine breite Tänie (mit einem Loch über der Stirn für einen Bronzeschmuck). Das grosse Loch unten im Hals zeigt, dass der Kopf einer Statue zugehörte.

Abg. Eph. Arch. II Taf. 26. 2.

Vgl. ebd. p. 138, 9.

685 (263). Büste eines Mannes.

H. 0,22. Pent. Marmor. Gefunden 1862 im Theater des Dionysos zu Athen.

Kopf und Basis der Büste fehlen; sie ist mit Tunica und Toga ausgestattet.

686 (264). Weibliche Maske.

H. 0,26. Pent. Marmor. Sehr verwittert. Gefunden 1862 im Theater des Dionysos zu Athen.

Es fehlt die Nase; der bestossene Hinterkopf hat zwei Vertiefungen (für Klammern zum Befestigen der Maske). Der Mund ist weit geöffnet, die Augen gross; das Haar fällt nach beiden Seiten herab.

Abg. Eph. Arch. II Taf. 33, 6.

Vgl. ebd. p. 248, 2.

687 (265). Bruchstück einer (weiblichen?) Maske.

H. 0,12. Pent. Marmor. Gefunden 1862 im Theater des Dionysos zu Athen.

Erhalten ist der grosse offene Mund und der Ansatz der Nasenflügel; auf der linken Backe liegt eine Haarflechte.

688 (266). Relief (Bruchstück eines Frieses?).

H. 0,38. B. 0,63. Pent. Marmor. Geringe Arbeit. Bestossen. Gefunden 1862 im Theater des Dionysos zu Athen.

Dargestellt sind zwei männliche Masken, in Vorderansicht und sehr hohem (0,29) Relief; es fehlen die Nasen; in der Mitte gebrochen. — Der Mund ist weit geöffnet, die Augen kreisrund und gross, die Haare hoch emporstehend gelockt.

689 (267). Bruchstück einer männlichen Maske.

H. 0,20. Pent. Marmor. Gefunden 1862 im Theater des Dionysos zu Athen.

Es fehlen die rechte Stirnseite, ein Theil der Nase und

die untere Hälfte des Mundes nebst dem Kinn. — Der Mund war weit geöffnet; die grossen Augen hatten Sterne von anderem Gestein; die Haare fallen wellig herab.

690 (268). Bruchstück einer Maske.

H. 0,29. Dm. 0,33. Pent Marmor. Gefunden 1862 im Theater des Dionysos zu Athen.

Das Gesicht ist vom Nasenbein abwärts weggebrochen; ebenso fehlt das Untertheil des Hinterkopfes. Inwendig ausgehöhlt. — Die Maske trägt langes Lockenhaar und eine phrygische Mütze; ringsum das Haupt sind Löcher (für eine Bronzebekränzung) angebracht.

691 (269). Bruchstück einer Maske.

H. 0,11. Pent. Marmor. Gefunden 1862 im Theater des Dionysos zu Athen.

Erhalten ist nur die Stirn mit dem Oberkopf einer inwendig ausgehöhlten Maske: das Haar ist vorn in dichten Locken kranzartig zusammengekämmt, mit Löchern (für die Bronzebekränzung), in denen noch die Stifte stecken.

692 (270). Bruchstück eines Reliefs.

H. 0,34. B. 0,25. Pent. Marmor. Grobe Arbeit. Ringsum weggebrochen und bestossen. Gefunden 1862 im Theater des Dionysos zu Athen.

Erhalten ist der Körper von der Brust bis zu den Waden einer (männlichen?) *Figur*, in (Theater-) Chiton poderes mit langen Aermeln, in Vorderansicht, mit linkem Spielbein; der rechte Arm fehlt; die linke (im Ellenbogen) erhobene Hand drückt (einen Vogel?) an die Brust. Rechts neben ihm ist noch der rechte gesenkte Arm einer *Figur* sichtbar.

693 (271). Bruchstück eines Reliefs.

H. 0,28. B. 0,30. Fig. 0,23. Pent. Marmor. Verwittert. Gefunden 1862 im Theater des Dionysos zu Athen.

Erhalten ist die linke untere Ecke (mit Einfassung): neben einem hohen Krater steht rechts ein *Knabe*, in Vorderansicht mit linkem Spielbein; die gesunkene Linke liegt am Schenkel, die erhobene rechte Hand hält (ein Gefäss). Weiter nach rechts ist der Rest (einer Kline oder einer Figur?) vorhanden.

694 (272). Jüngling (vor einer Seule).

H. 0,45. Pent. Marmor. Verwittert. Sehr bestossen und überall weggebrochen. Gefunden 1862 im Theater des Dionysos zu Athen.

Der Jüngling (nur vom Nabel bis zur Mitte der Waden erhalten) steht mit linkem Spielbein vor einer Seule (Dm. ungefähr 0,30); er ist nackt, auf dem Rücken liegt shawlartig der Mantel, der in langen Enden über die im Ellenbogen erhobenen Arme herunterfällt; das Glied war besonders angesetzt.

Diente wohl als Basis eines Weihgeschenkes?

695 (273). Sturz eines Jünglings.

H. 0,58. Pent. Marmor. Sehr leidliche Arbeit. Gefunden 1862 im Theater des Dionysos zu Athen.

Es fehlen der Kopf, der ganze linke Arm, der rechte Arm vom Deltoides an, beide Füsse von den Hüften an und das Glied (das besonders eingesetzt war). — Der Jüngling stand mit linkem Spielbein: die rechte (im Ellenbogen) erhobene Hand ist über die Brust gelegt; der linke gesenkte Arm war gegen die Seite gedrückt und hielt einen (Zweig oder Stab), von dem noch ein Rest erhalten ist. Ueber der linken Brust Ansatzspuren (eines Gegenstandes — *nicht* der rechten Hand, welche da nicht liegen konnte!).

696 (274). Bruchstück eines Hochreliefs.

H. 0,42. B. 0,26. Pent. Marmor. Gefunden 1862 im Theater des Dionysos zu Athen.

Erhalten ist der Körper (vom Hals bis zu den Schenkeln) eines *Mannes*, in Vorderansicht mit linkem Spielbein: über dem gesenkten linken Arm liegt die (viel beschädigte) Chlamys; der gesenkte rechte Arm ist vom Deltoides an weggebrochen.

697 (275). Bruchstück eines Reliefs.

H. 0,26. B 0,34. Pent. Marmor. Leidlich gute Arbeit. Gefunden 1862 im Theater des Dionysos zu Athen.

Erhalten sind die Köpfe von zwei n. l. hinlaufenden Rossen, in realistischer Auffassung.

698 (276). Bruchstück einer weiblichen Figur.

H. 0,67. Pent. Marmor. Archaistische Arbeit. Gefunden 1862 im Theater des Dionysos zu Athen.

Erhalten sind der Bauch und das linke Bein (bis zum Knie) einer weiblichen Gottheit (?), die in Vorderansicht gerade dastand, in enganliegendem zierlich gefaltetem Chiton; die rechte Seite ist weggebrochen.

699 (277). Bruchstück einer weiblichen Figur.

H. 0.28. Pent. Marmor. Archaistische Arbeit Gefunden 1862 im Theater des Dionysos zu Athen.

Erhalten ist ein Stück des Bauches mit der Gewandung einer Figur, die der no. 698 sehr ähnlich gewesen ist.

700 (278). Relief einer tanzenden Frau.

H. 1,12. B. 0,66. Pent. Marmor. Sehr schöne anmuthige Composition. Leidliche Arbeit. Gefunden 1862 im Theater des Dionysos zu Athen.

Die Platte ist links oben und unten weggebrochen. Von

der Figur fehlen die Nasenspitze und beide Füsse nebst dem unteren Saum des Mantels.

Am oberen Rand der Platte findet sich rechts eine Fuge (für eine Klammer zur Befestigung); unten rechts ein Loch.

Unten ein schmaler Einfassungsstreifen. Die Grundfläche ist nach innen zu vertieft, um die Reliefhöhe (bis zu 0,05) zu gewinnen. — Ein junges *Mädchen* tanzt n. l. vorwärts: sie erhebt sich auf den Fussspitzen, den rechten Fuss vorsetzend und mit den gesenkten Händen den Mantel, in den sie ganz gehüllt ist, ein wenig emporziehend. Der Mantel*) schmiegt sich dicht an den Körper an und flattert nach hinten herab, während er unter dem linken Unterarm ein wenig heraufgezogen und in Falten an den Leib gedrückt ist. Die Haare sind über den Ohren emporgenommen und oben auf dem Kopf in eine Schleife, hinten aber in einen Zopf gebunden.

Vgl. die sehr ähnliche *römische* Copie dieser Tänzerin auf einem in der Villa Palombara (Esquilin) gefundenen Relief des Museo Chiaramonti (no. 644), welche einen Festtanz des bacchischen Cultus anführt (abg. Visconti e Guattani Mus. Chiar. tav. 44, 1; vgl. Friederichs Berl. Ant. Bildw. I no. 636).

Abg. Eph. arch. II Taf. 26, 3 (der Kopf allein) und Taf. 27 (die ganze Figur).

Vgl. Rhusopulos Eph. arch. II p. 138, 11; Bötticher Berl. Abg. no. 121.

701 (279). Relief einer tanzenden Frau.

H. 1,02. B. 0,63. Pent. Marmor. Schöne Composition. Arbeit nicht allzu gut. Gefunden 1862 im Theater des Dionysos zu Athen.

Die Platte ist links unten weggebrochen und unten bestossen. Von der Figur ist die Nasenspitze beschädigt; die rechte Wade nebst dem Fuss und der linke Fuss nebst den Gewandfalten sind weggebrochen.

An der Platte findet sich oben rechts und links je eine Fuge (für Klammern zur Befestigung). Die Grundfläche ist

*) Mit sog. Sahlkante (vgl. dazu Michaelis Parthenon S. 227, 25).

nach innen zu vertieft, um die Reliefhöhe (bis zu 0,06) für die Figur zu gewinnen, welche bei aller Schönheit doch nicht so fein und zart gedacht ist, als die vorige Nummer: die Stellung ist anspruchsvoller, die Falten sind manierirter. — Ein junges *Mödchen* tanzt n. l. vorwärts, auf den Fussspitzen sich erhebend und den rechten Fuss vorsetzend: sie neigt sich mit dem Oberkörper nach vorn, während sie den Kopf (fast in Vorderansicht, ein wenig n. r. geneigt) zurückwirft. Sie ist ganz, auch am Hinterhaupt, in den Mantel*) gehüllt, den die im Ellenbogen erhobene Rechte in Schulterhöhe zierlich fasst; die vorgestreckte Linke dagegen zieht einen Zipfel des Mantels mit sich vor, dessen Ende in vielen Falten nach hinten zurückflattert: zurückflattert auch der übrige Mantel, der sich vorn eng an den Körper anschmiegt. Um den Kopf hat sie eine breite Tänie.

Vgl. dasselbe Motiv dieser Tänzerin wiederholt z. B auf einem Vasenbilde (Tischbein Vas. I, 48; Panofka Bild. ant. Leb. 9, 4; Müller-Wieseler Denkm. d. a. K. II, 45, 564), auf einem Spiegel aus Korinth (Rev. arch. 1868 pl. I; vgl. Arch. Ztg. 1868 S. 77, 2), auf einem Pompejanischen Wandgemälde (Helbig no. 1904: abg. z. B. Pitt. d'Ercol. III, 28; Mus. Borb. VII, 38; Gariulo Racc. III, 47) und auf einem römischen Relief (Benndorf-Schöne Lat. Mus. 323; abg. Garrucci Mon. Lat. 47, 2) — und zwar so genau wiederholt, dass man wohl trotz den Herausgebern des Lat. Katalogs (a. a. O. S. 202) an ein allen diesen Wiederholungen zu Grunde liegendes berühmtes Original zu denken haben wird. Vgl. auch Arch. Ztg. NF. V (1872) S. 95.

Abg. Rev. archeol. 1868 pl. II (in Photographie).

Vgl. dazu Bötticher Berl Abg. no. 122.

702 (280). Männlicher Sturz.

H. 0,34. Pent. Marmor. Verwittert. Ringsum bestossen. Gefunden 1862 im Theater des Dionysos zu Athen.

Erhalten ist die Brust (vom Hals bis zum Nabel) eines Mannes, von weichlichem Charakter; die linke Schulter ist hoch erhoben. Hinten abgeplattet.

*) Mit sog. Sahlkante (vgl. dazu Michaelis Parthenon S. 227, 25).

703 (281). Bruchstück eines Reliefs.

H. 0,39. B. 0,35. Pent. Marmor. Leidliche Arbeit. Ringsum weggebrocchen. Gefunden 1862 im Theater des Dionysos zu Athen.

Erhalten sind von einem n r. schwebenden geflügelten *Knaben* der Körper — vom Nabel bis zu den Fussknöcheln — und die Enden der langen Rückenflügeln.

704 (282). Bruchstück eines weiblichen Sturzes.

H. 0,20. Pent. Marmor. Geringe Arbeit. Gefunden 1862 im Theater des Dionysos zu Athen.

Erhalten sind Bauch und Schenkel einer mit linkem Spielbein stehenden *Frau*, in Chiton und Mantel, der auf der rechten Seite herabfällt.

705 (283). Bruchstück eines Grabreliefs.

H. 0,64. B. 0,44. Fig. 0,37. Pent. Marmor. Schlechte Arbeit. Sehr beschädigt. Gefunden 1862 im Theater des Dionysos zu Athen.

Erhalten ist nur die linke untere Ecke mit Einfassung: ein *Mädchen* steht n. r. mit rechtem Spielbein, in Doppelchiton, das Haar in einen Zopf gebunden, in beiden Händen einen Kasten haltend. Neben ihr stand eine *Frau*, in Vorderansicht, in Schuhen Chiton und Mantel, von der noch das rechte (Spiel-)bein erhalten ist.

706 (284). Bruchstück eines Reliefs.

H. 0,25. B. 0,30. Pent. Marmor. Leidliche Arbeit. Ringsum bestossen und sehr beschädigt. Gefunden 1862 im Theater des Dionysos zu Athen.

Erhalten ist ein in Vorderansicht mit rechtem Spielbein stehender *Mann* (das Gesicht weggebrochen), in Mantel, der die Brust entblösst lässt; er legt die Linke an das von der linken Schulter herabfallende eine Ende des Mantels, während die (im Ellenbogen) erhobene rechte Hand den Mantelsaum über (oder an?) der rechten Schulter fasst. Neben ihm ist links eine zur Erde gesetzte Keule (zu einer verlorenen *Figur* gehörig) sichtbar, rechts die vorgestreckte rechte Hand einer dritten (ebenfalls weggebrochenen) *Figur* erhalten, welche, den Zeigefinger ausstreckend, die anderen Finger zusammenzieht.

707 (285). Bruchstück eines Reliefs.

H. 0,43. B. 0,44. Pent. Marmor. Leidlich gute Arbeit. Ringsum zerstossen. Athen.

Erhalten ist — von einer grösseren Darstellung — ein auf der Erde n. r. sitzender bärtiger *Satyr*, dessen Gesicht weggeblättert und dessen rechter Fuss weggebrochen ist; er ist spitzohrig, mit emporstehendem Haupthaar, um den Hals die Chlamys geknüpft. Im Begriff, einen vor ihm stehenden Kalathos mit Weintrauben*) aufzuheben (oder niederzusetzen — um zu stehlen), wendet er das Gesicht n. l. in Vorderansicht, indem eine vor ihm befindliche kleinere (ganz verlorene) *Figur* die rechte Hand gegen seinen Hals ausstreckt (und ihn am linken Ohr zupft?). Ueber ihm Weinlaub und Rebstamm; unter ihm Weintrauben; hinter ihm das Hintertheil eines n. l. gewandten *Hahnes* (etwa zu einer Hahnkampfgruppe gehörig?).

Gefunden den 23. Juni 1862 im Theater des Dionysos.

Abg. Eph. Arch. II Taf. 29, 3.

Vgl. ebd. p. 214; Friederichs Berl. Ant. Bildw. I no. 646; Bötticher Berl. Abg. no. 1138.

708 (286). Bruchstück eines Reliefs.

H. 0,42. B. 0,35. Pent. Marmor. Nicht vollendete oder sehr gewöhnliche Arbeit. Gefunden 1862 im Theater des Dionysos zu Athen.

Erhalten ist ein Theil des Leibes nebst dem rechten Vorderschenkel von einem Thier.

---

*) Korb und Früchte waren ursprünglich roth bemalt (Eph. arch. l. c.); jetzt ist jede Farbespur verschwunden.

709 (287). Bruchstück eines Reliefs.

H. 0,43. B. 0,40. Pent. Marmor. Sehr verwittert. Gefunden 1862 im Theater des Dionysos zu Athen.

Erhalten ist der Unterkörper einer n. l. mit linkem Spielbein stehenden *Frau*, in Schuhen Chiton und Mantel; neben ihr ist links das Mantelende einer zweiten (weggebrochenen) *Figur* sichtbar.

710 (288). Bruchstück eines (Sarkophag-?)reliefs.

H. 0,40. B. 0,24. Pent. Marmor. Mittelmässige Arbeit. Ringsum bestossen. Theilweise sehr beschädigt. Gefunden 1862 im Theater des Dionysos zu Athen.

Oben ein kleines Stück der Begrenzung sichtbar. Eine *Frau*, ohne Kopf und Arme, in gegürtetem Doppelchiton, mit flatterndem Mantel (kleinliche Falten), steigt n. r. (von einem Wagen?) herab — etwa *Selene* den Endymion besuchend?

711 (289). Männlicher Sturz.

H. 0,59. Pent. Marmor. Gewöhnliche Arbeit. Gefunden 1862 im Theater des Dionysos zu Athen.

Es fehlen der Kopf, die Brust, der rechte Arm, der linke Unterarm (der angesetzt war) und beide Beine von den Waden an. — Die Figur stand in Vorderansicht mit rechtem Spielbein; hinten weggebrochen.

712 (290). Bruchstück eines Reliefs.

H. 0,16. B. 0,46. D. 0,30. Pent. Marmor. Geringe Arbeit. Ringsum bestossen. Gefunden 1862 im Theater des Dionysos zu Athen.

Erhalten sind die Schultern und Oberarme einer (weiblichen) *Figur* in Vorderansicht, in Chiton mit Achselbändern; der Kopf war eingesetzt.

713 (291). Bruchstück eines Grabreliefs.

H. 0,26. B. 0,35. Pent. Marmor. Sehr gewöhnliche Arbeit. Oben weggebrochen. Gefunden 1862 im Theater des Dionysos zu Athen.

Erhalten sind die Beine (bis über den Knieen) eines n. l. mit rechtem Spielbein stehenden *Mädchens*, in Schuhen Chiton und Mantel: sie spielte mit dem vor ihr auf den Hinterfüssen n. l. sitzenden *Hunde*.

714 (292). Bruchstück einer Stele mit Psephisma betreffend den älteren Dionysios und dessen Brüder Ol. 96, 3 (394/393 v. Chr.).

H. 0,56. B. 0,47. Fig. ungefähr 0,23. Pent. Marmor. Feine leichte Arbeit. Oben unten und rechts weggebrochen. Sehr verwittert (besonders nach oben hin).

Oben über dem Gesims eine Darstellung, in Relief; die Köpfe sind verwittert: links steht n. r. mit rechtem Spielbein *Athene* (*Parthenos*), in gegürtetem Chiton (und Helm?), die gesenkte Linke auf den neben ihr zur Erde gesetzten Schild gelegt; sie reicht die Rechte der ihr mit linkem Spielbein gegenüberstehenden *Frau* (*Sikelia*), welche mit der Rechten die dargebotene Hand fasst und in der Linken ein Skepter*) aufstützt. Hinter Athene ringelt sich eine grosse Schlange empor (und ist die Basis der verlorenen Einfassungsante erhalten).

Darunter die folgende Inschrift, deren Zeile 1—4 in *grösseren* Buchstaben geschrieben ist:

---

*) Nach Bötticher (dem Schöne beistimmen möchte) vielmehr eine *Fackel*.

ΕΠΕΥΒ[Ο]ΛΙΔΟΑ[ΡΧ]ΟΝΤΟΣΕΠΙΤΗΣ . . . . .
ΝΙΔΟΣΕΚΤΗΣΠ[ΡΥ]ΤΑΝΕΥοΣΗ Σ
ΗΙΠΛΑΤΩΝΝΙΚΟ[Χ]ΑΡΟΣΦΛΥΕ Υ . . . . .
Μ Μ ΑΤΕΥΕ
ΕΔΟΞΕΝΤΗΙΒΟΛΗΙΚ[ΙΝΗΣΙ]ΑΣΕΙΠ . . . .
ΔΡοΣΘΕΝΗΣΛΕΓΕΙ[ΕΠΑΙΝ]ΕΣΑΙΔ[ΙΟ]Ν . . . .
ΝΣΙΚ]ΕΛΙΑΣΑΡΧ[ΟΝΤΑΚΑΙ]ΛΕΠΤΙΝΗΝ . . . .
ΦΟ]ΝΤΟΝΔΙΟΝ[ΥΣΙΟΚΑΙΘΕΑ]Ρ[Ι]ΔΗΝΤΟ . . . .
Ν]ΤΟΝΔΙ[Ο]ΝΥΣ[ΙΟΚΑΙΦΙΛΟΞ]Ε[Ν]ΟΝΤ . . . .
. . . . Σ . . Ν . . . .

d. i. nach Köhler (a. a. O.), welcher die — den Unbilden des Wetters ausgesetzte und mehr und mehr verwitterte — Inschrift noch besser erhalten sah:

'Επ' Εὐβ[ο](υ)λίδο(υ) ἄρχοντος, ἐπὶ τῆς [Πανδιο-
νίδος ἕκτης π[ρυ]τανευο(ύ)σης,
ἧ Πλάτων Νικοχάρο(υ)ς Φλυεὺ[ς ἐγρα-
μμάτευε·
ἔδοξεν τῇ βο(υ)λῇ, Κ[ινησί]ας εἶπ[ε, περὶ ὧν 'Αν-
δροσθένης λέγει· [ἐπαιν]έσαι Δ[ιο]ν[ύσιον τὸ-
ν Σικ]ελίας ἄρχ[οντα καὶ] Λεπτίνην [τὸν ἀδελ-
φὸ]ν τὸν Διον[υσίο(υ) καὶ Θεα]ρ[ί]δην τὸ[ν ἀδελφὸ-
ν] τὸν Δι[ο]νυσ[ίο(υ) καὶ φιλόξ]ε[ν]ον τ[ὸν . . .

Gefunden am 30. Juni (12. Juli) 1862 im Theater des Dionysos zu Athen.

Abg. Schöne Griech. Rel. Taf. 7, 49.

Vgl. Philistor IV p. 542, . 2 (Kumanudis); Hermes III S. 156 ff (Köhler); Bötticher Berl. Abg no. 296; Schöne a O. S. 24.

715 (293). Bruchstück eines (Fries?-)reliefs.

H. 0,42. B. 0,26. D. 0,14. Hym. Marmor. Links und unten weggebrochen. Gefunden 1862 im Theater des Dionysos zu Athen.

Oben und rechts eingefasst. — Dargestellt ist ein 0,26 hoher *Dreifuss*, oben in den drei Ringen der Kessel, unter dem in der Mitte eine dorische Seule als Stütze steht. Höhe des Reliefs 1½ Centimeter.

716 (294). Bruchstück eines Frieses (?).

H. 0,37. B. 0,32. D. 0,17. Pent. Marmor. Gefunden 1862 im Theater des Dionysos zu Athen.

Dargestellt ist eine 0,24 hohe *Eule*, in Vorderansicht auf einer Erhöhung sitzend; der Kopf ist weggebrochen. Höhe des Reliefs 0,04 Meter.

717 (295). Bruchstück einer Basis.

H. 0,24. Pent. Marmor. Mittelmässige Arbeit. Unten weggebrochen. Gefunden 1862 im Theater des Dionysos zu Athen.

Aus einem korinthischem Kapitell (Dm. 0,09) erheben sich sechs breite Blätter, welche einen Teller (Dm. 0,35) tragen, dessen umgeklappter Rand mit zwei Reihen Eicheln besetzt ist. — Oben findet sich das Loch (zum Einsetzen des Weihegeschenks) und eine Rinne (für den Bleiguss zum Verlöthen).

718 (296). Bruchstück eines Reliefs.

H. 0,37. B. 0,23. Pent. Marmor. Unten und an beiden Seiten weggebrochen. Gefunden 1862 im Theater des Dionysos zu Athen.

Erhalten sind der Kopf und der Hals eines n. l. gerichteten *Greifen*.

719 (297). Zweihenkelige Grabvase.

H. 0,21. Pent. Marmor. Gefunden 1862 im Theater des Dionysos zu Athen.

Erhalten sind die Mündung, der Hals und die Henkelansätze einer Grabvase: der Hals ist mit Schuppenwerk, die Mündung mit einem Kymation verziert.

IV.

Die antiken Marmor-Bildwerke

in der

Ephorie der Alterthümer im Cultusministerium

no. 720 (1) — 837 (118).

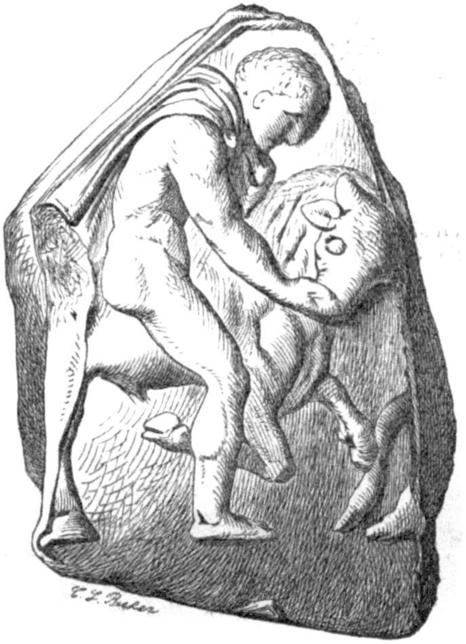

720 (1). Votivrelief.

H. 0,70. B. 0,68. Pent. Marmor. Arbeit guter Zeit. Die linke Ecke ist weggebrochen. Hier und da bestossen. Athen.

Die Darstellung ist rechts und links durch eine Ante eingefasst: in der Mitte sitzt n. l. auf einem hohen Dreifuss der jugendliche *Dionysos**), das Gesicht in Vorderansicht: er ist unterwärts bemäntelt und setzt die Füsse (rechtes Spielbein) auf eine vor dem Dreifuss stehende Basis, die von zwei hohen Stufen gebildet ist; die linke Hand liegt auf dem Schooss, die

*) Nach Lübbert Apollon-Patroos, Leto und Athene-Hygieia; nach Bötticher Apollon, Pythia und Stifterin des Votivreliefs.

Rechte ist erhoben (der Unterarm fehlt)*). Neben ihm rechts steht n. l. mit rechtem Stützbein eine *Frau* (*Semele*), welche die Rechte auf die linke Schulter des Gottes legt: sie ist in Schuhen Doppelchiton (mit Ueberwurf) und Mantel, der, auf beiden Schultern festgehalten, über den Rücken herabfällt; die Linke hat sie gesenkt. Vor dem Gotte steht n. r. eine zweite *Frau*, mit gekreuzten Beinen (welche durch die oben erwähnte Basis theilweise verdeckt sind): sie ist in Chiton und Mantel, dessen Zipfel sie mit der Linken über die Schulter zieht; in der gesenkten Rechten hält sie nach hinten einen schlanken Stab, auf den sie sich lehnt und der sich in Folge dessen biegt**). Der Kopf ist weggebrochen. Die Nasen sind alle beschädigt. Oben in der Einfassung die Inschrift:

ὁδεῖ α τοῦ] ΒΑΚΧΙΟΑΝΕΘΗΚΕ

Zum Fundort vgl. Pittakis in der Eph. Arch. 1841 no. 575 p. 418: *ἀγνοοῦμεν κατ' ἀκρίβειαν ποῦ εὑρέθη ὁ τύπος οὗτος, ἴδομεν αὐτὸν εἰς τὴν οἰκίαν τοῦ* K. *'Αγγέλου Γέροντος, ἥτις κεῖται κατὰ τὸ ἀνατολικὸν μέρος τῶν 'Αθηνῶν. τὸ καλούμενον Πλάκα* (vgl. dazu Mommsen Ath. christ p. 63, 59), *τὸ πάλαι δὲ ἐμπεριελαμβάνετο εἰς τὸν δῆμον Κυδαθήναια κτλ.*

Abg. Eph. Arch. I no. 575; Le Bas Voy. arch. Mon. d'ant. fig. pl. 49, 1.

Vgl. Lübbert Bull. dell' Inst. 1865 p. 87 (= Arch. Anz. 1865 S. 54); Bötticher Berl. Abg. no. 546.

721 (2). Bruchstück eines Reliefs***).

H. 0,51. B. 0,26. Pent. Marmor. Leidliche Arbeit.

Erhalten ist eine *Frau*, in Schuhen gegürtetem Chiton und Mantel: sie kreuzt die Beine und setzt die Linke unter

---

*) Und hielt wohl ein *gemaltes Skepter* oder einen *gemalten Thyrsos*.

**) Lübbert sieht darin einen Schild und demnach in der Frau Athena.

***) Aus dem königl. Schlosse 1861 entnommen.

dem Mantel in die Seite; die Rechte war erhoben. Der Kopf ist weggebrochen. Die Arbeit ist wohl nicht ganz beendet worden.

722 (3). Sturz einer weiblichen Statuette.

H. 0,41. Weisser Marmor. Leidliche Arbeit.

Es fehlen der Kopf (der angesetzt war), der rechte Arm vom Deltoides an und die rechte Fussspitze. — Eine Frau, in Schuhen Chiton und Mantel, der dicht unter den Brüsten gegürtet ist; über dem Gurt ist rechts und links je ein Stückchen des Chitons hinübergezogen. Der Mantel liegt um den Unterleib und über dem linken gebogenen Arm. In der Linken hält sie einen Gegenstand (ähnlich dem länglichen Laib unserer Brode), den ich nicht zu bestimmen vermag.

723 (4). Dreigestaltige Hekate.

H. 0,36. Pent. Marmor. Geringe Arbeit. Oben weggebrochen. Hier und da bestossen.

Es fehlen die Köpfe der drei Frauengestalten, welche nebeneinander in Vorderansicht um eine Seule stehen, und das Seulenkapitell. — Von den Frauen hält die eine, in Doppelchiton, mit rechtem Spielbein, in der gesenkten Rechten eine Patera. Neben ihr steht rechts mit linkem Spielbein die zweite Frau, in Chiton und unterwärts mit einem Mantel bekleidet, der über dem linken ein wenig erhobenen Arm liegt: sie hält in der gesenkten Rechten einen Krug; auf die Brust fällt jederseits eine Locke herab. Die dritte endlich, mit rechtem Spielbein, legt die Rechte an ein langes Skepter und hält in der Linken (wohl einen Apfel*) oder ein Gewandstück?); sie ist in Chiton und Mantel, der von der linken Schulter über den Rücken und unter dem rechten Arm über die Brust zur linken Schulter gezogen ist.

*) Vgl. dazu Stephani Ausr. Her. Taf. V, 2; u. a. m.

724 (5). Bruchstück einer Gruppe.

H. 0,30. Pent. Marmor. Sehr geringe Arbeit.

Hinten nicht bearbeitet. — Erhalten ist der Unterkörper einer Frau (*Aphrodite?*), in Chiton und Mantel, mit linkem Spielbein. Neben ihr rechts steht auf einem niedrigen Pfeiler ein in einen Hermenschaft ausgehender Gott (*Priapos*), der mit den Händen sein Gewand hebt und sein stehendes Glied zeigt; sein Kopf ist weggebrochen.

725 (6). Männlicher Sturz.

H. 0,24. Pent. Marmor. Grobe Arbeit. Zerstossen.

Hinten weniger ausgearbeitet. — Erhalten ist der Oberkörper vom Hals bis zu den Hüften eines Mannes, in Chiton und Mantel, der die Rechte auf die Brust legt und die Linke gesenkt hielt.

726 (7). Bruchstück eines Grabreliefs.

H. 0,16. B. 0,22. Pent. Marmor. Schöne Arbeit. Hochrelief.

Erhalten ist der Kopf eines n. l. gewandten *Mädchens*; die Haare sind in einen Zopf zusammengebunden, die Nase ist weggestossen.

727 (8). Bruchstück eines Grabreliefs.

H. 0,20. B. 0,18. Pent. Marmor. Arbeit guter Zeit. Starkes Relief. Oberfläche theilweise mitgenommen.

Erhalten ist der Kopf eines n. r. gewandten *Jünglings*, mit kurzem Haupthaar und zartem Backenbart: er legte die linke Hand (nur noch die Finger erhalten) auf die Stirn und senkte leise den Kopf, mit traurig-ernstem Ausdruck. Die Nase ist zerstossen.

728 (9). Weiblicher Kopf.

H. 0,30. Pent. Marmor. Verwittert.

Der Kopf, ein wenig über Lebensgrösse, ist wohl zu einer Büste gehörig. Ueber den Hinterkopf fällt auf die Schultern ein Schleier herab.

729 (10). Römischer Frauenkopf.

H. 0,27. Par. Marmor. Nase und Kinn zerstossen. Athen.

Der Kopf, über lebensgross, zeigt ein volles Gesicht mit Unterkinn; die (ursprünglich bemalten) Haare sind in Wulsten kranzartig um Stirn und Hinterkopf bis über die Ohren herab gelegt; die Augensterne und die hochgezogenen Brauen sind angegeben.

Gefunden 1857 im Odeion des Herodes Attikos.

Vgl. Schillbach Odeion S. 25; erwähnt auch Arch. Anz. 1857 S. 124.

730 (11). Büste eines jungen Römers.

H. 0,35. Par. Marmor. Nase weggebrochen. Athen.

Die Büste steht auf einer runden Basis mit Ablauf und Gesims (H. 0,07); um die Brust liegt ein Mantel, der auf der rechten Schulter durch einen Knopf zusammengehalten wird. Das Haar ist kurz, die Ohren sind gross, Augensterne und Brauen sind angegeben.

Gefunden 1857 im Odeion des Herodes Attikos.

Vgl. Schillbach Odeion S. 25.

731 (12). Kopf eines (Apollon?).

H. 0,30. Par. Marmor. Leidlich gute Arbeit. Beschädigt. Gefunden beim Olympieion zu Athen.

Die Nase fehlt; ebenso über der Stirn die Frisur (wohl Schleife) des Haares, welche angesetzt war. — Rings um den überlebensgrossen Kopf lief kranzartig eine breite Tänie, unter der über den Schläfen kurze dichte Locken hervorkamen; hinten fiel ein Zopf auf den Nacken, so wie hinter den Ohren je zwei Locken auf die Schultern herabfallen. Die Haare waren ursprünglich bemalt.

732 (13). Frauenkopf.

H. 0,32. Par. Marmor. Geringe Arbeit. Athen.

Weggebrochen sind die Nase, die linke Wange und das Untertheil vom Kinn an. Die hohe onkosartige Haartracht zeigt, dass eine tragische Figur dargestellt ist: die Haare waren rothbraun bemalt und vergoldet; die Augen sind eingesetzt aus weissem alabasterartigen Gestein, in dem die Augensterne (aus Edelstein) jetzt fehlen. Die Augenbrauen waren auch roth bemalt: nahe beim Nasenbein finden sich — in den Augenbraunbogen — einige Löcher für kleine Bronzestäbchen (d. i. Augenbraunhärchen).

Gefunden 1857 im Odeion des Herodes Attikos.

Vgl. Schillbach Odeion S. 25; Conze Arch. Anz. 1858 S. 198*.

733 (14). Kopf des bärtigen Bacchos.

H. 0,26. Pent. Marmor. Feine archaistische Arbeit. Piraeus.

Kopf (über lebensgross) des bärtigen in Hermenschaft endenden Bacchos, dessen Vordertheil vom Bart an (nebst dem Bartende) weggebrochen ist; das Haar ist in Toupé aus dem Gesicht gestrichen und mit einer Tänie umwunden. An Haar und Bart sind Farbespuren vorhanden.

Gefunden im Piraeus (Eustratiadis l. c. . . . *εἰς τὴν κατ' ἀνατολὰς κλιτὺν τοῦ ἰσθμοῦ τῆς ἰδίως πειραϊκῆς χερσονήσου*, 200 *περίπου βήματα μακρὰν τῆς θαλάσσης, ἣν νῦν κοινῶς Μουνυχίαν καλοῦσιν*) zusammen mit den *No. 734 bis 738*; vgl. auch Wescher Rev. arch. 1866, II. NS. XIV p. 349 ss; Schöne Griech. Reliefs S. 53 zu no. 105.

Vgl. Eustratiadis in der Palingenesia 1866 no. 996, Bericht I; Wescher l. c. p. 350, 1; Schöne a. a. O.

734 (15). Votivrelief an Kybele.

H. 0,27. B. 0,17. Pent. Marmor. Gewöhnliche Arbeit. Piraeus.

Rechts und links Anten, die ein Giebelchen mit Akroterien tragen. Die Göttin thront in Vorderansicht, in Chiton und Mantel, der über die linke Schulter und den Unterkörper fällt; auf dem Kopfe hat sie ein Modios*), in der Rechten die Patera, in der Linken das Tympanon. Zwei Haarlocken fallen auf die Brust herab. Ursprünglich roth bemalt.

Zur Fundnotiz vgl. no. 733.

Vgl. Eustratiades in der Palingenesia 1866 no. 996, Bericht III; Wescher Rev. arch. 1866, II. NS. XIV p. 350, 3.

735 (16). Satyrköpfchen.

H. 0,20. Par. Marmor. Gute Arbeit. Piraeus.

Die Nasenspitze ist weggebrochen; im Hals unten ein Zapfenloch (zum Einsetzen auf eine Statue). Der Satyr neigt den Kopf n. r. und lächelt, den Mund öffnend und die Zähne zeigend; auf der Stirn erheben sich zwei kleine Hörner.

Zur Fundnotiz vgl. no. 733.

Vgl. Eustratiades in der Palingenesia 1866 no. 996, Bericht IV; Wescher Rev. arch. 1866, II. NS. XIV p. 350, 4.

736 (17). Votivrelief an den Zeus Philios.

H. 0,22. B. 0,21. Pent. Marmor. Geringe Arbeit. Piraeus.

Rechts naht eine *Frau* (Μύννιον), in Chiton und langem Mantel, die rechte Hand adorirend vorgestreckt, einem auf einem Thron (mit Fussbrett) sitzenden bärtigen *Manne* (*Zeus Philios*), der die Linke emporhebt (ein [gemaltes] Skepter haltend): seine Rechte liegt auf dem Schoosse; sein Mantel bedeckt den Rücken und den Unterkörper. Der Frau folgt noch ein *Knabe* (oder Töchterchen?), in langem Mantel. Ob die

*) Rechts und links davon je ein Loch (zur Befestigung eines kleinen Bronzeschmucks).

Frau und der Knabe bekränzt sind? Oben auf dem ein wenig ausladenden Gesims die Inschrift:

M]ΥΝΝΙΟΝΔΙΙΦΙΛΙΩΙΑΝΕΘΗ[ΚΕ

Zur Fundnotiz vgl. no. 733.

Abg. Schöne Griech. Rel. Taf. 25, 105.

Vgl. Eustratiades in der Palingenesia 1866 no. 996, Bericht II; Wescher Rev. arch. 1866, II. NS. XIV p. 351, I; Schöne a. a. O. S. 53.

Ein Abguss jetzt im Berl. Museum (no. 430 des Inventariums).

787 (18). Votivrelief an Pan und die Nymphen.

H. 0,26. B. 0,36. Pent. Marmor. Sehr geringe Arbeit Flachrelief. Piraeus.

Unten ein viereckiges Loch zum Einlassen des Zapfens (vgl. no. 95 Anm.). — Die Einfassung der (oben abgerundeten) Reliefplatte bildet eine Höhle: in ihr findet sich links *Hermes*, um den Hals die Chlamys, in der vorgestreckten Rechten das (in der Einfassung angebrachte roh gearbeitete) Kerykeion: er führt n. l. *drei Nymphen*, deren erste er mit der Linken an der rechten Hand angefasst hat und zu der er den Kopf umwendet. Die Frauen sind in Chiton und Mantel und fassen sich gegenseitig an: die mittlere wendet das Gesicht zur letzten um, welche die (in den Mantel gewickelte) linke Hand in die Seite gesetzt hat; unten vor der ersten und zweiten Frau erhebt sich ein Felsstück Rechts oben sitzt — in der Einfassung, in ganz kleiner Figur (H. 0,03) — *Pan*, in Vorderansicht, mit gekreuzten Thierbeinen (und wohl die Syrinx blasend?); neben ihm rechts scheinen zwei Thiere angedeutet*). Links unten — gleichfalls in der Einfassung — ist die bärtige n. r. gewandte *Maske des Acheloos* sichtbar, mit emporstehendem Haupthaar.

Zum Fundort vgl. no. 733.

---

*) Schöne giebt *keine* Andeutung von ihnen.

Abg. Schöne Gr. Reliefs Taf. 28, 117.

Vgl. Eustratiades in der Palingenesia 1866 no. 996, Bericht V; Wescher Revue Archéol. 1866, II. NS. XIV p. 350, 5; Kekulé Theseion S. 81 zu no. 192; Schöne a. a. O. S. 58, 117.

738 (19). Stele des Pachtcontracts zwischen Eukrates und acht Meritai aus dem Demos Kytheros.

H. 0,46. B. unten 0,27; oben 0,26. Pent. Marmor. Piraeus.

Oben Gesims und in der rechten Ecke eine Darstellung (H. 0,11; B. 0,09), in flachstem Relief, links und unten eingerahmt: vor einem auf einem Stuhl n. l. sitzenden *Manne* (*Eukrates*) steht eine *Frau*, in Chiton und Mantel, in jeder*) Hand einen Beutel (und zwar in der Linken einen grösseren) haltend. Der Mann ist unterwärts und an der linken Seite mit einem Mantel bedeckt, hält die Linke auf dem Schooss und streckt die Rechte der Frau entgegen. Daneben links (die ersten zehn Zeilen) und unten (Zeile 11 ff) die folgende Inschrift:

ΑΓΑΘΕΙΤΥΧΕΙΕΠΙΦΙΛΙΠΠΙΔΟΥ ΙΕΡΕ
ΩΣΚΑΤΑΤΑΔΕΕΜΙΣΘΩΣΑ Ν Α Ν ΤΙ
ΜΑΧΟΣΑΜΦΙΜΑΧΟΥΦΕΙΔΟΣΤΡΑΤΟΣ
ΜΝΗΣΙΧΑΡΟΥΔΗΜΑΡΕΤΟΣΛΕΩΣΘΕΝΟ
Υ[Κ]ΤΗΣΙΑΣΚΤΗΣΙΦΩΝΤΟΣΚΤΗΣΙΠΠΟΣ
ΚΤΗΣΙΦΩΝΤΟΣ[Κ]ΤΗ[ΣΙ]ΧΑΡΗΣΚΤΗΣΙΦ
ΩΝΤΟΣΚΤΗΣΙΑΣΤΙΜΟΚΡΑΤΟΥΧΑΙΡΕΑ
ΣΜΝΗΣΙΧΑΡΟΥΚΥΘΗΡΙΩΝΟΙΜΕΡΙΤΑΙ
ΤΟΕΡΓΑΣΤΗΡΙΟΝΤΟΕΝΠΕΙΡΑΙΕΙΚΑΙΤ
ΗΝΟΙΚΗΣ[ΙΝ]ΤΗΝΠΡΟΣΟΥΣΑΝΑΥΤΩΙ

*) Nach Schöne a. O. dagegen hält sie nur in der Rechten einen Beutel, während „minder deutlich, aber doch unzweifelhaft scheint, dass die männliche Figur der weiblichen einen zweiten Beutel reicht, den diese wohl mit der Linken empfängt“.

ΚΑΙΤ ο ΟΙΚΗ[Μ] Α ΤΙ ο ΝΤ ο ΕΠΙΤΟΥΚΟΠΡΩΝΟΣΕΙΣΤΟΝΑΠΑΝΤ
ΑΧΡΟΝΟΝΕΥΚΡΑΤΕΙΕΞΗΚΙ ο ΥΑΦΙΔΝΑΙΟΙΔΡΑΧΜΩΝ𐅄⊢⊢⊢ΤΟ
ΥΕΝΙΑΥΤΟΥΕΚΑΣΤΟΥΑΤΕΛΕΣΑΠΑΝΤΩΝΕΦΩΙΤΕΔΙΔΟΝ
ΑΙΤΑΣΣΜΕΝΔΔΔΕΝΤΩΙΕΚΑΤΟΝΒΑΙΩΝΙΤΑΣΔΕΙΚΟΣΙΚΑΙ
ΤΕΤΤΑΡΑΣΕΝΤΩΙΠ ο ΣΙΔΕΩΝΙΕΠΙΣΚΕΥΑΣΑΙΔΕΤΑΔΕ ο ΜΕ
ΝΑΤΟΥΕΡΣΑΣΤΗΡΙΟΥΚΑΙΤΗΣΟΙΚΗΣΕΩΣ ΕΝ ΤΩΙΠΡΩΤ
ΩΙΕΝΙΑΥΤΩΙΕΑΝΔΕΜΗΑΠΟΔΙΔΩΙΤΗΝΜΙΣΘΩΣΙΝΚΑΤΑΤΑ
ΓΕΓΡΑΜΜΕΝΑΗΜΗΕΠΙΣΚΕΥΑΞΕΙΟΦΕΙΛΕΙΝΑΥΤΟΝΤ ο ΔΙΠ
ΛΑΣΙ ο ΝΚΑΙΑΠΙΕΝΑΙΕΥΚΡΑΤΗΝΕΚΤΟΥΕΡΓΑΣΤΗΡΙΟΥΜΗ
ΘΕΝΑΛ ο Γ ο ΝΛΕΓΟΝΤΑΕΝΓΥΗΤΗΣΤΟΥΠΟΗΣΕΙΝΤΑΓΕΓΡΑ
ΜΜΕΝΑΕΞΗΚΙΑΣΑΦΙ[ΔΝ]ΑΙΟΣΕΝΤΩΙΧΡΟΝΩΙΤΩΙΓΕΓΡΑ
ΜΜΕΝΩΙΒΕΒΑΙ ο ΥΝΔΕΤ[Η]Ν[ΜΙ]ΣΘΩΣΙΝΚΥ ο ΗΡΙΩΝΤΟΥΣΜΕΡΙ
ΤΑΣΕΥΚΡΑΤΕΙΚΑΙΤΟΙΣΕΓΓ[ΟΝΟΙΣ]ΑΥΤΟΥΕΙΔΕΜΗ ο ΦΕΙΛΕΙΝ
ΔΡΑΧΜΑΣΧΑΝΓΡΑΨΑΙ[. . . . .]ΣΔΕΤΑΣΣ[Υ]ΝΘΗΚΑΣΕΥ
ΚΡΑΤΗΝΕΝΣΤΗΛΕΙΛΙΘΙΝΕΙΚΑΙΣΤΗΣ[ΑΙΕΝ.......]ΝΗΡΩΕΑ
ΝΔΕ[ΤΙΣ]ΕΙΣΦΟΡΑΓΙΓΝΗΤΑΙΗΑΛΛΟΤΙΑΠ[. . . .] ΙΣΜΑΤΡΟ
ΠΩΙ ο ΤΟΙ ο ΥΝΕΙΣΦΕΡΕΙΝΕΥΚΡΑΤΗΝΚΑΤΑΤ ο ΤΙΜΗ[Μ]ΑΚΑ
ΘΕΠΤΑΜΝΑΣΘΕΟΙ

d. i. nach Kirchhoff's Vorgang:

Ἀγαϑῇ τύχῃ· ἐπὶ φιλιππίδου ἱερέ-
ως κατὰ τάδε· ἐμίσϑωσαν Ἀντί-
μαχος Ἀμφιμάχου, Φειδόστρατος
Μνησιχάρου, Δημάρετος Λεωσϑένο-
υ, [Κ]τησίας Κτησιφῶντος, Κτήσιππος
Κτησιφῶντος, [Κ]τη[σι]χάρης Κτησιφ-
ῶντος, Κτησίας Τιμοκράτου, Χαιρέα-
ς Μνησιχάρου, Κυϑηρίων οἱ μερῖται,
τὸ ἐργαστήριον τὸ ἐν Πειραιεῖ καὶ τ-
ὴν οἴκησ[ιν] τὴν προσοῦσαν αὐτῷ
καὶ τὸ οἰκη[μ]άτιον τὸ ἐπὶ τοῦ Κοπρῶνος εἰς τὸν ἅπαντ-
α χρόνον Εὐκράτει Ἐξηκίου Ἀφιδναίῳ δραχμῶν 𐅄ΗΗΗΗ το-
ῦ ἐνιαυτοῦ ἑκάστου ἀτελὲς ἁπάντων· ἐφ' ᾧτε διδόν-
αι τάς(ς) μὲν Δ Δ Δ ἐν τῷ Ἑκατο(μ)βαιῶνι, τὰς δ' εἴκοσι καὶ
τέτταρας ἐν τῷ Ποσ(ε)ιδεῶνι· ἐπισκευάσαι δὲ τὰ δεόμε-
να τοῦ ἐρ(γ)αστηρίου καὶ τῆς οἰκήσεως ἐν τῷ πρώτ-
ῳ ἐνιαυτῷ. Ἐὰν δὲ μὴ ἀποδιδῷ τὴν μίσϑωσιν κατὰ τὰ
γεγραμμένα ἢ μὴ ἐπισκευάζει, ὀφείλειν αὐτὸν τὸ διπ-
λάσιον καὶ ἀπιέναι Εὐκράτην ἐκ τοῦ ἐργαστηρίου μη-
ϑένα λόγον λέγοντα. Ἐ(γ)γυητὴς τοῦ πο(ι)ήσειν τὰ γεγρα-
μμένα Ἐξηκίας Ἀφι[δν]αῖος ἐν τῷ χρόνῳ τῷ γεγρα-
μμένῳ· βεβαιοῦν δέ τ[ὴ]ν [μί]σϑωσιν Κυϑηρίων τοῦς μερί-
τας Εὐκράτει καὶ τοῖς ἐγγ[όνοις] αὐτοῦ· εἰ δὲ μή, ὀφείλειν
δραχμὰς Χ. ἀναγράψαι [δὲ . . . . τὰ]ς δὲ τὰς συνϑήκας Εὐ-
κράτην ἐν στήλῃ λιϑίνῃ καὶ στῆ[σαι ἐν . . . . .]νηρω·*) ἐὰ-
ν δέ [τις] εἰςφορὰ γίγνηται ἢ ἄλλο τι ἀπ[. . . .]ισμα τρό-
πῳ ὁτῳοῦν, εἰςφέρειν Εὐκράτην κατά τὸ τίμη[μ]α κα-
ϑ' ἑπτὰ μνᾶς ϑεῷ.

[Hier die Darstellung]

Eustratiades l. c. liest:

4. ΔΗΜΑΡΑΤΟΣ — 12. 𐅄 — 14. ΔΕΕΙΚΟΣΙ — 15. ΠΟΣΕΙΔΕΩΝΙ — 16. ΕΡΓΑΣΤΗΡΙΟΝ — 20. ΠΟΙΗΣΕΙΝ — 26. ΑΠ . . . . ΣΙΣΜΑ.

*) Kirchhoff: ἐν ἱερῷ oder ἐν τῷ ἱερῷ; Schöne: ἐν προνηίῳ.

Zur Fundnotiz vgl. no. 733.

Abg. Schöne Griech. Reliefs Taf. 28, 115.

Vgl. Eustratiades in der Palingenesia 1866 no. 996, Bericht VI; Wescher Rev. arch. 1866, II. NS. XIV p. 352 ss, II; Kirchhoff Hermes II p. 169 ff; Schöne a. O. S. 56, 115.

739 (20). Votivhand.

L. 0,19. Weisser Marmor. Athen.

Es ist die rechte Hand, (auf einem Kissen?) aufliegend; der Zeigefinger ist verletzt.

740 (21). Statuette (der Melpomene?).

H. (ohne Basis) 0,59. Weisser Marmor. Grobe Arbeit. Hinten wenig ausgeführt. Nikaia in Bithynien.

Es fehlen der Kopf und die linke (angesetzte) Hand; der rechte Arm und das linke Knie sind beschädigt. — Auf einer viereckigen Basis (welche n. l. an Höhe abnimmt: 0,06—0,05) steht eine *Frau* (*Melpomene?*), in Schuhen, Chiton poderes und Mantel, dicht unter den Brüsten gegürtet. Das Gewand fällt von der rechten Schulter herab: der eine Zipfel des Mantels liegt über dem linken Arm, der andere — indem der Mantel um den Unterkörper herumgezogen ist — fällt über den linken Oberschenkel bis auf die Erde herab. Sie hat die Rechte in die Seite und den linken Fuss auf einen Stierkopf gesetzt: mit der Linken schulterte sie eine (weggebrochene) Keule; auf den Schultern liegt je eine Locke. Neben ihr steht zur Linken ein hoher Pfeiler (auf den der Mantelzipfel über dem linken Arm herabfällt).

Gefunden κατὰ τὴν περιφέρειαν τῆς Νικαίας ἐν ἐλάσσονι Ἀσίᾳ zusammen mit den No. 805 und 806.

Vgl. Postolakka im *Aion* vom 23. März 1859; Conze Reise auf Lesbos S. 61.

741 (22). Grabrelief.

H. 0,32. B. unten 0,40; oben 0,33 Weisser Marmor. Geringe Arbeit. Oberfläche angegriffen. Amorgos.

Die Darstellung ist rechts und links von einem Rahmen eingefasst, der erst gerade emporsteigt (H. 0,09), dann (in einem stumpfen Winkel) sich nach oben verjüngt; oben liegt ein kleiner langgestreckter Giebel mit sehr kleinem Akroterion. — Auf einer Kline (mit Rücken- und Seitenlehnen*)) liegt rechts ein bärtiger *Mann* und daneben links eine *Frau* (*Σωτηρία*), die linken Arme auf die Kissen stützend, beide in Chiton und unterwärts bemäntelt; der Mantel des Mannes geht auch über die linke Schulter. Er legt die Rechte um den Nacken seines Weibes auf ihre Brust und hält in der Linken einen Kranz; sie hält die Rechte mit einem Tuch auf dem Schooss und fasst mit der Linken ihren Mantel. Während er gerade aussieht, wendet sie das Haupt n. r. zu ihm hin. Vor ihnen steht ein runder Tisch (auf drei geschwungenen Beinen), mit Früchten besetzt.

Unten die (theilweise angegriffene) Inschrift:

ΣWΤΗΡΙΑΝΜΕΤΥΜΒΟϹΕΝΘΑΔΕΞΕΙΝΕ
ΟΥΤΟϹΚΑΛΥΠΤΕΙWϹΓΑΡΗΘΕΛΕΝΔΑΙΜWΝ
ΤΡΙϹΔΕΚΑΠΑΡΑϹΧWΝΕΤΕΑΜΟΙΜΟΝΑΖΗϹΑΙ

Σωτηρίαν με τύμβος ἐνθάδε, ξεῖνε,
οὗτος καλύπτει, ὡς γὰρ ἤθελεν δαίμων
τρὶς δέκα παρασχὼν ἔτεά μοι μόνα ζῆσαι.

Vgl. — ausser der ersten Erwähnung in der *Nea Pandora* 1860 no. 258 p. 432*a*, no. 4 — Pervanoglu Familienmahl S. 21, 39 und zur Inschrift Keil Rh. Mus. NF. XX (1865) S. 559.

---

*) Die Seitenlehnen sind geschwungen, die Füsse gedrechselt, die Seiten der Kline über den Füssen verziert (d. i. ausgelegt wie z. B. die am 11. Januar 1868 gefundenen drei pompejanischen Klinen; u. a. m.).

742 (23). Männliche Büste.

H. 0,53. Par. Marmor. Gute Arbeit.

Die über lebensgrosse Büste ist gut erhalten: nur das linke Ohr ist bestossen, die länglich runde Basis ist nicht fertig gearbeitet. — Der Kopf hat Schnauz- Kinn- und Backenbart, der in dicken Locken geordnet ist; um den Nacken und über der linken Schulter liegt ein Gewandstück.

743 (24). Kopf eines Jünglings.

H. 0,23. Weisser Marmor. Geringe Arbeit.

Die Nasenspitze fehlt; die Augen waren bemalt; hinten abgeplattet. — Der lebensgrosse Kopf eines Jünglings, mit kurzem Haar, ein wenig n. l. geneigt, von schmaler länglicher Bildung, gehörte wohl zu einer Statue; am Hals ist links ein Stück des Gewandes sichtbar. Der Kopf war im Alterthum in zwei Theile — quer durch die Nase und das linke Auge — zerbrochen und mit einem Eisenzapfen wieder zusammengefügt: um diesen Zapfen wurde durch eine gebohrte kleine Röhre (die dicht vor dem rechten Ohr mündete) Blei zum Festlöthen gegossen, welches ebenso wie der Zapfen noch erhalten ist.

744 (25). Weiblicher Kopf.

H. 0,15. Pent. Marmor. Geringe Arbeit.

Es fehlt die Nase; der Mund ist verletzt. Das Haar ist in einem dichten Streifen um den Kopf geschlungen; der Zopf hinten ist weggestossen.

745 (26). Kopf einer Karyatide.

H. 0,20. Pent. Marmor. Leidliche Arbeit.

Nase und Kinn verletzt. Der niedrige modiosartige Streifen auf dem Kopf und der breite Marmorzapfen am Hinterkopfe zeigen, dass der Kopf einer Karyatide zugehörte.

746 (27). Statuette einer Frau (oder Göttin).

H. 0,40. Pent. Marmor. Geringe Arbeit.

Es fehlen der Kopf (der angesetzt war) und die rechte Hand. — Die Figur steht mit linkem Spielbein da, in Schuhen Chiton und Mantel, hochgegürtet; der Mantel geht von der linken Schulter über den Nacken und unter der rechten Seite zum linken Unterarm. Die linke Hand hält einen rundlichen Gegenstand, die Rechte war ein wenig erhoben (libirend?).

747 (28). Bruchstück einer ägyptischen Gottheit.

H. 0,20. Schwarzer Marmor. Gute archaistische Arbeit.

Erhalten ist der Kopf (Nase weggebrochen) und die linke Schulter eines Mannes, mit glattem Haarputz, der in dicken Beuteln auf die Schultern herabfällt; an der linken Schulter ist in ganz flachem Relief der obere Theil eines Attributs (soweit es erhalten, der Spitze des oberen *Pshent* am ähnlichsten) sichtbar. Hinten Rest des Pfeilers erhalten, vor dem die Figur stand.

748 (29). Grabstele *).

H. 0,40. B. 0,22. Pent. Marmor. Rohe Arbeit.

Oben ein Giebel mit Rosette im Felde; rechts und links kleine Antefixen. — Die Darstellung ist eingefasst: auf einer Kline (mit Rücken- und Seitenlehnen, Kissen und hohen gedrechselten Füssen) liegen n. r. ein bärtiger *Mann* und eine *Frau*, beide auf die linken Ellenbogen sich stützend. Der Mann, in Chiton, legt die Rechte um den Nacken der Frau, welche, in Chiton und unterwärts bemäntelt, die Rechte auf den Schooss legt; beide Gesichter sind in Vorderansicht. Vor ihnen steht ein runder Tisch (auf drei Löwenfüssen) mit Früchten. Links daneben steht in Vorderansicht eine kleine (wohl männliche) *Figur* mit grossem Kopf, die in beiden

---

*) Aus dem königl. Schloss 1861 entnommen.

Händen ein zweihenkeliges Gefäss hebt (welches bis an ihren Bauch reicht).

749 (30). Früchtetragender Erot (?) vor einem Pfeiler*).

H. 0,36. Pent. Marmor. Geringe Arbeit.

Es fehlen der Kopf, die Beine von den Knieen an und der Pfeiler, vor dem die Figur stand. — Ein geflügelter Knabe, mit rechtem Spielbein, in Mäntelchen, welches, auf der rechten Schulter durch einen Knopf gehalten, quer über der Brust liegt: indem er es mit beiden Händen fasst, bildet er einen Schurz, in welchem er Aepfel und Weintrauben trägt.

Wohl der personificirte *Herbst*?

750 (31). Sog. Todtenmahl.

H. 0,27. B. 0,35. Pent. Marmor. Geringe Arbeit. Verwittert.

Oben Gesims. — Auf einer Kline liegt n. r. ein bärtiger *Mann*, den linken Ellenbogen auf zwei Kissen gestützt, unterwärts mit dem Mantel bedeckt. Zu seinen Füssen sitzt n. r. eine *Frau*, in Chiton und Mantel, die Füsse auf eine Bank setzend, die Rechte auf dem Schooss: sie hebt die Linke nach der Schale, die ihr der Mann in der Rechten hinreicht. Vor ihnen steht ein länglicher viereckiger Tisch mit Broden und Früchten. Hinter der Frau stehen n. r. *zwei Knaben*, jeder mit rechtem Spielbein und in Mantel, der die rechte Schulter und den Arm entblösst lässt: der erste trägt in der gesenkten Rechten eine Kanne und hebt die linke Hand; der andere legt die Linke auf die Brust und hebt die rechte Hand.

751 (32). Bruchstück einer Ziege.

H. 0,15. Pent. Marmor. Leidlich gute Arbeit.

Erhalten ist nur der Kopf; zerstossen.

*) Aus dem königl. Schloss 1861 entnommen.

752 (83). Kopf des Herakles*).

H. 0,20. Pent. Marmor. Geringe Arbeit.

Die rechte Schläfe ist weggebrochen, Nase und Kinn sind zerstossen; in neuerer Zeit ist der Kopf hinten abgeplattet und oben sowie unten ausgehöhlt. — Der Kopf des Herakles, in jugendlichem Alter, mit der Löwenhaut, die auf der Brust geknotet war; die Pupillen sind angegeben.

753 (84). Sechs grosse Kanoben.

Alabaster. Gewöhnliche Arbeit.

Zwei Krüge (H. 0,33), jeder mit einem Menschenkopf als Deckel, und vier kleinere Krüge (H. 0,24), deren Deckel von den Köpfen eines Menschen, eines Sperbers, eines Affen und eines Hundes gebildet werden; die drei letzten Köpfe sind aus Gyps, der Hundekopf war bemalt.

Vgl. dazu Otfr. Müller Hdb. § 230, 1.

754 (85). Bruchstück eines (Grab?-)reliefs.

H. 0,13. Pent. Marmor. Geringe Arbeit. Hinten in neuerer Zeit abgeschliffen.

Erhalten ist der Kopf eines lächelnden *Kindes*, wohl eines Mädchens, in Locken, n. l. gewandt.

755 (86). Weibliche Statuette.

H. 0,27. Pent. Marmor. Leidliche Arbeit. Athen.

Es fehlen der Kopf, der rechte Arm vom Deltoides an und der linke Unterarm (die beide angesetzt waren). — Eine *Frau*, in Schuhen und Chiton, der dicht unter den Brüsten gegürtet ist und (von der linken Schulter herabfallend) die linke Schulter freilässt, steht auf dem rechten Fuss und legt den linken Ellenbogen auf eine neben ihr befindliche Stele, die

*) Aus dem königl. Schloss 1861 entnommen.

ganz von dem Mantel bedeckt wird, der von dem linken Unterarm über den Rücken und Bauch geht und auf dem rechten vorgesetzten Knie liegt.

756 (87). Männlicher Kopf.

H. 0,36. Pent. Marmor. Gewöhnliche Arbeit. Luku.

Ein männlicher Kopf, mit vollem Haupt- und Barthaar; die Augensterne sind angegeben, die Nasenspitze fehlt.

757 (88). Dreigestaltige Hekate.

H. 0,16. Pent. Marmor. Gewöhnliche Arbeit. Piraeus.

Es fehlen die Köpfe der drei Frauengestalten. — Alle drei Frauen stehen nebeneinander, gerade je auf den beiden Füssen, in Vorderansicht, um einen Seulenschaft, in gegürtetem Doppelchiton, der vorn in einem Streifen herabfällt. Die eine hält die Linke und die Rechte an die neben ihr zur Erde gesetzten hohen Fackeln; die zweite legt die Rechte auf die Brust und senkt die linke Hand; die dritte fasst mit der gesenkten Linken das Gewand und hält in der Rechten (eine Patera oder ein Gefäss).

758 (89). Votivrelief an Kybele.

H. 0,18. B. 0,15. Pent. Marmor. Oben weggebrochen. Athen.

Es fehlt der Kopf. — Rechts und links eine Ante. Die Göttin, thronend und bekleidet, hält in der Rechten eine Schale und in der Linken das Tympanon; unten sitzt zu ihrer Rechten der Löwe.

759 (40). Weiblicher Kopf.

H. 0,10. Pent. Marmor. Athen.

Nase und Kinn sind zerstossen. — Der Kopf ist n. r. geneigt und blickt (schmerzvoll) empor; das reiche Kopfhaar fällt hinten in einem Zopf auf den Nacken herab.

760 (41). Weibliche Büste.

H. (des Kopfes) 0,52. Pent. Marmor. Melos.

Die Nase ist zerstossen; am Hals gebrochen*). — Auf einer Basis (mit Gesims und Ablauf; H. 0,12; B. 0,15) steht die Büste einer Frau (Αὐρηλία Εὐποσία), in Chiton und Mantel: das Haar ist sehr kunstvoll geflochten, so dass es wie ein anliegendes Mützchen den Hinterkopf bedeckt; zwei kleine Locken kommen hinter den Ohren zum Vorschein. Die Augensterne und Brauen sind angegeben. Auf der Basis steht die Inschrift:

ΟΙΠΕΡΙΒWΜΙΟΙΤΗΝ
ΦΙΛΑΝΔΡΟΝΑΥΡΗΛΙ
ΑΝΕΥΠΟϹΙΑΝΕΝΤW
ΙΔΙWΑΥΤΗϹΕΡΓW

οἱ περιβώμιοι τὴν
φίλανδρον Αὐρηλί-
αν Εὐποσίαν ἐν τῷ
ἰδίῳ αὐτῆς ἔργῳ

Gefunden im Melos (zusammen mit den no. 377 und 378 des Theseions) ἐν τῇ ϑέσει Τρεμινϑίᾳ πρὸς τῷ ἐκεῖ ἀρχαίῳ ϑεάτρῳ.

Vgl. Philistor II p. 274 s, 3; Bull. dell' Inst. 1862 p. 86; Arch. Anz. 1861 S. 234.

761 (42). Kleiner Altar.

H. 0,16. Dm. oben 0,11; unten 0,13. Pent. Marmor. Aegina.

Ein kleiner runder Altar, unten mit Ablauf, oben mit

*) Der Kopf ist wohl erst später gefunden worden — wodurch sich die Mittheilung der Berichterstatter (a. a. O.) erklärt, dass die Büste *ohne Kopf* gefunden wäre.

Wulst; auf der Oberfläche eine Vertiefung. Ringsum eine Guirlande, die mit Tänien an drei Bukranien gehalten wird; über der einen herabhängenden Schur ist eingemeisselt:

ΔΩΡΟΝ

Der Name des Weihenden oder der Gottheit (welcher der Altar geweiht werden sollte) sollte erst später hinzugefügt werden.

762 (43). Votivrelief an Kybele.

H. 0,25. B. 0,16. Weisser Marmor. Sehr schlechte Arbeit. Sparta.

Die linke Ecke ist weggebrochen. — Rechts und links Anten; oben ein Giebel. Die Göttin, bekleidet und thronend, hält in der Rechten die Schale und in der Linken das Tympanon.

763 (44). Bruchstück einer verzierten runden Basis (oder eines Gesimses?).

B. 0,22. Porosstein. Flüchtige charakteristische Arbeit. Aegina.

Erhalten ist von der figürlichen Darstellung einer runden Basis der Kopf eines bärtigen stumpfnasigen *Seilenos*, mit Weinlaub bekränzt: unterhalb des Bartes sind noch Reste von Weinblättern sichtbar; die Augensterne sind angegeben. Auf dem abgeflachten hinteren Theil zwei Löcher. Hier und da zerstossen.

764 (45). Bruchstück eines Harpokrates.

H. 0,17. Pent. Marmor. Geringe Arbeit. Menidi (Acharnae).

Erhalten sind noch der Kopf, die Brust und der rechte Arm. Auf dem Haupte die Lotosblume, um die Stirn eine Tänie, den Zeigefinger der rechten Hand auf dem Mund. An der linken Schulter ist der Ansatz eines Füllhorns erhalten.

765 (46). Männlicher Kopf.

H. 0,29. Pent. Marmor. Athen.

Die Nase ist zerstossen. Der römische Portraitkopf ist bärtig und hat kurzes Haupthaar; die Augensterne und Brauen sind angegeben.

766 (47). Weiblicher Kopf.

H. 0,14. Weisser Marmor. Feine Arbeit. Karpenesion*).

Zerstört sind die Nase, der Mund und das Kinn nebst der linken Backe. — Um das Haar ist eine Binde gelegt, die hinten breiter wird und in welcher hinten der Zopf liegt.

767 (48). Votivrelief an Kybele.

H. 0,24. B. 0,16. Pent. Marmor. Grobe Arbeit. Athen.

Es fehlen der Kopf und der linke Unterarm. — Die Göttin, thronend und bekleidet, hält in der Rechten die Schale und stützte die Linke (wohl auf das Tympanon).

768 (49). Votivrelief an Kybele.

H. 0,19. B. 0,14. Pent. Marmor. Geringe Arbeit. Athen.

Es fehlen das Gesicht und der rechte Unterarm; auch sonst viel bestossen. Die Göttin, thronend und bekleidet, hält in der Linken das Tympanon (und in der Rechten wohl die Schale); auf dem Schooss liegt der Löwe.

769 (50). Votivrelief an Kybele.

H. 0,11. B. 0,09. Pent. Marmor. Geringe Arbeit. Athen.

Es fehlen der Kopf und der rechte Arm; auch sonst arg zerstossen. Die Göttin, thronend und bekleidet, hält in der Linken das Tympanon.

---

*) In Aetolien; vgl. dazu Bursian Geogr. Griech. I S. 141, 3.

770 (51). Kleiner weiblicher Sturz.

H. 0,20. Pent. Marmor. Gewöhnliche Arbeit. Attika.

Es fehlen der Kopf, der rechte Arm und der Unterkörper von den Hüften an. — Die Frau ist in einen Chiton, der dicht unter den Brüsten gegürtet ist, und in einen Mantel gekleidet, der von der linken Schulter über den Rücken und Unterleib zur linken Seite zurückgeht, wo er vom linken Arm an den Körper gedrückt wird: in der linken Hand hält sie einen hohen Fackel(?)schaft; der rechte Arm war gesenkt, die rechte Hand lag wohl am Mantel.

771 (52). Bruchstück einer Basis mit Resten einer Figur.

Pent. Marmor. Gute Arbeit. Athen.

Von einer 0,08 hohen Basis ist ein Stück erhalten mit dem 0,28 langen Fuss des linken Spielbeins einer (männlichen) Figur.

772 (53). Dreigestaltige Hekate.

H. 0,42. Pent. Marmor. Archaistische Arbeit. Piraeus.

Es fehlen die Köpfe der drei Frauengestalten und sämmtliche Unterarme. — Die Frauen stehen nebeneinander, gerade auf beiden Füssen, in Vorderansicht, um einen Seulenschaft, jede in Schuhen und langem Doppelchiton, der dicht unter den Brüsten gegürtet ist: unter demselben trägt jede ein wollenes Gewand mit kurzen Aermeln, das an den Füssen und Schultern sichtbar wird. Die Arme waren bei allen gesenkt und fassten das Gewand, indem sie es ein wenig emporzogen. Die Haare fallen je in zwei langen Locken auf die Brust herab.

773 (54). Bruchstück einer Grabvase.

H. 0,37. Dm. ungefähr 0,30. Fig. 0,17. Pent. Marmor. Leidliche Arbeit. Athen.

Erhalten ist nur der vordere Bauchtheil einer Grabvase

mit der Darstellung, in flachem Relief: n. r. steht mit gekreuzten Beinen ein bärtiger *Mann*, in Chiton und Mantel, auf den (nicht dargestellten) Stab gestützt, vor einer auf einem Lehnstuhl (mit Decke und Fussbank) sitzenden *Frau*, welche in Chiton und Mantel ist und die Linke auf dem Schooss hält; sie reichen sich gegenseitig die rechten Hände.

774 (55). Jugendlicher Satyr.

H. 0,90. Weisser Marmor. Leidlich gute Arbeit. Gefunden 1860 in Modon (Methone in Messenien).

Es fehlen der Kopf und beide Arme; hinten wenig bearbeitet. — Auf einer 0,05 hohen Basis steht mit linkem Spielbein ein jugendlicher Satyr, um die Brust die Nebris, die auf der rechten Schulter zusammengeknüpft ist; die gesenkte Linke hielt das Lagobolon, dessen oberes Ende an der Schulter noch erhalten ist: für die gesenkte Rechte ist eine Stütze an der rechten Hüfte vorhanden. Zu seiner Rechten ein Baumstamm als Stütze.

Vgl. Pervanoglu im Philistor I p. 367.

775 (56). Dreigestaltige Hekate.

H. 0,47. Pent. Marmor. Geringe Arbeit. Athen.

Es fehlen die Köpfe der drei Frauengestalten. — Sie stehen gerade auf beiden Füssen, nebeneinander, in Vorderansicht, um einen Seulenschaft, je mit Sandalen und einem gegürteten Doppelchiton bekleidet; die Haare fallen in Locken auf die Brüste herab; die Arme sind sämmtlich gesenkt und fassen je das Ende des Chitonüberwurfs.

776 (57). Sonnenuhr.

H. 0,21. B. 0,24. Pent. Marmor.

In Gestalst eines Lehnstuhls (vgl. dazu no. 268): der bronzene Gnomon ist noch erhalten.

777 (58). Grabrelief.

H. 0,47. B. unten 0,27; oben 0,24. Fig. 0,19. Weisser Marmor. Rohe Arbeit. Makedonien.

Oben ein schmales Gesims; rechts und links Anten. — Auf einem Lehnstuhl (mit Decke und Fussbank) sitzt n. r. ein bärtiger *Mann*, in Chiton und Mantel, die Linke erhoben, die Rechte auf dem Schooss vor ihm steht ein *Knabe* (in Mantel), der die Rechte hebt und zum Manne emporblickt. Unten die Inschrift (in schlechten Buchstaben), von welcher Zeile 2 und 4 auf Rasur stehen; auch die erste Zeile steht auf Rasur:

////////ΙΛ///ЄΙCΙΑS
ΤѠΝΑΝΔΡΙ
ΑΛЄΞΑS·ΜΝΗ
ΜΗCΧΑΡΙΝ

.... Εἰσίας (oder Εἰσιάς?)
τῷ(ν) ἀνδρὶ
'Αλεξᾶς · μνή-
μης χάριν*)

778 (59). Sturz einer Aphrodite.

H. 0,25. Par. Marmor. Geringe Arbeit. Melos.

Es fehlen der Kopf, der linke Arm vom Deltoides an, der rechte Unterarm und die Beine von den Knieen an. — Die nackte Göttin steht auf dem rechten Bein; die rechte Hand lag vor der Scham (Fingeransätze erhalten); der Kopf war n. r. geneigt. Am linken Schenkel der Ansatz (einer Stütze oder eines neben ihr stehenden Gefässes?) erhalten.

---

*) Oder ist etwa zu lesen: 'Αφροδ]εισία(s) τῷ ἀνδρὶ 'Αλεξᾶ(s)· μνήμης χάριν, indem das zweimal vorhandene s vielleicht nur ein verzierendes Zeichen ist?

779 (60). Votivrelief an Pan und die Nymphen.

H. 0,53. B. 0,70. Weisser Marmor. Arbeit guter Zeit.
Megalopolis*).

Rechts sind die obere und die untere Ecke weggebrochen. — Die Einfassung ringsum charackterisirt den Ort der Darstellung als Höhle: rechts sitzt auf einem Felsstück n. l. der bärtige gehörnte *Pan*, ithyphallisch, mit gekreuzten Thierbeinen, die Syrinx blasend, die er mit beiden Händen an den Mund hält. Ihm nahen von links tanzend *drei Frauen*, in Schuhen Chiton und Mantel: die erste, fast in Vorderansicht**), mit rechtem Spielbein, fasst mit der Linken den einen Zipfel ihres Mantels, unter dem die Rechte auf der Brust liegt. Die zweite, n. r. gewandt, hat den anderen (von der linken Schulter rückwärts herabfallenden) Mantelzipfel der ersten Frau mit der Rechten gefasst: sie hebt, auf dem rechten Fuss stehend, das linke Bein tanzend ein wenig nach hinten und wirft den Kopf ein wenig hintenüber; das Haar ist mit einer Tänie umwunden und in einen Zopf zusammengebunden. Ihr Mantel, der von der linken Schulter über den Rücken und den Unterleib zur linken Schulter zurückgeht, lässt die rechte Schulter frei: seinen nach hinten fallenden Zipfel hat die dritte Frau mit der Rechten ergriffen, während sie in der Linken vier Aehren und einen Mohnkopf hält. Dieselbe, gleichfalls n. r. gewandt, steht auf dem rechten Bein und hebt tanzend das linke nach hinten; sie ist mit einem Haarnetz geschmückt; ihr Mantel, wie bei der vorigen geordnet, lässt auch die rechte Schulter frei; das über die linke Schulter geworfene Ende wallt bei der Bewegung auf.

Abg. Annali dell' Inst. 1863 tav. d'agg. L, 2.

Vgl. Michaelis ebd. p. 292 ss.

---

*) Nach Pittakis (vgl. Michaelis l. c. p 292);, nach Eustratiadis dagegen aus *Sparta*.

**) Nach Michaelis l. c. p. 294: i capelli ondeggianti sono velati di retro da una specie di cuffia — möglich, aber nicht sicher.

780 (61). Statuette der sog. Lenormant'schen Athene.
H. der Figur 0,34. H. der Figuren auf dem Schilde und der Basis nicht ganz 0,04. Die Basis hat H. 0,07; B. 0,20; T. 0,15. Pent. Marmor. Arbeit nicht vollendet. Athen.

Athene steht gerade aufrecht da, mit ein wenig zurückgezogenem linkem Spielbein: sie ist in gegürtetem Doppelchiton, der bis auf die Füsse in steifen Falten herabfällt; der rechte Fuss kommt zum Vorschein. Der Gürtel wird von zwei Schlangen gebildet, die sich jederseits vom Knoten vorn emporrichten; der Chiton ist vorn mit einem gestickten herabgehenden Streifen geschmückt. Eine kleine Aegis, aus zwei gleichen Theilen bestehend, liegt symmetrisch über den Schultern und der Brust. Auf dem Kopf hat die Göttin einen enganliegenden niedrigen Helm, aus dem rechts und links je eine Locke auf die Schulter herabfällt. Die gesenkte Linke ruht auf dem neben ihr zur Erde gesetzten Schilde; zwischen ihm und der Göttin ringelt sich die Schlange empor. Die Rechte ist im Ellenbogen ein wenig erhoben und nach oben geöffnet: sie ist nicht fertig und frei gearbeitet, vielmehr ist der Marmor unter ihr bis zur Basis stehen geblieben. Hinten ist das Figürchen nicht ausgearbeitet.

Auf dem Schilde ist ein Amazonen- und Griechenkampf dargestellt, in flachstem Relief, sehr bestossen: oben hebt ein *Mann* (n. l.) mit beiden Händen einen Stein über den Kopf gegen eine ihm entgegen eilende *Figur*; zwischen beiden liegt nach unten eine todte *Figur*, die Arme über dem Kopf. Links davon hält eine *Amazone* (n. l.) eine zweite auf die Kniee sinkende *Gefährtin* aufrecht, indem sie die Fallende mit beiden Händen unter den Achseln hält. Rechts davon liegt unten ein *Todter*; darüber eilt eine *Figur* mit einem Schild in der linken Hand n. r. hin, wo ein *Grieche* (n. r.) eine auf der Flucht hinsinkende *Amazone* mit der Linken am Kopf ergreift. Ueber dieser Gruppe noch *zwei Figuren*, von denen die eine (höherstehende) n. r. zu fliehen scheint. In der Mitte des Schildes ist wohl das *Medusenhaupt* — doch sehr schwach — angedeutet.

Die Basis (die an den anderen drei Seiten gar nicht bearbeitet ist) ist oben mit einem kleinen Gesims versehen und an der Vorderseite verziert: links steht ein *Mann* (?) auf einem n. r. gewandten Gespann; davor ein *Mann*, welcher sich umzuwenden scheint. Dann *drei* nebeneinander stehende *Figuren*, von denen zwei je in der Rechten ein langes Skepter halten; endlich rechts noch die Andeutung (einer *Figur?*).

Das Gesicht der Athene, welches wohl erhalten und ausgearbeitet ist, ist rund und breit, ernst und ruhig; der Hals sehr dick.

Gefunden im Herbst 1859 westlich von der sog. Pnyx.

Abgeb. Arch. Ztg. 1860 Taf. 135, 3. 4; 1865 Taf. 196. 197, 2; Gaz. des beaux Arts VIII (1860) p. 133; Annali 1861 tav. d'agg. OP; Bull. Napol. NS. VIII, 4, 1—4; Conze Athenastatue (Leipzig 1865) Taf. 2. 3; Gerhard Akad. Abh. Taf. 27, 1. 2; Jahn Popul. Aufs. Taf. I, 1. 2; Overbeck Gr. Plast. (2. Aufl.) no. 46; Lübke Gesch. der Plast. (2. Aufl.) Fig. 63; Lenormant Chefs d'oeuvre de l'art antique. II Série. IV Tome p. 95; Breton Athènes (II Ed.) p. 203,2; Michaelis Parthenon XV, 1. 1*a*. 1*b*.

Vgl. — ausser den früheren Besprechungen von Kumanudis im Philistor I p. 136 ss; Pervanoglu Arch. Ztg. 1860 S. 21 ff und Arch. Anz. 1860 S. 73 f; Bötticher Arch. Ztg. 1860 S. 26 ff und Berl. Abg. no. 668; Brunn Bull. dell' Inst. 1860 p. 54 s (= Philologus XV (1860) p. 739); Lenormant Gaz. des beaux arts l. c. p. 129 ss; p. 203 ss und p. 278 ss; Maury Rev. arch. NS. I (1860, 1) p. 188 s; Wieseler Philol. XV (1860) S. 550 ff und 734 ff; Rhangabis Bull. Nap. l. c. p. 9 ss; Bursian Griech. Kunst (Ersch-Gruber Bd. 82) S. 437; Gerhard a. a. O. I S. 363, 1; Jahn a. a. O. S. 213 ff; Overbeck Ber. der Sächs. Ges. 1861 S. 2 ff und 1868 S. 93 ff sowie Gesch. der Gr. Plast. I² S. 224 ff; Lübke a. a. O. S. 121 f; Friederichs Berl. Ant. Bildw. I no. 81; Kekulé Bonn. Kuntsmus. no. 136 — besonders Conze Annali 1861 p. 334 ss; Arch. Ztg. 1865 S. 39 ff; Athenastatue (Leipzig 1865) S. 7 ff und abschliessend Michaelis a. a. O. S. 273 ff.

781 (62). Satyrköpfchen.

H. 0,06. Par. Marmor. Feine Arbeit. Athen.

Die Nase ist bestossen. Der Kopf (der zu einer Statuette

gehörte) hat Spitzohren und über der Stirn anliegende Hörnchen, sonst zeigt er keinen thierischen Zug; um das hinten in einen Zopf gefasste Haar liegt eine Tänie, deren Enden auf den Hals herabfallen; der Kopf ist n. l. hintenüber geneigt.

782 (63). Basis mit Resten einer Statuette.

H. 0,11. Pent. Marmor. Geringe Arbeit.

Auf einer 0,04 hohen ovalen Basis (mit Ablauf und Gesims) sind von einer männlichen n. l. stehenden Figur das rechte Bein bis zum Knie und der linke Fuss vorhanden: neben ihr zur Rechten ringelt sich eine grosse Schlange empor und finden sich zur Linken die Reste eines (Baumstammes?).

Wohl Asklepios?

783 (64). Bruchstück einer Karyatide.

H. 0,18. Pent. Marmor.

Erhalten ist der Kopf (mit Tänie und Epheukranz) einer Karyatide, welche vor einem Pfeiler stand und auf dem Haupt eine 0,06 hohe Console trägt.

784 (65). Statuette einer Fackelträgerin.

H. 0,14. Pent. Marmor. Leidliche Arbeit. Athen.

Es fehlen der Kopf, der rechte Unterarm und der obere Theil der Fackel; hinten nicht bearbeitet. — Die Frau, in Schuhen Chiton und langem Mantel, der die rechte Schulter und Brust freilässt, hält in der gesenkten Linken den hohen zur Erde gesetzten Fackelschaft.

785 (66). Statuette eines Eros.

L. 0,20. Weisser Marmor. Gewöhnliche Arbeit. Kleitor.

Es fehlen beide Füsse von den Knieen an; das Gesicht und die Arme sind zerstossen. — Auf einer felsigen Basis ist ein Löwenfell ausgebreitet, auf dem Eros schlafend liegt: er stützt sich ein wenig auf den linken Ellenbogen, die linke Hand auf den Kopf legend, während die über der Brust liegende Rechte eine (Keule?) hält; hinter ihm liegen Köcher und Bogen. Quer über den Kopf liegt von hinten nach vorn eine Haarflechte (vgl. no. 232, Anm. 2). An den Locken sowie an den Waffen sind Bohrlöcher vorhanden.

786 (67). Bruchstück eines Reliefs.

H. 0,47. B. 0,43. Weisser Marmor. Arbeit ungleich (in den Gewändern leidlich, in den Gesichtern roh).

Rechts abgebrochen. — Links steht n. r. eine *Frau*, in Vorderansicht, mit linkem Spielbein, in Sandalen Chiton poderes und Mantel, der das Hinterhaupt verhüllt und die rechte Brust freilässt, die Rechte im Ellenbogen (um den Mantel gewickelt) betend erhoben: in der gesenkten Rechten hält sie eine Tänie, welche eine rechts neben ihr stehende *Frau* in der gesenkten Linken gleichfalls hielt; diese Frau (n. r.), mit rechtem Spielbein, in Schuhen gegürtetem Chiton und Mantel, der die rechte Schulter und Brust freilässt, streckt die erhobene Rechte vor; ihre Haare sind in einen Zopf gebunden. Von einer dritten befindlichen *Figur* (n. r.), welche die Tänie gleichfalls gefasst hielt, sind noch die Ferse und die Gewandung des rechten (Spiel-)beins erhalten.

787 (68). Bruchstück eines Reliefs.

H 0,25. B. 0,24. Pent. Marmor. Gewöhnliche Arbeit.

Von einer römischen Opferscene sind vor einem Altar (mit Volutenbekrönung) ein n. r. gewandter *Stier* und ein *Opferdiener* (der Kopf weggebrochen) erhalten, welcher neben dem Thiere n. r. vorwärts geht und, um den Unterleib einen Schurz, in der vorgestreckten Linken eine Schale, die Rechte ein wenig erhebt. Unter dem Mann sind noch der linke Fuss und der Mantelzipfel einer Figur (n. r.) erhalten.

788 (69). Votivrelief.

H. 0,17. B. 0,13. Weisser Marmor. Rohe Arbeit. Thrakien.

Ringsum eingefasst. — Auf einem n. r. gewandten Rosse sitzt ein *Mann*, in kurzem Chiton und flatternder Chlamys, das Gesicht in Vorderansicht. Unten die unverständliche Inschrift (in sehr schlechen Buchstaben):

ΞΟΤΥΠ ω/////ΟΥΚΑΖΕΜΕ
ΟΓ

Ein ganz ähnliches Relief (H. 0,14; B. 0,11) findet sich in der archäologischen Gesellschaft (no. 42 des Inventariums): beide gefunden ἐν Παζαρτζικίῳ τῆς Θρᾴκης.

789 (70). Weibliche kleine Figur.

H. 0,49. Pent. Marmor. Leidliche Arbeit.

Es fehlen der Kopf, die rechte Schulter und der rechte Fuss (mit einem Theil der länglich runden 0,06 hohen Basis) des Mädchens, ferner der Kopf des Vogels. — Ein Mädchen, mit linkem Spielbein, in gegürtetem Doppelchiton, drückt mit beiden Händen einen Vogel an die Brust.

790 (71). Votivrelief an Kybele.

H. 0,30. B. 0,17. Pent. Marmor. Grobe Arbeit. Athen.

Es fehlt der obere Theil des Reliefs mit dem Kopf der Göttin, ferner der linke Arm und der rechte Unterarm. — Die Göttin, bekleidet und thronend, hält in der Rechten die Schale (und hielt in der Linken das Tympanon): auf dem Schooss liegt n. l. der Löwe.

791 (72). Sturz eines Jünglings.

H. 0,31. Par. Marmor. Gute Arbeit. Athen.

Es fehlen der Kopf (der angesetzt war; das Zapfenloch

vorhanden), der ganze rechte Arm, der linke vom Deltoides an, der rechte Fuss vom Knie an und der linke vom Schenkel an; ferner die Basis und der grösste Theil des Felsensitzes. — Der Jüngling (mitten durchgebrochen) sitzt auf einem Felsen, den Oberkörper n. l. wendend; das Lockenhaar fällt in den Nacken herab: um den Hals ist (mit einem Knopf auf der rechten Schulter) die Chlamys geknüpft, deren herabfallendes Ende wohl um den linken Unterarm gewickelt war. Am äusseren rechten Knie ist der Ansatz (einer Figur? eines Attributs?) vorhanden. Gehörte der Sturz etwa zu einer Gruppe?

792 (73). Kleiner weiblicher Sturz.

H. 0,25. Pent. Marmor. Leidliche Arbeit.

Es fehlen der Kopf, der rechte Arm und die Füsse. — Eine Frau, mit rechtem Spielbein, in Chiton und Mantel, welcher die linke Seite sowie den Unterleib verhüllt und unter welchem die Linke mit der oberen Fläche an die Seite gelegt ist.

793 (74). Basis mit den Resten einer Figur.

Par. Marmor. Feine Arbeit.

Erhalten ist eine hinten beschädigte Basis (H. 0,02; B. 0,21; T. 0,13) mit einem 0,14 hohen Baumstamm (Dm. 0,05) und — vor demselben — mit dem linken Fuss (H. 0,06) und den Zehen des rechten Fusses einer eilig n. l. laufenden Figur, in Sandalen: zwischen dem Baumstamm und dem linken Fuss ist noch ein Ansatz (L. 0,03; B. 0,02) vorhanden.

794 (75). Kopf des (Sarapis?).

H. 0,36. Weisser Marmor. Sehr bestossen.

Der männliche Kopf zeigt ein längliches Gesicht, mit herabwallendem Haupt- und Barthaar, auf der Stirn Runzeln; der Ausdruck ist ernst. Ueber der Stirn findet sich ein Loch (zum Einsetzen des metallenen Modios?).

795 (76). Bruchstück eines Reliefs.

H. 0,30. B. 0,11. Pent. Marmor.

Erhalten sind Kopf Hals und Vorderbeine (bis zu den Knieen) eines ruhig n. l. stehenden *Pferdes*, dessen Zaum die vorgestreckte rechte Hand eines daneben stehendes *Mannes* (n. l.) hält, von dem nur noch der rechte Arm erhalten ist. Oben ist die Reliefsplatte eingefasst.

796 (77). Weiblicher Kopf.

H. 0,33. Par. Marmor. Sehr gute Arbeit.

Erhalten ist — von einer weiblichen Statue — der Kopf, dessen Nase und Lippen sehr bestossen sind: über der Stirn eine Haarschleife, über dem Hinterhaupt ein Schleier (den die Frau mit der Rechten wohl nach vorn zog).

797 (78). Bruchstück einer weiblichen Kopfes.

H. 0,12. Pent. Marmor. Gute Arbeit.

Erhalten ist der Oberkopf mit den Augen (das rechte nur zur Hälfte vorhanden) eines Mädchens, mit einem Lorbeerkranz geschmückt. Die Arbeit ahmt Bronzetechnik nach.

798 (79). Weiblicher Kopf.

H. 0,23. Pent. Marmor. Gewöhnliche Arbeit römischer Zeit. Athen.

Nase und Lippen sind bestossen. — Das Haar liegt vorn in einer Flechte (unter welcher Löckchen hervortreten) über der Stirn: hinten ist das Haar in dünnen Flechtchen oberhalb des Zopfes viermal hin und her gelegt. Die Augensterne sind angegeben.

799 (80). Kopf eines Jünglings.

H. 0,23. Pent. Marmor. Gute Arbeit römischer Zeit. Athen.

Die Nasenspitze und die Unterlippe sind weggebrochen. — Der bartlose Kopf hat kurzes wolliges Haar.

800 (81). Grabrelief (sog. Todtenmahl).

H. 0,33. B. unten 0,50; oben 0,48. Pent. Marmor. Oberfläche mitgenommen.

Unten ein Zapfen (vgl. no. 95 Anm.). — Rechts und links Anten, die ein Gesims mit Dachantefixen tragen. Auf einer Kline liegt ein bärtiger *Mann*, den linken Ellenbogen auf ein Kissen gestützt, unterwärts bemäntelt, auf dem (in Vorderansicht befindlichen) Kopfe den Modios: er hält in der Linken eine Schale gegen die Brust und streckt die rechte Hand aus zu der an seinem Fussende n. r. sitzenden Frau, welche, in Chiton und Mantel, die gekreuzten Füsse auf eine Fussbank gesetzt hat und in den beiden Händen eine Schlange hält. Vor ihnen beiden steht ein länglicher viereckiger Tisch, mit Früchten; unter demselben liegt n. r. ein (Molosser?) *Hund*. Recht neben dem Tisch steht ein Krater und ein nackter *Knabe* (n. l.), der in der gesenkten Linken eine Schale hält und die Rechte (mit einem Gefäss) in den Krater gesteckt hat; links neben dem Tisch steht ein kleiner Altar: daneben führt ein *Knabe* (in Exomis) ein *Schwein* herbei, die Rechte auf das Thier legend und in der Linken eine Schale (über dem Altar) haltend. Hinter ihm und der oben beschriebenen Frau folgen noch *drei kleinere Figuren* (n. r.), je den rechten Arm zum Gebet erhebend: zuerst ein bärtiger Mann, in Chiton und Mantel; dann zwei Frauen, in Schuhen Chiton und Mantel, der bei der ersteren Frau den Hinterkopf verhüllt.

Vgl. Pervanoglu Familienmahl S. 21, 40.

801 (82). Männlicher Kopf.

H. 0,24. Pent. Marmor. Leidlich gute Arbeit römischer Zeit.

Nase und Oberlippe sind beschädigt; Augensterne und Brauen sind angegeben. — Der Kopf stellt das Portrait eines ältlichen Römers da, in kurzem Bart.

802 (83). Bruchstück eines Grabreliefs.

H. 0,56. B. 0,36. Pent. Marmor. Arbeit guter Zeit.

Erhalten ist neben der rechten Einfassung ein n. l. gewandter *Jüngling* (die Beine von den Hüften an fehlen): in der gesenkten Linken (der wenig erhobene Unterarm ist weggebrochen) hält er einen Vogel und senkt das Haupt (die Nase bestossen); seine Chlamys liegt über der linken Schulter und ist um den linken Unterarm gewickelt.

803 (84). Bruchstück eines Grabreliefs.

H. 0,77. B. 0,21. Pent. Marmor. Leidliche Arbeit.

Erhalten ist die rechte Seite des Reliefs mit einem n. l. mit linkem Spielbein stehenden *Jünglinge*, der in der gesenkten Linken ein Schwert hält: seine rechte Seite und beide Beine von den Knieen an fehlen. Er neigt den Kopf ein wenig nach vorn, um die Stirn eine breite Tänie (mit Lorbeerzweigverzierung); der kurze gegürtete Chiton, der auf der linken Schulter von einem Knopf gehalten wird, lässt die rechte Schulter nebst Brust frei. Der Kopf ist sehr klein; das plattgedrückte Profil ist verhauen.

804 (85). Grabrelief.

H. 0,76. B. unten 0,44; oben 0,41. Pent. Marmor. Arbeit guter Zeit. Piraeus.

Wohl erhalten. Oben Gesims mit flachem Giebel und Akroterien (das mittlere ist weggebrochen). — Auf einem Lehnstuhl (mit Fussbank) sitzt n. r. eine *Frau*, in Chiton und Mantel, der das Hinterhaupt verhüllt, die Linke auf dem Schooss: sie reicht die Rechte einer vor ihr stehenden *Frau* (Brust sehr flach), welche, in Chiton und Mantel, die Linke senkt, die Rechte aber gleichfalls darreicht. Unten die Inschrift:

ΕΝΘΑΔΕΑΡΙΣΣΤΥΛΛΑΚΕΙΤΑΙ
ΠΑΙΣΑΡΙΣΣΤΩΝΟΣΤΕΚΑΙΡΟΔΙΛΛΗΣ
ΣΩΦΡΩΝΓΩΟΥΓΑΤΕΡ

Ἐνθάδε Ἀρίσστυλλα*) κεῖται,
παῖς Ἀρίσστωνός*) τε καὶ Ῥοδίλλης.
σώφρων γ', ὦ θύγατερ.

Gefunden den 24. Juni 1850 εἰς τὸ πρὸς τὸ βόρειον τῆς Πειραϊκῆς Χερσονήσου πολυάνδριον τοῦ Δήμου τούτου.

Vgl. Eph. arch. I, 2611; Kum. 2629.

805 (86). Votivrelief des Asklepiades, Sohnes des Melidoros, vom Jahre 128 v. Chr.

H. 0,78. B. unten 0,47; oben 0,43. Fig. 0,27. Weisser Marmor. Verwittert. Nikaia (in Bithynien)**).

Oben Gesims; unten ein Zapfen (H. 0,06; B. 0,40; vgl. no. 95 Anm.). — Die Darstellung ist ringsum eingefasst: rechts steht ein (bartloser) *Gott* (*Zeus*), in Vorderansicht mit linkem Spielbein, in Chiton und Mantel, in der erhobenen Linken ein langes Skepter zur Erde setzend, in der Rechten eine Schale haltend, mit der er auf dem links befindlichen Altar libirt. Neben dem Altar hinten ein Lorbeer(?)baum, in dem auf einem Ast n. r. ein Vogel (*Adler*) sitzt; vorn ein Schaf, das ein *Knabe* (in Chiton) führt, indem er die Rechte auf den Rücken des Thieres gelegt hat. Hinter dem Knaben steht in Vorderansicht ein *Mädchen* (in Chiton), das in der gesenkten Rechten eine Kanne, mit der Linken auf dem Kopf einen breiten niedrigen Korb (oder eine Schüssel?) hält. Links noch ein n. r. gewandter *Mann* (Ἀσκληπιάδης Μελιδώρου), in Mantel, aus dem er die Rechte vorstreckt. Unten die Inschrift:

ΟΙΘΙΑΣΙΤΑΙΑΣΚΛΗΠΙΑΔΗΝΜΕΛΙΔΩΡΟΥ
ΙΕΡΩΤΕΥΣΑΝΤΑΚΑΛΩΣΚΑΙΑΞΙΩΣ
ΕΝΤΩΙΤΕΤΑΡΤΩΙΚΑΙΕΒΔΟΜΗΚΟΣΤΩΙ
ΚΑΙΕΚΑΤΟΣΤΩΙΕΤΕΙΕΣΤΕΦΑΝΩΣΑΝ
ΤΗΤΕΣΤΗΛΗΙΚΑΙΣΤΕΦΑΝΩΙΑΝΘΙΝΩ
ΜΕΤΑΤΑΙΝΙΑΣ ΔΙΑΒΙΟΥ

*) Zum σσ vgl. Franz Elem. epigr. gr p. 49; Minervini Bull. Nap. NS. IV p. 78; u. a. m.

**) Nach Wescher (l. c.) dagegen auf *Thera* gefunden — eine Fundnotiz, die auf Pittakis zurückgeht und *falsch* ist.

οἱ θιασῖται Ἀσκληπιάδην Μελιδώρου
ἱερωτεύσαντα καλῶς καί ἀξίως
ἐν τῷ τετάρτῳ καὶ ἑβδομηκοστῷ *)
καὶ ἑκατοστῷ ἔτει ἐστεφάνωσαν
τῇ τε στήλῃ καὶ στεφάνῳ ἀνθινῷ
μετὰ ταινίας διὰ βίου.

Gef. κατὰ τὴν περιφέρειαν τῆς Νικαίας ἐν ἐλάσσονι Ἀσίᾳ; vgl. dazu no. 740.

Abg. Conze Reise auf Lesbos Taf. 18; Lüders Dionysische Künstler Taf. 1.

Vgl. Postolakka im Aion vom 23. März 1859; Conze a. a. O. S. 61 ff; Wescher Rev. arch. NS. XII. (1865,2) p. 214 ss, A (= Philol. TXIII. (1866) S. 703 f.); Lüders a. a. O. S. 8 f; S. 24 und S. 165, 44 a.

Die Inschrift vgl. noch bei Petersen Urspr. und Alter der Hesiod. Theog. (Hamburg 1862) S. 45, I.

806 (87). Votivrelief der Stratonike, Tochter des Menekrates, vom Jahre 119 v. Chr.

H. 0,82. B. 0,38. Fig. oben 0,26; unten 0,14. Weisser Marmor. Verwittert. Nikaia (in Bithynien)**).

Oben Gesims. Zwei eingerahmte Reliefdarstellungen, durch einen 0,07 breiten Streifen getrennt, sind eine über der anderen angebracht. — Im *oberen* Relief steht in der Mitte *Apollon*, in Vorderansicht, mit rechtem Spielbein, in gegürtetem Kitharödenchiton und langem Mantel, auf dem Kopf eine Haarschleife; er hält in der Linken eine grosse Leier, in der gesenkten Rechten eine Schale, mit der er auf den zur Linken stehenden Altar libirt. Dem Altar naht ein *Kind* (n. r.), welches die Rechte auf das neben dem Altar stehende Schaf legt; hinter dem Altar ist das Obertheil einer bekleideten (wohl männlichen***)) *Figur* sichtbar, welche n. r. gewandt ist und eifrig

*) D. i. nach Conze's richtiger Berechnung (a. a. O.), die sich auf Borghesi's Aufsatz *sull' era bitinica* (Oeuvres numismat. II p. 345 ss) stützt: 123 v. Chr. (631 d. St. Rom = Ol. 164, 2).

**) Nach Wescher dagegen auf *Thera* gefunden — eine Fundnotiz, die auf Pittakis zurückgeht und *falsch* ist.

***) Nach Conze möglicherweise wegen der Haartracht ein *Mädchen*.

die Doppelflöte bläst. Hinter dem Kinde folgt n. r. mit rechtem Spielbein eine *Frau* (*Στρατονίκη Μενεκράτου*), in Chiton und Mantel, der das Hinterhaupt verhüllt; sie streckt betend die Rechte aus dem Mantel vor. Zwischen diesen drei Figuren und dem Apollon erhebt sich hinten ein Lorbeerbaum. Rechts neben dem Gott thront *Kybele*, in Vorderansicht, in gegürtetem Chiton und Mantel, auf dem Haupte den Modios, die Linke auf das Tympanon legend und in der gesenkten Rechten eine Schale haltend; neben ihr links liegt am Boden der Löwe.

Im *unteren* Relief liegen auf einer hohen langen Kline *zehn Männer*, je auf den linken Ellenbogen gestützt, die bärtigen Gesichter in Vorderansicht, mit Ausnahme der ersten*) und vierten Figur (von der Linken des Beschauers an gerechnet), welche beide n. l. blicken; sie sind alle in Chiton und Mantel, der sie unterwärts und an der linken Schulter bekleidet, und halten alle (?) in der linken Hand tiefe Schalen. Vor ihnen sind rechts zwei Bratspiesse mit Fleischstücken angedeutet; dann folgt links ein n. r. gewandter *Knabe* (in Chiton), der vor einem breiten niedrigen Krater**) steht, dessen Deckel er mit der Linken aufhebt. Hinter dem Knaben ein hoher Krater, neben dem ein zweiter *Knabe* in Chiton n. r. steht, welcher mit der Rechten eine Kanne in den Krater zu stecken im Begriff ist; er wendet den Kopf n. l. zu einem dritten *Knaben*, welcher eilig n. r. herbeikommt, in der gesenkten Linken vielleicht eine Kanne und in der erhobenen Rechten eine Blumenschnur (?) hält. Links sitzt in Vorderansicht noch ein *Knabe*, die Querflöte blasend, und neben ihm n. r. ein fünfter *Knabe*, der die Doppelflöte bläst; beide bemäntelt. Darunter die Inschrift:

*) Diese Figur könnte allenfalls *weiblich* sein; doch haben Postolakka und Conze wohl Recht, sie gleichfalls für männlich zu halten.

**) Conze's Abbildung giebt zwischen den Bratspiessen und dem terinenartigen Krater, dessen Deckel der Knabe hebt, noch einen *zweiten grossen Krater*, den ich übersehen habe.

ΟΙΘΙΑΣΙΤΑΙΚΑΙΘΙΑΣΙΤΙΔΕΣ
ΣΤΕΦΑΝΩΣΑΝΣΤΡΑΤΟΝΙΚΗΝΜΕΝΕΚΡ
ΟΥΙΕΡΑ*)ΤΕΥΣΑΣΑΝΕΝΤΩΙΗΚΑΙΟ**)ΚΑΙ..
ΤΕΙΜΗΤΡΙΚΥΒΕΛΗΚΑΙΑΠοΛΛΩΝΙΣΤΕΦΑ
ΙΓΡΑΠΤΩΙΕΝΣΤΗΛΛΙΙΚΑΙΚΗΡvΚΤΩΙΣΥΝΤΑ
ΑΙΚΑΙΑΛΛΩΙΣΤΕΦΑΝΩΙΚΗΡΥΚΤΩΙΣΥΝΤΑ
ΑΙΕΝΤΗΙΤΟΥΔΙοΣΣΥΝΑΓΩΓΛΛΗΙΕΑΘΗΣΑ***)

οἱ θιασῖται καὶ θιασιτίδες
(ἐ)στεφάνωσαν Στρατονίκην Μενεκρ[άτ-
ου ἱερατεύσασαν ἐν τῷ η̄ καὶ ō καὶ[ρ̄ †) ἔ-
τει††)μητρὶ Κυβέλη καὶ Ἀπόλλωνι στεφά[νω-
ι γραπτῷ ἐν στήλλ(η) καὶ κηρυκτῷ σὺν τα[ινί
ạ καὶ ἄλλῳ στεφάνῳ κηρυκτῷ σὺν τα[ινί-
ạ ἐν τῇ τοῦ Διὸς συναγωγῇ (φιλαγαθήσασαν)

Hinten eine viereckige Vertiefung (zur Verdübelung)?)

Gefunden κατὰ τὴν περιφέρειαν τῆς Νικαίας ἐν ἐλάσσονι Ἀσίᾳ; vgl. dazu no. 740.

Abg. Conze Reise auf Lesbos Taf. 19; Lüders Dionysische Künstler. Taf. 2.

Vgl. Newton Arch. Anz. 1854 S. 513, 3; Postolakka im

---

*) Der Buchstabe ist nach obenhin verwischt; Conze und die Uebrigen: *ἱερ Ω τευσασαν.*

**) Mordtmann (bei Petersen) las irrthümlich: *Κ* und ebenso irrthümlich Zeile 6: (*ταινί*)*αις*, und Zeile 7: *Δίου.*

***) So las ich (ohne die übrigen Abschriften zu kennen); Postolakka fast ebenso: *συναγωγῆι* ΜΕΛΘΗΣΑ; Mordtmann (bei Petersen): ΑΝΕΘΗΣΑΝ; Wescher: *συναγωγῆι* [*ἀ*]*γαθήσασ*[*αν*?; der Anonymus im Philologus: *συναγωγηι καὶ Ἀθηνᾶς*; Conze *συναγωγῆ* ΦΛΛΓΑΘΗΣΑΣ, was K. Keil (bei Conze a. a. O. S. 62): *φ*[*ι*]*λαγ*[*α*]*θησασ*[*αν* zu lesen vorschlägt — wohl die einfachste Berichtigung dieser verdorbenen Stelle.

†) So lasen noch Conze und die Uebrigen; ich konnte diesen Buchstaben und den folgenden nicht mehr *sicher* lesen.

††) D. i. nach Conze's richtiger Berechnung (a. a. O.), die sich auf Borghesi's Aufsatz *sull' era bitinica* (Oeuvres numismat. II p. 345 ss) stützt: 119 v. Chr. (635 d. St. Rom = Ol. 165, 2).

Aion vom 23. März 1859; Conze a. a. O. S. 61 ff; Wescher Rev. arch. NS. XII (1865, 2) p. 214 ss, B (=Philol. XXIII. (1866) S. 704.) Lüders a. a. O. S. 9 f; S. 24 und S. 165, 44 b.

Die Inschrift vgl. noch bei Petersen Urspr. und Alter der Hesiod. Theogonie (Hamburg 1862) S. 45, II.

807 (88). Grabrelief.

H. 0,60. B. 0,63. Pent. Marmor. Sehr bestossen. Athen.

Rechts und links Anten; oben Gesims mit Dach und Antefixen. — Auf einer Kline (mit Decke) liegt ein bärtiger *Mann*, auf den linken Ellenbogen gestützt, unterwärts bemäntelt; neben ihm sitzt links eine *Frau*, in Chiton und Mantel, mit dem linken Arm sich auf seinen Schoss lehnend und den Oberkörper sowie das Gesicht zu ihm wendend; ihre Rechte liegt über der Brust auf ihrer linken Hand. Neben dem Manne steht rechts ein nackter *Jüngling* (n. l.), mit linkem Spielbein, die Linke gesenkt. Von links nahen ihnen *drei Figuren*, in Mänteln, wohl alle männlich, die Rechte anbetend vorgestreckt: neben ihnen ein kleines *Kind*, bekleidet und gleichfalls n. r. gewandt, über ihnen ein Pferdekopf mit Zügel, n. r. gerichtet. Die Köpfe der Figuren sind sämmtlich sehr bestossen.

808 (89). Männlicher Kopf.

H. 0,27. Pent. Marmor. Sehr gute Arbeit. Athen.

Die Nasenspitze ist beschädigt. Der Kopf ist das Porträt eines Römers, in krausem Haar und dichtem Bart.

Gefunden bei der Hagia Triada.

809 (90). Männliche Büste.

H. 0,62. Weisser Marmor. Leidliche römische Arbeit. Thera.*)

Die Nasenspitze und der linke Ohrzipfel sind beschädigt. — Unten ein 0,06 hoher Untersatz, dessen (besonders angesetztes) Vordertheil mit einer Palmette verziert ist. Die Büste ist mit der Brust, den Schultern und den Armansätzen dargestellt:

---

*) So nach Eustratiadis; nach Rhusopulos dagegen wäre die Büste (in der er Caracalla erkennen möchte) in *Melos* gefunden: vgl. Bull. dell' Inst. 1866 p. 111.

der Kopf, ein römisches Porträt, ist ein wenig n. r. gewandt, mit herausforderndem bestimmten Ausdruck; die Augensterne und Brauen sind angegeben.

810 (91). Mädchenkopf.

H. 0,17. Pent. Marmor. Leidliche Arbeit. Sehr bestossen. Athen.

Der Kopf ist n. r. ein ganz wenig erhoben und lächelt; der Zopf ist von hinten quer über den Kopf gelegt (vgl. no. 232, Anm. 2.).

811 (92). Weiblicher Kopf.

H. 0,24. Weisser Marmor. Arbeit römischer Zeit. Sparta.

Die Nasenspitze ist weggebrochen, das Kinn bestossen. — Der Kopf ist das Porträt einer Römerin; das Haar ist in einen Zopf vereinigt, der sich schneckenartig um den Hinterkopf legt. Die Augensterne und Brauen sind angegeben.

812 (93). Sturz einer Artemis.

H. 0,52. Weisser (Par?) Marmor. Gute Arbeit. Kalydon.

Es fehlen der Kopf (der eingesetzt war), beide Arme von den Deltoides an und beide Beine von den Knieen an; quer durchgebrochen. — Artemis steht da mit linken Spielbein; sie ist in einen kurzen Doppelchiton, desses kurze genestelte Aermel von Achselbändern auf den Schultern gehalten werden, und in einen Mantel gekleidet, der so um den Leib gewickelt ist, dass der eine Zipfel über die linke Schulter und der andere vorn herabfällt; auf den Rücken hat sie den (beschädigten) Köcher, dessen Band quer über die Brust und die rechte Schulter läuft. Die rechte (theilweise erhaltene) Hand liegt an der rechten Hüfte: die linke Schulter ist sehr erhoben; der gesenkte linke Arm stützte sich auf einen Pfeiler, dessen Berührungsfläche am linken Schenkel sichtbar ist.

813 (94). Bruchstück eines Grabreliefs.

H. 0,43. B. 0,16. Fig. 0,12. Pent. Marmor. Gewöhnliche Arbeit. Oben unten und rechts bestossen.

Erhalten ist — von der ringsum eingefassten Darstellung in

Flachrelief — eine auf einem Lehnstuhl (mit Kissen) n. r. sitzende *Frau* (Προσουσία)*), in Chiton und Mantel, welche beide Hände ruhig in den Schoos legt. Oben die Inschrift:

ΓΡΟΣΟΥΣΙ[Α

814 (95). Weiblicher Kopf.

H. (mit Hals) 0,38. Pent. Marmor. Sehr gute Arbeit römischer Zeit. Kephisia.

Die Nase fehlt; der Hinterkopf ist beschädigt. Zu einer Statue gehörig, wie die Zapfenverlängerung des Halses zeigt. — Der Kopf ist das Porträt einer Römerin, ein wenig n. l. geneigt, mit schmachtendem Blick**); die Augensterne und Brauen sind angegeben. Das Haar fällt jederseits in einer Locke auf den Hals; hinten ist es in einen Zopf gebunden, der schneckenartig um den Hinterkopf gelegt war; über der Stirn eine kleine Haarschleife.

815 (96). Kleine Gruppe.

H. 0,20. Pent. Marmor. Geringe Arbeit. Megara.

Es fehlen der Kopf und der linke Arm (vom Ellenbogen an) der Frau; das Gesicht des Kindes ist zerstossen. — Reliefartig gearbeitet (B. 0,11): eine *Frau*, in Chiton und Mantel, der die rechte Schulter und Brust frei lässt, steht mit linkem Spielbein da, die Linke hoch erhebend (und wahrscheinlich das Gewand über die linke Schulter ziehend); ihre gesenkte Rechte liegt beschützend am Kopfe eines kleinen neben ihr stehenden (wohl männlichen) *Kindes*, in Mantel (der die rechte Schulter nebst Arm frei lässt) und mit rechtem Spielbein: seine auf der Brust liegende Rechte trägt einen (Vogel? oder einen Ball?). Hinter dem Kinde ist eine Stele (?) angedeutet.

---

*) Derselbe Name auch bei Kum. p. 451, 3274, β.

**) Vielleicht war sie als *Venus* dargestellt?

No. 816—837 sind schon im Hof des neuen Museums an der Patissiastrasse befindlich.

816 (97). Grabrelief.

H. 1,45. B. 0,67. Fig. 0,32. Pent. Marmor. Sehr verwittert und oben bestossen. Keratia.

Es ist eine grosse einhenkelige Grabvase (H. 1,13) dargestellt, in ziemlich hohem Relief; auf dieser in Flachrelief die folgende Darstellung (oben und unten eingefasst): links steht n. r. mit rechtem Spielbein ein bärtiger *Mann*, in kurzem Chiton und Mantel, in der Linken Schild und Lanze haltend: er reicht die Rechte einem vor ihm befindlichen bärtigen *Manne*, der die dargebotene Hand mit der Rechten ergreift; derselbe, in den Mantel gewickelt, kreuzt die Beine und lehnt sich vornüber auf einen (nicht dargestellten, durch Malerei ergänzten) Stab in der linken Hand. Zwischen Beiden steht n. r. ein *Knäblein*, in Mantel, die Hand zum letztbeschriebenen Mann emporstreckend; hinter demselben Mann steht noch ein zweiter *Knabe* (in Mantel), und dann eine *Frau*, in Chiton und Mantel, welche die Rechte gesenkt und die Linke auf der Brust hat. Rechts und Links von der Grabvase sind auf der Reliefplatte zwei Alabastra (H. 0,52) aufgestellt, in Halbrelief*).

817 (98). Grabseule.

H. 1,28. Dm. 0,44. Fig. 0,59. Pent. Marmor. Grobe Arbeit. Oben und unten bectossen.

Die Gesichter der Figuren sind weggebrochen; die Hände sind beschädigt. — Oben ein Wulst. — Vorn steht in einer Vertiefung ein *Mann*, in Vorderansicht mit rechtem Spielbein, in Chiton und Mantel, die Linke gesenkt und die Rechte auf der Brust. Neben ihm links steht ein *Knabe*, in Vorderansicht, mit linkem übergeschlagenem Bein, in kurzem gegürtetem

*) Ebenso ist z. B. auf dem Grabstein der Phanylla (Ὥλαθεν) im Varvakeion eine grosse Lekythos zwischen zwei kleinen Alabastra gemeisselt (Kum. no. 914).

Chiton, welcher den linken Unterarm über den Bauch gelegt und den rechten Ellenbogen auf die linke Hand gestützt hat, während die Rechte unter dem Kinn liegt. Ueber dieser Darstellung eine Inschrifttafel (die Inschrift ist wegrasirt). Oben und in der Mitte der Vorderseite finden sich rechts und links je zwei Löcher (für Stifte; vgl. dazu no. 47 Anm.).

818 (99). Basis.

H. 0,57. B. 0,85. T. 0,77. Hym. Marmor. Oben bestossen. Oberfläche angegriffen. Athen.

Die Basis hat unten Ablauf, oben ausladendes Gesims (mit Kymation), und ist an drei Seiten mit je einem Lorberkranz geschmückt; die hintere Langseite ist unbearbeitet. An der Vorderseite scheint eine Inschrift gestanden zu haben?

Gefunden neben der Enneakrunos.

819 (100). Einhenkelige Grabvase.

H. 0,70. U. 1,14. Pent. Marmor.

Es fehlen der Fuss und der Hals nebst Henkel. — Am Bauch geriffelt, oben ein Blätterkranz.

820 (101). Sarkophagdeckel.

H. 0,97. L. 2,54. B. 1,10 Weisser Marmor. Gewöhnliche Arbeit spät römischer Zeit. Hier und da bestossen und abgebrochen. Ithaka.

In drei Stücke gebrochen. Es fehlen der Kopf des Mannes und Theile der Beine von beiden Figuren. — Auf einer Kline, deren niedere Seitenlehnen mit Ornamenten verziert sind,*) liegt ein Polster, dessen Bezug vorn mit theilweise weggebrochenen Arabeskenstreifen gemustert ist: zwischen diesen Streifen ist noch erhalten rechts ein vor einem *Eros* mit Peitsche n. l. gerittenes Meerpferd, links ein Meerungethüm, auf dem ein *Eros* n. r. steht; dies alles ist eingestickt zu denken. Darauf liegt *ein Ehepaar*,

*) An der linken Vorderecke ist ein Delphin angebracht; die rechte Ecke ist weggebrochen.

die linken Unterarme auf kleine Kissen gestützt. Der Mann, der rechts liegt, in kurzärmligem Chiton und Mantel, hält in der Linken eine (zum Theil aufgewickelte) Rolle; die Rechte legt er um den Nacken der Frau, welche in der Linken einen Apfel und in der auf ihrem rechten Schenkel liegenden Rechten einen (theilweise weggebrochenen) Kranz hält; sie ist in gegürtetem Doppelchiton mit genestelten Aermeln und im Mantel. Ihr Kopf, der abgebrochen ist, ist nicht fertig gearbeitet und vollendet.

821 (102). Basis einer Apollonstatue.

H. 1,05. B. 0,58. T. 0,55. Fig. 0,43. Pent. Marmor. Oberfläche sehr verwittert. Athen.

Unten Ablauf, oben ein mehrgliederiges Gesims; die rechte obere Ecke ist weggebrochen. Die Rückseite ist unbearbeitet. — An der Vorderseite, in flachem Relief, auf einem Basisstreifen: *Apollon*, in Vorderansicht, steht auf dem rechten Bein, den linken Fuss kreuzend,*) der Körper ist jugendlich und voll gebildet; das Haar**) fällt in Locken auf die Schultern herab. Die gesenkte Rechte hält das Plektron; die Linke liegt am oberen Steg der Kithara, welche neben ihm auf einem kleinen Lorbeerbaumstamm steht. Der Gott neigt das Haupt ein wenig n. r., wohin auch der Oberkörper geneigt ist — ob ausruhend oder den Tönen lauschend? Ueber dem Gesims:

ΑΓΑΘΗΙ[ΤΥΧΗΙ]***)

Ueber Apollon die Weih-Inschrift:

ΑΠΟΛΛΩΝΟΣΑΓΥΙΕΩΣΠΡΟΣΤΑΤΗΡΙ[ΟΥ
ΠΑΤΡΩΟΥΠΥΘΙΟΥ ΚΛΑΡΙΟΥΠΑΝΙΩΝΙΟΥ

*) Ob vor oder hinter dem rechten Bein (wie die Abbildung bei Stuart a. a. O. gibt) ist jetzt nicht mehr zu entscheiden.

**) Die Abbildung bei Stuart a. a. O. giebt um dasselbe eine Tänie jetzt nicht mehr zu erkennen.

***) Dieses Wort war früher noch erhalten.

Nach Pittakis (l. c.) in diesem Jahrhundert wiedergefunden (nebst *zwei* andern ganz gleichen aber mehr oder weniger verstümmelten Basen) bei der Kirche der Παναγία Κρυσταλλιώτισσα (vgl. dazu Mommsen Ath. christ. p. 76, 86).

Abgeb. Stuart Ant. of Athens I p. 25 und darnach Müller-Wieseler Denkm. II, 12, 130.

Vgl. Pococke Inscr. ant. gr. et lat. I p. 52, 36; Rochette Ant. gr. du Bosph. XIV, 3 p. 197, 1; CIGr. 465; Pittakis Ancienne Athènes p. 131 und Eph. arch. I no. 2685; Rhang. 1040; Wieseler a. a. O.

822 (103). Weiblicher Sturz.

H. 1,00. Pent Marmor. Geringe Arbeit. Bestossen. Athen.

Es fehlt der Oberkörper vom Nabel aufwärts. — Eine Frau, in Schuhen Chiton und Mantel, steht in Vorderansicht auf dem linken Fuss, den rechten ein wenig zurücksetzend und die Mantelzipfel zwischen die Schenkel einklemmend: man könnte versucht sein, unter den Falten des Mantels auf den Schenkeln die Hände zu sehen?

823 (104). Herme des Ael. Euphrosynos.

H. 1,52. B. 0,32. Pent. Marmor. Patissia.

Es fehlen der Kopf und die linke Seite; das Glied ist weggebrochen. Auf der linken Schulter lag ein Gewandstück; die Zapfenlöcher erhalten. Vorn am Schaft die Inschrift:

ΑΓΑΘΗΤΥΧΗ
ΚΑΤΑΤΟΕΠΕΡΩΤΗΜΑΤΗΣΣΕ
ΜΝΟΤΑΤΗΣΒΟΥΛΗΣΤΩΝΦ
ΟΙΠΡΥΤΑΝΕΙΣΤΗΣΑΝΤΙΟΧΙΔΟ[Σ
ΦΥΛΗΣΤΟΝΕΠΙΣΤΑΤΗΝΑΙΛΙΟ[Ν
ΕΥΦΡΟΣΥΝΟΝΠΑΛΛΗΝΕΑΤΟ[Ν
ΙΕΡΟΝΓΕΡΟΝΤΑΑΝΕΣΤΗΣΑΝΕ[Υ
ΝΟΙΑΣΕΝΕΚΑΚΑΙΤΗΣΕΙΣΕΑΥΤ[ΟΥΕ
ΕΥΠΟΙΙΑΣ ΕΠΙΑΡΧΟΝΤΟΣΙΕ[Ρ

ΜΗΤΡΟΣΘΕΩΝΚΑΙΑΓΑΠΗΤΟΥ
ΑῩΡΔΙΟΝΥΣΙΟΥΤΟΥΚΑΛΛΙΠΠο[Υ
ΛΑΜΠΤΡΕΩΣ ΣΤΡΑΤΗΓΟΥΝΤΟ[Σ
ΕΠΙΤΟΥΣΟΠΛΕΙΤΑΣΚΑΣΙΑΝΟ[Υ
ΦΙΛΙΠΠΟΥΣΤΕΙΡΙΕΩΣΟΙΠΡΥΤ
ΑΝ]ΕΙΣΤΗΣΑΝΤΙΟΧΙΔΟΣΦΥΛΗ[Σ
Τ]ΕΙΜΗΣΑΝΤΕΣΕΑΥΤΟΥΣΚΑΙ
ΤΟΥΣΑΙ[Σ]ΕΙΤΟΥΣΑΝΕΓΡΑΨΑΝ
ΑΝΤΙΟΧΙΔΟΣ

ΠΟΛΙΑΣΑΘΗΝΑ	ΠΡΕΠΩΝΖΩΤΙΚΟΥ
ΕΠΩΝΥΜΟΣΑΙΛΙΟΣ	ΚΩΠΩΝΙΟΣΜΑΞΙΜΟΥ
ΑΠΟΛΛΩΝΙΟΣΠΑΛΛΗΝ	ΑΝΕΙΚΗΤΟΣΕΛΑΤΕΩΣ
ΟΚΡ̄·ΚΡΗΣΚΗΣ	ΘΑΛΛΟΣΙΕΡΟΥ
ΑῙΛΜΑΜΕΡΤΕΙΝΟΣ	ΚΛΑΝΤΩΝΕΙΝΟΣ
ΑῙΛΜΑΜΕΡΤΕΙΝΟΣ	Ν[Ε]ΓΡΑΜΜΑΤΕΥΣ

(Glied) *)

ΡΟΥΦΕΙΝΟΣΑ
[Γ]ΑΘΟ[Π]ΟΔΟΣ
ΕΡΜΕΙΑΣΣΙΩΣΙΜ[ΟΥ
ΠΡΟΣΔΟΚΙΜΟΣ)
ΛΑΙΑΝΟΣΚΑΡΠΟ[Υ
ΑΠΟΛΛΩΝΦΙΛΩΝΟ[Σ

u. s. w. u. s. w.

'Αγαθῇ τύχῃ.
κατὰ τὸ ἐπερώτημα τῆς σε-
μνοτάτης βουλῆς τῶν φ'
οἱ πρυτάνεις τῆς 'Αντιοχίδο[ς

---

*) Reicht bis Zeile 30., so dass für die *Endbuchstaben* der Namen *kein* Raum blieb.

φυλῆς τὸν ἐπιστάτην Αἴλιο[ν
Εὐφρόσυνον Παλληνέα, τὸ[ν
ἱερὸν γέροντα, ἀνέστησαν ε[ὐ-
νοίας ἕνεκα καὶ τῆς εἰς ἑαυτ[οὺς
εὐποιίας. Ἐπὶ ἄρχοντος ἱε[ρ(έως)
Μητρὸς θεῶν καὶ Ἀγαπητοῦ*)
Αὐρ(ηλίου) Διονυσίου τοῦ Καλλίππο[υ
Λαμπτρέως, στρατηγοῦντο[ς
ἐπὶ τοὺς ὁπλείτας Κασιανο[ῦ
Φιλίππου Στειριέως, οἱ Πρυτ-
άν]εις τῆς Ἀντιοχίδος φυλῆ[ς
τ]ειμήσαντες, ἑαυτοὺς καὶ
τοὺς ἀϊ[σ]είτους ἀνέγραψαν.
Ἀντιοχίδος·

Πολιὰς Ἀθηνᾶ,	Πρέπων Ζωτικοῦ,
Ἐπώνυμος Αἴλιος	Κωπώνιος Μαξίμου,
Ἀπολλώνιος Παλλην[εύς],	Ἀνείκητος Ἐλατέως,
Ὀκρ(άτιος) Κρήσκης,	Θάλλος Ἱεροῦ,
Αἴλ(ιος) Μαμερτεῖνος,	Κλ(αύδιος) Ἀντωνεῖνος
Αἴλ(ιος) Μαμερτεῖνος Νεώ(τερος), γραμματεύς·	

u. s. w. u. s. w.

Die übrigen Namen wie im CIGr, doch mit folgenden Verbesserungen:

Zeile 36: ΜΥ]ΣΤΙΚΟΣ)
„ 37: ΤΕΡ̄**)ΑΣΚΛΗΠΙΑΔΗΣ
„ 40: ΤΡ]ΟΦΙΝΙΑΝΟΣΤΕΛΕΣΦΟΡ[ΟΥ
„ 43: ΔΗ]ΜΗΤΡΙΟΣ)
„ 45: ΠΑΥΛοΣΕΛΕΥΣΕΙΝΙΟΥ
„ 47: ΠΡΑΞΙΤΕΛΗΣΕΡΜΑΙΟΥ
„ 56: ΖΩΣΙΜΟΣΕΛΕΥΣΙΝΙΟΥ

Vgl. — ausser Pouqueville Voy. en Grèce IV p. 101, VI (unvollständig) — CIGr. 189.

---

*) CIGr: „Haud dubie Imperatoris, fortasse Antonini Pii."

**) Die obere Hälfte der ersten beiden Buchstaben ist zerstört; CIGr. liest *ΑΫ̄Ρ κτλ.*

824 (105). Bruchstück eines Reliefs.

H. 0,92. B. 0,55. Pent. Marmor. Geringe Arbeit. Athen.

Fast Rundarbeit. Erhalten ist der Körper (vom Hals bis zum Oberschenkel) eines n. r. gewandten *Kriegers*, in kurzem Chiton und Panzer (mit Lederbändern); über der linken Schulter liegt der Mantel; die Arme fehlen.

Gef. in der Patissiastrasse.

825 (106). Bruchstück eines Grabreliefs.

H. 1,17. B. 0,56. Pent. Marmor. Sehr geringe Arbeit. Verwaschen.

Erhalten ist von der Darstellung in Hochrelief noch der Unterkörper (vom Bauch an) einer *Frau*, in Vorderansicht mit rechtem Spielbein, in Schuhen Chiton poderes und Mantel.

826 (107). Bruchstück eines Grabreliefs.

H. 1,10. B. 0,74. Pent. Marmor. Arbeit guter Zeit. Piraeus.

Die linke Seite ist weggebrochen, ebenso die rechte untere Ecke und der obere Theil mit dem Kopf der Frau. — Erhalten ist eine auf einem Stuhl (mit Fussbank) n. l. sitzende *Frau*, in Sandalen Chiton und Mantel, die linke Hand auf dem Schooss. Vor ihr sind unten die Gewandfalten einer zweiten *Figur* erhalten.

827 (108). Grabrelief.

H. 0,80. B. unten 0,53; oben 0,56. Fig. ungefähr 0,62. Pent. Marmor. Geringe Arbeit. Piraeus.

Unten mit den Füssen des Mannes weggebrochen. Oben Gesims mit einem flachen Giebel und (bestossenen) Akrotarien; rechts und links je eine Ante; die Breite der Reliefplatte nimmt nach oben zu. — Ein jugendlicher *Mann* (Βλάστος), in Vorderansicht mit rechtem Spielbein, in Mantel, welcher (über der linken Schulter und dem Unterkörper gehend) die rechte Schulter nebst Brust freilässt, hält in der gesenkten Rechten einen Stab (unten mit einer Fläche — eine Kelle; vgl. Nr. 52) und in der (im Ellenbogen) gehobenen Linken einen Ball. Unten in seiner Linken steht ein Scrinium. Oben im Giebel:

ΧΑΙΡΕ

Im Fries:

ΒΛΑCΤΟCΕΤΩΝΙΓ

Χαῖρε Βλάστος ἐτῶν ιή (oder ιγ'?)

Gef. den 2. Februar 1851 εἰς τήν οἰκίαν τοῦ Δ. Παπούτζια; vgl. Eph. Arch. I., 2672; Kum 2697.

828 (109). Grabrelief.

H. 0,90. B. 0,50. Fig. 0,31. Pent. Marmor. Ganz verwittert. Athen.

Links oben weggebrochen. — Oben Gesims mit Giebel. Rechts und links Anten die einen Bogen tragen: darunter steht links ein *Mann*, in Vorderansicht mit rechtem Spielbein, in Mantel; neben ihm steht rechts eine *Frau*, gleichfalls in Vorderansicht, in Chiton und Mantel, der den Hinterkopf verhüllt und den sie mit der Rechten hochhebt (um sich noch mehr zu verhüllen?) Oben die Inschrift:

ΕΠΙΚΤ]ΗΤΟΣΑΠΟΛΛΩ
ΝΙΟΥ]ΑΔΡΑΜΥΤΗΝΟΣ

Gef. bei der Metropolis (οἰκία Βασιλοπόυλου).
Vgl. Kum. 1399.

829 (110). Einhenkelige Grabvase.

H. 0,70. U. 1,35. Fig. 0,36. Pent. Marmor. Leidliche Arbeit. Athen.

Es fehlen der Fuss und der Hals. — Vorn die Darstellung, im Flachrelief, auf Basisstreifen; auf einem Lehnstuhl (mit Decke und Fussbank) sitzt n. l. eine *Frau* (Ἱερώ), in Schuhen Chiton und Mantel, die Linke auf dem Schooss; sie reicht die Rechte der vor ihr stehenden *Frau* (Ἡγησώ), welche die dargebotene Hand mit der Rechten fasst; dieselbe ist in Schuhen

Chiton und Mantel, den sie mit der erhobenen Linken über die linke Schulter zieht, mit rechtem Spielbein. Hinter der sitzenden Frau steht n. l. mit rechtem Spielbein noch eine *Frau* (Ἱερώ), in Schuhen Chiton und Mantel, die das Hinterhaupt verhüllt; sie hat den linken Arm über den Bauch gelegt und zieht mit der erhobenen Rechten den Mantel über der Schulter empor. Oben die Inschriften:

ΗΓΗΣΩ ΙΕΡΩ ΙΕΡΩ

Gef. an der Πλάτια Ὁμονοίας (οἰκία Σαρόγλου). Vgl. Kum. 2937.

830 (111). Grabrelief.

H. 0,90. B. 0,74. Pent. Marmor. Leidliche Arbeit. Zerbrochen. Athen.

Oben von der Brust der Figur an weggebrochen; links sehr bestossen. — Rechts und links eingefasst: eine *Frau* steht da, in Vorderansicht mit rechtem Spielbein, in Schuhen Chiton und Mantel, dessen einen Zipfel sie mit der auf der Brust liegenden Rechten über die rechte Schulter legen will, während die gesenkte Linke den anderen herunterfallenden Zipfel gefasst hält.

Gef. bei der Kgl. Buchdruckerei (Stadionstrasse).

831 (112). Grabstele.

H. 0,90. B. untem 0,37; oben 0,35. Fig. 0,31. Pent. Marmor. Geringe Arbeit. Piraeus.

Gut erhalten. — Oben Gesims mit einer schönen Palmette. Am Schaft die Darstellung, in mässigem Relief, auf Basisstreifen: auf einem Lehnstuhl (mit Decke und Fussbank) sitzt n. r. eine *Frau* (Χρυσαλλίς), in Schuhen Chiton und Mantel, die Linke auf dem Schooss; vor ihr steht mit linkem Spielbein ein bärtiger *Mann* (Φαιδρίας Ἀναικαιεύς), in Mantel, der die rechte Schulter und Brust freilässt; er hat die Linke in Brusthöhe an den Mantelzipfel gelegt. Sie geben sich gegenseitig die rechten Hände. Zwischen ihnen steht noch eine *Frau* (Μύρτη), in Vorderansicht mit rechtem Spielbein, in Chiton und Mantel, den sie mit der erhobenen Linken über der linken Schulter fasst, während sie den rechten Unterarm über den Bauch gelegt und den Kopf ein wenig gesenkt hat. Oben die Inschriften:

ΧΡΥΣΑΛΛΙΣ:ΦΑΙΔΡΙΑΣ
ΜΥΡΤΗΑΝΑΙΚΑΙΕΥΣ

Vgl. Kum. 243.

882 (113). Grabrelief.

H. 0,73. B. 0,46. Pent. Marmor. Grobe Arbeit römischer Zeit.

Unten von den Hüften der Figuren an weggebrochen. — Oben Gesims mit Giebel und glatten (bestossenen) Akroterien; rechts und links je eine Ante. — Links steht ein ältlicher *Mann*, in Chiton und Mantel, die Rechte auf der Brust; die gesenkte Linke hält einen Zipfel des Mantels gefasst. Rechts neben ihm steht eine ältliche *Frau*, in Chiton und Mantel, die rechte Hand auf der Brust, die linke gesenkt. Beide in Vorderansicht, der Mann mit rechtem Spielbein, sie mit linkem Spielbein. Zwischen beiden ist unten noch der Kopf eines kleinen *Mädchens* erhalten, n. r. zur Frau gewandt, der sie in beiden Händen einen Kasten hinhält. Im Giebelfeld stand vielleicht einst eine Inschrift?

883 (114). Grabrelief.

H. 0,45. B. 0,42. Weisslicher Marmor. Rohe Arbeit. Makedonien.

Oben ist die Platte abgerundet. Unten ein Zapfen (vgl. no. 95). — Links ist der Kopf eines *Mannes* dargestellt, in Vorderansicht, mit kurzem Haupthar und geschorenem Bart; rechts daneben der Kopf einer *Frau*, mit Schleier, gleichfalls in Vorderansicht. Vor dem Kopf des Mannes ist ein *Knabenkopf*, vor dem der Frauen ein *Mädchenkopf* dargestellt; beide Kinder in Vorderansicht, mit Mänteln. Die Nasen sind zerstossen. Darunter die moderne Inschrift:

ΗΑΓΙΗ	ΑΡΧΙΝΩΜΑ	ΚΟΣΜ
ΑΝΑΓ	ΤΗΣΕΚΚΛΗ	ΑΚΑΙ
ΕΙΡΗ	ΣΙΑΣΤȢCΑΓΙΟΥΣ	ΔΑΜΙΑ
	ΑΝΑΓΙΡΟΥΣΦΕΙ	ΝȢ
	ΒΡȢΑΡΙȢ 1820	
	1861	

884 (115). Grabrelief.

H. 0,71. B. 0,44. Pent. Marmor. Geringe Arbeit. Athen.

Oben von den Köpfen an weggebrochen; unten ein Loch. — Auf einem Lehnstuhl (mit Decke und Fussbank) sitzt n. r. eine *Frau*, in Schuhen Chiton und Mantel (der wol den Hinterkopf verhüllte), die Linke auf dem Schooss: sie reicht die Rechte dem vor ihr stehenden *Manne*, der mit der vorgestreckten Rechten die dargebotene Hand ergreift; er ist in Mantel, der die rechte Brustseite entblösst lässt und dessen einer Zipfel über dem linken (auf den Bauch gelegten) Arm liegt.

885 (116). Bruchstück eines Grabreliefs.

H. 0,48. B. 0,29. Pent. Marmor. Leidliche Arbeit.

Erhalten ist ein Stück der linken Einfassung mit dem Oberkörper einer *Frau* (n. r.), in Chiton und Mantel, den rechten Arm im Schooss haltend; es fehlen der Kopf, der linke Arm und die rechte Hand.

886 (117). Weiblicher Sturz (einer personificirten Provinz oder Stadt).

H. 1,30. Pent. Marmor. Schlechte Arbeit spät römischer Zeit. Zum Theil verwittert. Athen.

Es fehlen der Kopf, beide Arme von den Deltoides an und beide Beine von den Schenkeln an; am rechten Oberschenkel bestossen; hinten wenig bearbeitet. — Eine Frau, mit starken Brüsten, ist in einen kurzen Chiton gekleidet und mit Mantel sowie enganliegendem Panzer versehen. Um den Panzer liegt unter der Brust ein Gürtel, dessen Enden, jederseits durchgezogen, herabfallen; auf der Brust des *Panzers* ist in der Mitte Skylla (H. 0,30) dargestellt, in Flossen und drei Hunde ausgehend, die Rechte erhebend und die gesenkte Linke auf den einen Hundekopf aufstützend: unter ihr findet sich ein mehrköpfiges (wenigstens dreiköpfiges) Meerungethüm, auf dem ein Ruder liegt (welches Skylla auf das Thier geschleudert hat.)

Auf dem zweireihigen *Panzerlappen* sind zehn Darstellungen angebracht (von denen zwei weggebrochen sind) und zwar in der *oberen* Reihe von links beginnend: (1) ein Windgott, ein wenig n. r. gewandt und im Munde die Muschel; (2) eine Sirene, in Mantel, leierspielend; (3) eine Sirene, in Mantel, in Vorderansicht; (4) eine Sirene, in Mantel, die Doppelflöte blasend und (5) ein bärtiger n. l. gewandter Kopf (eines Windgottes); in der *unteren* Reihe der Lappen — von rechts beginnend —: (6) ein gepflügelter Blitz; (7) ein Widderkopf und (8) ein Helm. Unter dem Panzer kommen unten viele langgefranzte Lederstreifen hervor, die über den linken Schenkel herabfallen; auf einen derselben steht die folgende Künstlerinschrift:

IACΩN	Ἰάσων
AΘHNA	Ἀθηνα(ῖ)-
O CEΠO*)	ος ἐπο(ί)-
EI	ει

Um den Hals ist der Mantel geknüpft, mit einem Knopf auf der rechten Schulter, über den Rücken lang herabfallend; hinten oben der Ansatz des Haarzopfes. Die Arme waren gesenkt; am linken Oberarm ist eine glatte Fläche (wol der Rest eines Schildes) vorhanden.

Gefunden — zusammen mit no. 837 — am 19. (7.) Mai 1869 in der Stoa des Attalos bei der Panagia Chrysopyrgiotissa (vgl. dazu Mommsen Ath. chr. p 92, 110).

Vgl. Δύω γενικαὶ συνελεύσεις τῶν ἑταίρων τῆς ἐν Ἀθήναις ἀρχαιολογικῆς ἑταιρίας am 8. und 29. Juni 1869 p. 8; Gurlitt Bull. dell'Inst. 1869 p. 161 ff und Arch. Ztg. 1869 S. 67; Hirschfeld Tit. stat. sculpt. pag. 120 no. 124.

837 (118). Weiblicher Sturz (einer personificirten Provinz oder Stadt).

H. 1,45. Pent. Marmor. Schlechte Arbeit spät römischer Zeit. Athen.

Es fehlen der Kopf, der ganze linke Arm, die rechte

*) Hier wäre für das Jota noch vollständig Platz gewesen.

Hand nebst dem Gelenk und die beiden Beine von den Schenkeln an; die linke Brustseite und die linke Hüfte sind bestossen; hinten wenig bearbeitet. — Der Sturz ist weiblich, wie die Brüste und der lange Haarzopf zeigen. Die Frau ist in einen kurzen Chiton mit kurzen Aermeln gekleidet und mit Mantel sowie Panzer versehen. Um den Panzer liegt unter den Brüsten ein Gürtel, der vorn in eine Schleife gebunden ist und dessen Enden, jederseits durchgezogen, herabfallen; unter dem Panzer kommen unten gefranzte Lederstreifen hervor. Der Mantel ist um den Hals geknüpft, mit einem Knopf auf der rechten Schulter, über den Rücken lang herabfallend. Der linke Arm war wol erhoben; in der gesenkten Rechten hält sie das Schwert (in der Scheide), dessen Spitze nach oben am inneren Oberarm liegt. Zu beachten ist der Verschluss des Rückenpanzertheils mit dem Panzertheil auf der Brust durch einen metallenen kleinen Haken mit Oehse. — Beides je an einen Ring befestigt.

Gefunden zusammen und gleichzeitig mit no 836.

Vgl. Δύω γενικαὶ συνελεύσεις τῶν ἑταίρων τῆς ἐν Ἀθήναις ἀρχαιολογικῆς ἑταιρίας am 8. und 29. Juni 1869 p. 8; Gurlitt Bull. dell'Inst. 1869 p. 161 ff und Arch. Ztg. 1869. S. 67.

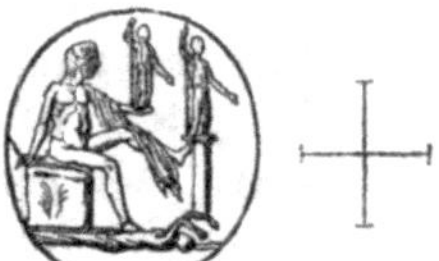

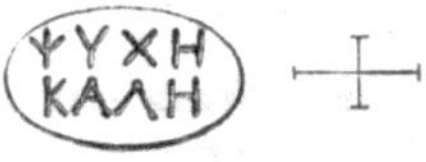

Erklärung der Vignetten.

1. (S. 1). Bronzemünze von Athen; ebendaselbst 1868 gefunden. Zeichnung in Originalgrösse nach einem Gypsabdruck; bisher unedirt. Geprägt zu Ehren der dem Kaiser Hadrian geweihten Festspiele der *Hadrianeia* (*'Αδριάνεια ἐν 'Αθήναις*: CIG. 246; 274 b; 1720; 3208; 3674; 5913; u. s. w.; vgl. mehr bei Hertzberg Gesch. Griechenl. unter den Römern II. S. 337 f).

Av. Kopf der Pallas mit corinthischem Helm; nach rechtshin.

Rev. Auf einem länglichen vierfüssigen Tisch, unter dem ein Gefäss steht, stehen eine behelmte Büste der Pallas (nach rechtshin) und daneben eine Eule (in Vorderansicht). Ringsum die Inschrift; ΑΘΗΝΑ(ΙΩ)Ν. An dem Tisch (vgl. Paus. V, 20,1: *τράπεζα ἐφ' ἧς προτίθενται τοῖς νικῶσιν οἱ στέφανοι*) die Inschrift: ΑΔΡΙΑΝЄΙΑ (die mittleren Buchstaben sind auf dem Original nicht so deutlich wie auf der Zeichnung, sondern abgerieben). Im unteren Abschnitt ein Palmenzweig.

Vgl. ähnliche Festmünzen mit Inschriften z. B. Fox Engravings of unpubl. or rare gr. coins II. pl. V,95 (ΚΑΠЄΤΩ[*λια*]); VIII, 148 (ΑCΚΛΗΠЄΙΑ); u. a. m. Vgl. dazu auch Bötticher Philol. XVIII S. 397.

2 (S. 107.) Bronze-Strigilis aus Athen, aus dem Nachlass von Ross in das Antiquarium des Berliner Museums gekommen (Inventarno. 3413); vgl. Friederichs Berl. Ant. Bildw. II S. 89 no 202. Unedirt.

Am Griff wiederholt sich zweimal — oben am Anfang und unten am Ende — ein Fabrikstempel (von Friederichs a. a. O. nicht richtig erklärt): dargestellt ist der fliehende *Perseus*, nackt, mit Kopfflügeln; in der gesenkten Rechten hat er die Harpe, in der vorgestreckten Linken hält er den einen Henkel der Kibisis, durch deren anderen Henkel der linke Arm gesteckt ist (*so auf Vasenbildern sehr häufig*: z. B. Berl. Vasens no. 872 [abg. Annali 1851 Tav. d'agg. O]; Brit. Mus. no. 584 [abg. Ghd. Aus. Vasenb. Taf. 323]; u. a. m.).

In dieser Tasche ist der Kopf der getödteten Medusa vorauszusetzen; vgl. die Darstellungen des Münchener Vasenbilds no. 910. (abg. Ghd. Aus. Vasenb. Taf. 89, 3.4); der Berl. Vasens. no. 874 (abg. Panofka Verlegene Mythen [Abh. der Berl. Akad. 1839] Taf. II); der Vase Campana im Musée Napoléon III (abg. Jahn im Philol. XXVII. Taf. I,1); u. s. w.

Daneben ist der Anfang — ΓΟΡ — des Fabrikantennamen zu lesen, etwa *Γοργίας* oder dergleichen.

3. (*S. 165*). Unteres in das Vordertheil eines Pferdes ausgehendes Ende eines Rhyton, aus Terracotta; gefunden in der Umgegend von Athen. Zeichnung in der Grösse des (ringsherum bestossenen) Originals, das sich in meinem Besitz befindet. Unedirt.

Die Arbeit ist flüchtig und grob; das Pferd ist schwarz gefirnisst, das Zaumzeug mit gelber Farbe aufgemalt, die Kugeln an den Troddeln dagegen sowie das Band um den Hals (über der Troddelschnur) mit weisser Farbe. Die Geschirrknöpfe an und auf der Schnauze und unterhalb der Ohren sind erhaben gebildet.

Zwischen den Vorderbeinen ist eine kleine Röhre angebracht, die *durchbohrt* ist und durch die die Flüssigkeit in einem feinen Strahl herausfloss: vgl. dazu z. B. Vasenbild der Wien. Samml. V, 53 (abg. Laborde Vas. Lamb. I, 62; Panofka Griech. Trinkb. I, 1); Millin Vas. peints I, 76; Wandgemälde aus Herculaneum bei Helbig no. 1448 (abg. Pitt. d'Erc. 1, 14; u. s. w.); u. a. m.

4. (*S. 263*). Bruchstück eines Terracottagefässes, gefunden in Athen; das Gefäss mag ungefähr 0,15 — 0,20 Meter im Durchmesser gehabt haben, die Höhe des Reliefs beträgt bis zu einem Viertelcentimeter. Die Zeichnung, in der Grösse des Originals, ist nach einem Gypsabdruck gemacht, den Hr. Geheimrath R. Schöne aus Athen mitbrachte. Unedirt.

Dargestellt ist *Theseus*, den kretisch-marathonischen *Stier* bändigend und zwar ist der jugendliche Held, um den Hals die flatternde Chlamys geknüpft, sonst nackt, rittlings auf das dahineilende Thier gesprungen und packt mit der Rechten die Schnauze desselben, um es zum Stillstand zu zwingen. Vgl. die Metope am sog. Theseion (Stuart Ant. of Athens III, 1. Taf. 12, 8; u. s. w.) und das athenische Marmorrelief (Stuart ebd. III, 1. Vignette), auf denen Theseus den dahineilenden Stier an dem einen Horn gepackt hat und *nebenherlaufend* ihn zum Stehen zwingen wird.

Vor dem Stier sind auf dem Terracottabruchstück noch Reste, wie es scheint eines Thierschwanzes (?) und eines Fusses (?) erhalten, die zu einer anderen That des Theseus – etwa der Besiegung des Minotauros – gehört haben mögen, so dass das Bruchstück etwa von einem Gefäss herrührt, auf welchem nebeneinander die Thaten des attischen Helden angebracht waren, ähnlich wie auf dem Terracottanapf des Museums Meester de Ravestein (no. 307; abg. Annali. dell' Inst. 1864 Tav. U.) sechs Thaten des Hercules dargestellt sind.

5. (S. 316, 1). Carneol, gefunden in Attika. Gezeichnet (und zwar in Vergrösserung) nach Siegellackabdrücken. Unedirt.

Diomedes, über dem linken Arm die Chlamys, ist im Begriff, mit dem geraubten Palladion in der linken Hand von dem Altar — auf welchem das Götterbild gestanden und auf welchem der Held sich mit der Schwerttragenden Rechten aufstützt — behutsam über den auf der Erde schlafenden (vgl. dazu Friederichs Arch. Ztg. 1859 S. 64, 29) Tempelwächter mit dem linken Fuss fortzusteigen, während er den rechten Fuss schon zur Erde gesetzt hat. Daneben steht – als Andeutung des Heiligthums — auf einer Säule ein Götterbild, in der Haltung ganz gleich dem geraubten Palladion, nur in grösserem Verhältniss, also wol eine Statue der Athene.

Vgl. die sehr ähnliche, aber in den einzelnen Motiven viel bedeutendere Darstellung auf dem Carneol des Dioskurides (abg. z. B. Overbeck Theb. Troisch. Sagenkr. Taf. 24, 22; u. s. w.)

6. Rothes Prasma, gefunden in Athen. Vergrösserte Zeichnung nach dem Original in meinem Besitz. Unedirt.

Da die Inschrift von links nach rechts eingegraben ist, war der Stein *nicht* zum Siegeln bestimmt.

Vgl. dazu ΕΛΠ[*ις*]ΚΑΛ(*η*) bei Tölken Berl. Gemmensamml. VIII, 317 (abg. Panofka Gemmen mit Inschr. [Berl. Akad. 1851] Taf. III, 13); KVHA (*Κύνα*? *Κυρία*? vgl. CIG IV, 7333) ΚΑΛΗ bei Tölken ebd. IX, 81; u. a. m.

Sämmtliche Zeichnungen sind von Herrn C. L. Becker gemacht und geschnitten worden.

Zusätze und Berichtigungen.

No. **22.** Erwähnt auch bei Stephani Ausr. Herakles S. 65,1.

No. **152.** Pent. Marmor. Gewöhnliche Arbeit.

No. **164.** Vgl. jetzt auch bei Lüders Dionys. Künstler S. 153,8.

No. **199.** Abgebildet auch bei Stephani Parerga archaeologica XI = Mélanges gréco-rom. tirés du Bulletin historico-philologique de l'Académie impériale des Sciences de St. Petersbourg I pl. IV,1 und besprochen ebd. S. 295 f.

No. **446.** Früher im Museum auf Aegina; vgl. Gerhard Annali dell' Inst. 1837,2 p. 125.

No. **498.** Vielmehr *τοῦ δεῖνα θυγατήρ.*

No. **514.** Gefunden in *Athen.*

No. **544.** Dessen Ende am rechten [Thier-]schenkel *des Gottes* erhalten ist.

No. **627.** Vgl. auch noch Stephani Parerga archaeologica XIV Anm. 8 (= Mél. gréco-rom. I p. 529), der in dem Mann „wahrscheinlich Apollon, möglicherweise auch Dionysos" erkennen möchte.

No. **639.** *Abg.* Eph. Arch. II Taf. 13,1.

No. **701.** Abg. Rev. archéol. *NS. XVII* (1868) pl. II.

I.

Verzeichniss der Abbildungen.

Die Zahlen beziehen sich auf die Nummern.

II.

Verzeichniss der Inschriften.

Die Zahlen beziehen sich auf die Nummern.

A. Personennamen.

B. Heimathsbezeichnungen.

C. Varia.

III.

Sachregister.

Die Zahlen beziehen sich auf die Nummern.

Druck von Gebr. Unger (Th. Grimm) in Berlin, Schönebergerstr. 17 a.

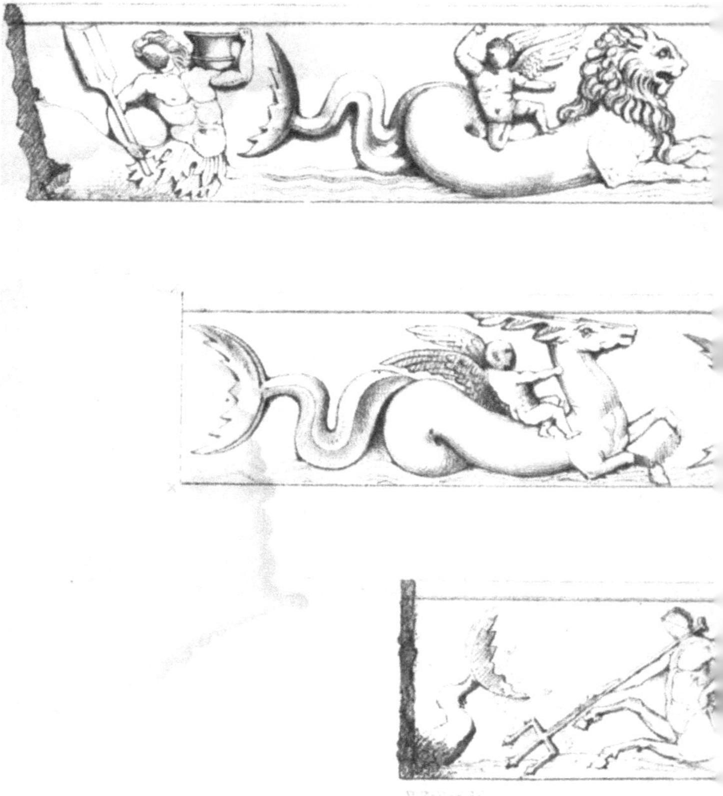

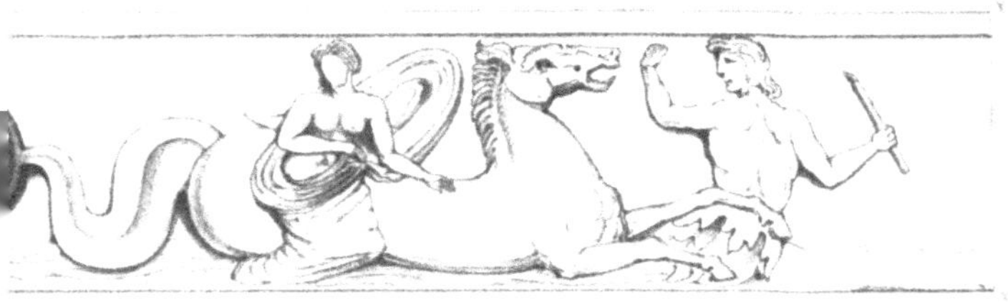

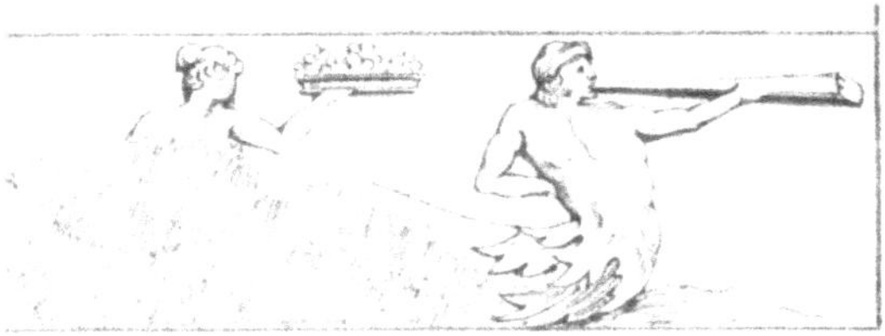

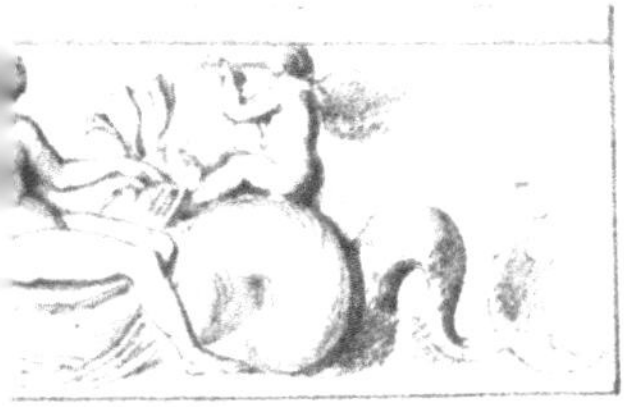

FSC
www.fsc.org
MIX
Papier | Fördert
gute Waldnutzung
FSC® C083411

Kolibri 360 GmbH
Ferdinand-Jühlke-Straße 7
99095 Erfurt, Deutschland
produktsicherheit@kolibri360.de